DER SPORT IM ALTERTUM

DER SPORT IM ALTERTUM

VON

BRUNO SCHRÖDER

ERSTE AUFLAGE
MIT 45 ABBILDUNGEN IM TEXT UND 110 TAFELN

HANS SCHOETZ & CO., G. M. B. H., VERLAGSBUCHHANDLUNG
BERLIN 1927

Abb. 1. Sportgerät und Bücherkiste.

Druck der Spamerschen Buchdruckerei in Leipzig
Printed in Germany

INHALT

I.
ÄGYPTEN UND KRETA

Die Zeiten sind vorüber, denen die griechische Kultur schlechthin als Erfüllung eines Ideals erschien. Aber so viele Schatten das Bild des Griechentums verdunkeln mögen, so hell im Lichte bleibt all das bestehen, wofür die Menschheit wirklich dem alten Hellas Dank schuldet. Großes ist von den Griechen auf dem Gebiete der schaffenden Kunst und der grübelnden Erkenntnis geleistet worden, und es wird seinen unvergänglichen Wert behalten, auch wenn es nicht mehr unmittelbar als Muster dient. Daneben aber pflegte schon immer als ein vorbildliches Gut, das den Hellenen vor den anderen alten Völkern eigen war, die Pflege der Gymnastik und Agonistik genannt zu werden. Nur bestand die Bewunderung für die hellenische Körperkultur mehr in der Theorie, und der moderne Gymnasiast hatte wenig mit seinen Kameraden von ehedem gemein. Nun hat der Sport, immer mehr sich ausbreitend, in unserem Kulturleben seinen Platz erobert, und wenn zu seinen Gunsten die Stimme erhoben wird, zur Abwehr gegen nörgelnden Unverstand oder zur Werbung der Zögernden, so wird mehr denn je und oft schon bis zum Überdruß auf das Vorbild der alten Griechen hingewiesen. Es ist auch wirklich kein Wort der Anerkennung zuviel gesagt, wenn es gilt, die Körperkultur der Alten als eine Quelle der Kraft, Gesundheit und Schönheit und damit auch der Kunst zu preisen, und die Aufgabe dieses Buches ist es, darzulegen, wie eng das gymnastische Wesen mit der gesamten klassischen Kultur verstrickt war.[1])

Doch sollte unsere Billigkeit auch den andern alten Völkern gönnen, was ihnen zukommt. Denn nicht allein aus dem klassischen Altertum sind uns Zeugnisse von antiker Freude am turnerisch bewegten Menschenleibe erhalten.

Von den alten Ägyptern[2]) hatte man zwar durch Herodotos die Nachricht, daß sie griechische Sitten ablehnten und daß nur die Chemmiten den angeblich aus Chemmis stammenden Perseus mit gymnastischen Spielen aller Art feierten; auch Diodoros versichert, daß es bei den Ägyptern nicht üblich sei, die Künste der Musik und Palaistra zu üben, in der man, wie sie meinten, nur unbeständige und ganz gefährliche Kraft, nicht aber Gesundheit gewänne, und ebensowenig erfahren wir über ägyptische Gymnastik von anderen Berichterstattern. Die Denkmäler lehren jedoch etwas anderes. Wie man im Nil geschwommen hat, zeigen uns Schriftzeichen und Schalengriffe in Gestalt schwimmender Mädchen. Auch eine Ringergruppe aus Stein ist erhalten. Aber die ausführlichste Kunde gibt uns der Bilderreichtum an den Wänden der ägyptischen Gräber. Da können wir ablesen, wie das Volk des Nillandes in emsiger Werktätigkeit, mit Gottesdienst oder mit Vergnügungen seine Tage verbrachte. Und unter den Vergnügungen fehlt es nicht an Betätigungen körperlicher Rüstigkeit. Knaben und Mädchen treiben Spiele, wie sie erfunden werden, wo immer junge Menschen ihre Kraft und Gewandtheit üben und messen. Die Mädchen spielen Ball, allein, zu mehreren, rittlings auf dem Rücken von Spielkameradinnen sitzend, oder sie tanzen nach dem Takt von Liedern, die sie mit Händeklatschen begleiten. Die Knaben treiben eine Art Rundlauf, Balancierübungen, Kopfstehen und Laufen. Ihre Geschicklichkeit üben sie, indem sie spitze Hölzer nach einem Holzklotz werfen, ihre Geistesgegenwart, indem mehrere einen andern schlagen oder treten, und der dann raten muß, wer es getan hat. Auch Fechtübungen fehlen nicht; sie werden mit einem leichten Holzdegen ausgeführt und ein schildartiges Brett ist an den linken Unterarm geschnallt. Dies erinnert an die Geschichte von dem Könige Sesostris, den sein Vater mit allen an demselben Tage geborenen Knaben zusammen erziehen ließ, in der Annahme, daß die Kameradschaft sich auch im Kriege bewähren würde. Die Knaben wurden zu beständigen Übungen herangezogen und durften keine Speise zu sich nehmen, ohne vorher 180 Stadien durchlaufen zu haben. Daher waren sie als Erwachsene kraftvoll an Leib und Seele, so daß sie schon ihren ersten Feldzug nach Arabien, im Ertragen von Durst und Hunger wohl geübt, siegreich bestanden. Manche von den erhaltenen Darstellungen überraschen uns, weil solche Spiele bei uns nicht gebräuchlich sind. Aber die langen Reihen von Ringkämpfen an den Wänden der Gräber von Beni Hassan könnten ebensogut in einem modernen Lehrbuch des freien Ringkampfes stehen. Nur muß man die Stilisierung richtig ablesen, die auch sehr verschlungene Gruppierungen, oft recht gewaltsam, in die Fläche zwingt. Den ägyptischen Jungen ist es aber offenbar Ernst bei ihrem Ringen gewesen, denn manche, auch das ist dargestellt, werden kampfunfähig vom Platze getragen. Freilich sind Zeugnisse dieser Art unter der Masse der übrigen nicht häufig, und im Neuen Reiche scheint die Freude an den Leibesübungen nachgelassen zu haben. Aber gewiß können wir, was die Gräber in Sakkarah (Taf. 2) und Beni Hassan für bestimmte Zeitabschnitte des alten und mittleren Reichs lehren, verallgemeinern, wenngleich auf eine durch Sitte oder gar Gesetze geregelte Körperpflege und auf festliche Kampfspiele, wie bei den Griechen, nicht daraus zu schließen ist. Nur das öfter abgebildete Fischerstechen hat gewiß der Kurzweil vornehmer Zuschauer gedient. Für die Herrschaften selbst war als Gelegenheit zu körperlicher Ausarbeitung nur die Jagd angemessen, die als Sport noch geübt wurde, als der Edle längst nicht mehr gehalten war, sich damit selbst seinen Lebensunterhalt zu gewinnen. Auf den stillen Seitengewässern des Nils vom leichten Kahn aus jagt der Reiche Wasservögel, und er sieht wenigstens zu, wenn seine Diener das Nilpferd harpunieren. In der Wüste reizen Gazellen, Antilopen und Raubtiere bis zum Löwen hinauf seine Jagdlust. Werfholz, Pfeil und Bogen und der lange Lasso sind dabei seine Waffen. Dieser Lasso wird namentlich bei den Jagden auf den wilden Stier gebraucht, der seit alters zu den vornehmsten Opfern der Jagdleidenschaft gehörte. Es hat sich ein Zeugnis erhalten, wie König Sethi I. den Stier für ein Opfer mit dem Lasso fängt, d. h. der Stier ist zur Vorsicht schon an dem einen Bein gefesselt, und der König schlingt nur die Fangleine um ihn herum, während sein Sohn Ramses ihn am Schwanze packt. Solcher Fesselungen des Opferstiers gibt es viele, aber in dem Kultusgebrauch verbirgt sich, wie so oft, eine alte Sitte. Gern stellt man sich vor, wie einstmals der Herr für das Opfer den stattlichsten Stier aus der halbwilden Herde herausfing und zum Opferplatze führte. So ist auch in der Erzählung von der märchenhaften Insel Atlantis die Kunde erhalten, wie die zehn Könige einen von den Stieren des Poseidon ohne eiserne Waffen, mit Stöcken und Schlingen jagten und, wenn sie ihn gefangen hatten, an einer Säule hochzogen und schlachteten. Nicht anders hat man in Ägypten auch weiterhin den in der Wildnis frei lebenden Stier gefangen und gebändigt.

Bei diesen Vorstellungen aber tauchen sogleich Erinnerungen auf an eine andere Kultur, die eine kurze Spanne Zeit neben der ägyptischen hergegangen ist und mit ihr auch in Beziehungen gestanden hat, die kretische nämlich, auf deren Zeugnissen gerade Stierfang und Stierspiele so oft und so lebendig dargestellt sind[8]).

Fünfzig Jahre sind bereits vergangen, seitdem Heinrich Schliemann begonnen hat, auf griechischem Boden nach den Resten der homerischen Welt zu suchen. Eine ganze Wissenschaft hat sich auf seinen Funden zu Troja, Tiryns und Mykenai aufgebaut, und nun, seitdem die von Schliemann schon geplanten Grabungen auf Kreta von anderen Nationen ausgeführt werden, hat sich diese Insel als der Hort einer hohen märchenhaft anmutenden Kultur erwiesen, die im zweiten Jahrtausend vor Christo neben der hethitischen in Kleinasien und neben der beträchtlich älteren ägyptischen Kultur geblüht hat. Massen von Fundstücken aus den Palaststädten Phaistos und Knossos und aus den Orten, die wir mit den modernen Namen Hagia Triada und Gurnia nennen, haben uns Kunde gegeben von einem Leben voll höfischen Glanzes, in dem es weder an Götterverehrung, Musik und bildender Kunst noch an militärischem Wesen und geordneter Verwaltung fehlte. Auffällig, zumal im Gegensatz zu der klassischen Zeit, ist die Freiheit, die den Frauen im öffentlichen Leben zugestanden wurde. Daher nahmen sie nicht bloß als Zuschauerinnen, sondern sogar tätig an den gymnastischen Spielen teil. Diese müssen, nach der Zahl der Denkmäler zu schließen, in dem vornehmen, friedlich gesicherten, auf Landbau und Handel gestellten Leben große Bedeutung gehabt haben.

Das wichtigste Denkmal hierfür ist der Trichter von Steatit, im Palast von Hagia Triada gefunden, dessen reliefgeschmückte Außenseite abgerollt auf Taf. 3 erscheint. In vier Zonen übereinander sind Kampfszenen dargestellt, drei davon sind dem Faustkampf gewidmet, in dem die Jünglinge, siegend und unterliegend, ihre Kräfte messen. Auf dem untersten Streifen kämpfen die Jünglinge ohne Helm und Schuhe, nur mit dem Schurz und engen Gürtel bekleidet. In der Reihe darüber tragen die Männer Fausthandschuhe und Helme mit Backenschutz, und bei den Kämpfern des obersten Streifens sind die Helme mit lang herabfließenden Haarbüschen geschmückt. Mit glücklicher Beobachtungsgabe sind die Bewegungen der Fallenden oder Gestürzten gesehen und wiedergegeben, in wirkungsvollem Gegensatz zu der schulmäßigen Paradestellung, die von den stehenden Kämpfern in gleichmäßiger Wiederholung eingenommen wird. Zumal die beiden untersten Streifen erhalten durch die Wiederholung desselben Motivs eine große ornamentale Wirkung, die auf dem einen Band noch durch die dicken Säulen des Hintergrundes gesteigert wird. Ein ähnlicher Effekt wird auf dem zweiten Streifen durch die übereinstimmende Haltung der weit ausgreifenden Stiere erreicht, über deren einem der von den Hörnern hoch in die Luft geworfene Mensch fast verschwindet. Daß es Stierkämpfe in jener Zeit gegeben hat, wußte man schon durch einen der ältesten Schliemannschen Funde, das Freskobild aus Tiryns. Nun hat die Menge der Zeugnisse Genaueres darüber gelehrt. Es kam bei diesen Vorführungen darauf an, dem gereizt herumrennenden Stier sich waffenlos entgegenzustellen, ihn an den Hörnern zu packen und sich von ihm hochwerfen zu lassen, über ihn wegzuspringen und kunstvoll seinen wütenden Angriffen auszuweichen. Eine andere, noch gefährlichere Übung war es, den Stier so zu bändigen, daß man ihn an beiden Hörnern packte und ihm den Kopf umdrehte. In freier Plastik, auf geschnittenen Steinen, im Relief wie auf unserem Trichter, und in Malerei sind Stierkämpfe wiedergegeben, und die Wandgemälde haben mit der geflissentlich betonten Verschiedenheit der Hautfarbe gelehrt, daß auch Frauen an diesem Sport teilnahmen. Unter welchen sozialen Verhältnissen Männer und Frauen diesen gefahrvollen Sport ausübten, ob aus Liebhaberei oder von Berufs wegen, läßt sich nicht entscheiden. Daneben aber hat man auch der Jagd obgelegen, sogar, wenn man das Bild auf einer Dolchklinge aus Mykenai wörtlich nehmen darf, der Jagd auf Löwen, die man, hinter großen Schilden geschützt, mit dem Speer angriff. Eine Gemme zeigt eine Eberjagd, eine andere zeigt Bogenschützen auf einem Jagdwagen hinter einem Hirsch. Sonst war wohl die Jagd auf wilde Stiere, ähnlich wie bei den Ägyptern, am vornehmsten und zumeist geübt. Wie der eine der Goldbecher aus Vaphio in Lakonien zeigt, trieb man sie in weitmaschige Stricknetze, nicht ohne Gefahr, von den wilden Tieren zertrampelt oder aufgespießt zu werden (Taf. 4).

Es ist ein schöner Menschenschlag, den die kretischen Denkmäler so in körperlicher Betätigung vorführen: Schlanke, langgestreckte Gestalten, mit schmaler Taille und mit feinen Köpfen, deren Profil eine gerade Nase und ein spitzes Kinn aufweist. Gern wüßten wir, zu welchem Volksstamm sie gehört und welche Sprache sie geredet haben. Griechen waren es sicher nicht. Aber ihre Kultur hat hinübergewirkt auch nach Griechenland, über das die erste Völkerwelle indogermanischen Stammes sich eben ergossen hatte. Denn wenn es galt, die nach nordischem Geschmack erbauten Wohnsitze der Achaier mit herrschaftlichem Prunke zu versehen, so mußte man Künstler von der Art der kretischen zu Hilfe rufen, und zugleich mit ihnen scheint die kretische Kultur selbst hinübergewandert zu sein. Die Frauen nehmen die sinnereizende Tracht an, die auch die kretischen Damen tragen, den langen weiten Rock und das Jäckchen, das die Brust und die Unterarme bloß läßt, und die Männer führen kretische Waffen; Stierspiele und Hofjagden werden abgehalten und auf den Wänden der Burgen in Malerei verewigt; und auch hier nehmen Frauen an den körperlichen Anstrengungen teil.

Es war ein glücklicher Gedanke, in einer Gestalt der späteren griechischen Sage, der Jägerin Atalante, eine Erinnerung an solche achaiischen jagdfreudigen Damen zu vermuten[4]). Denn das vornehme Jagdvergnügen ist mit den Achaiern verschwunden und hat in dem späteren Hellenentum nicht viel zu sagen. Auch die Stierspiele enden mit der kretisch-mykenischen Kultur. Sie haben gewiß ihren Ursprung in dem jagdgemäß betriebenen Stierfang gehabt, ihre große Bedeutung für die Kultur aber durch die Verbindung mit der Religion gewonnen — es sei an den Halbstier Minotauros, an Pasiphae und ihre Liebe zu dem Stier, an Europa erinnert, die durch den Stier nach Kreta entführt wird —, und mit der kultlichen Voraussetzung kamen die Spiele selber aus dem Gebrauch. Die Sage von Herakles als dem Bezwinger des kretischen Stiers mag dann in der folgenden Zeit entstanden sein als Erinnerung daran, wie die griechische Kultur den Dienst des ehedem stiergestaltig gedachten Kretergottes überwunden hatte. Auch haben sich im griechischen Gottesdienst schwache Erinnerungen erhalten. Ein letzter Ausläufer der Sitte noch aus der vorgriechischen Zeit ist die spanische Corrida[5]).

Unsere Kenntnis kretischer Dinge ergibt sich fast allein aus den Denkmälern. Nur vereinzelt findet sich in der Literatur eine Erinnerung, wie jene Stelle in Homers Ilias, wo der Tanzplatz erwähnt wird, den einst Daidalos für Ariadne zu Knossos angelegt habe, oder wie die späte Nachricht von den Spielen, die König Minos für seinen von den Attikern getöteten Sohn Androgeos gestiftet haben sollte. Urkundliche Schriften aus Kreta sind vorhanden, für uns jedoch nicht lesbar und auch vermutlich ohne Beziehung zu den hier behandelten Dingen. Aber vielleicht ist es in den kulturhistorischen Verhältnissen begründet und nicht reine Phantasie, wenn die Schilderung, die die homerische Dichtung in der Odyssee von dem Leben am Hofe des Phaiakenkönigs Alkinoos entwirft, in manchem Zuge an die kretischen Darstellungen erinnert. Erst rühmt der König voller Stolz, wie seine Phaiaken im Faustkampfe, Ringen, Springen und Wettlauf geübt seien; es finden auch Kämpfe statt, und Sieger gehen daraus hervor. Dann fordert Euryalos den Odysseus heraus, und als dieser sich mit den eben erst überstandenen Gefahren entschuldigt, verhöhnt ihn ein unbedachter Jüngling; Odysseus aber weist den Hohn mit Worten und dem gewaltigen Wurf der Scheibe zurück. Er beruft sich auf seine frühere Tüchtigkeit und fordert die Phaiaken zum Kampf heraus, nur nicht im Laufen, denn so über die Maßen habe das Meer ihn entkräftet. Dann bekennt Alkinoos selber, sie suchten kein Lob im Faustkampf oder im Ringen; sie seien aber hurtige Läufer und vortreffliche Schiffer, Freunde des Schmauses, Reigentanzes, der Laute, oft veränderten Schmucks, warmer Bäder und der Ruhe. So folgt denn der Gesang des Demodokos von der Liebe des Ares und der Aphrodite und die anmutige Schilderung, wie Halios und Laodamas miteinander tanzen, indem sie den purpurnen Wolleball hochwerfen und fangen, und wie die andern Jünglinge, im Kreise sitzend, den Takt dazu schlagen. Man fühlt mit dem Dichter, daß diese Szene dem phaiakischen Lebensstil entspricht und nicht den achaiischen Sitten, als deren Vertreter Odysseus, der Achaier, auf Scherie wie in einer fremden Welt erscheint.

II.

DIE GRIECHEN

Gymnastik und Religion

Die Achaier

Wie es die achaiischen Männer mit der Leibeszucht gehalten haben, müssen wir zunächst aus den homerischen Epen, der Ilias und Odyssee, zu erfahren suchen, doch haben sich in der Dichtung nur wenige alte Züge erhalten[6]). Wir hören nichts von regelmäßigen gymnastischen Übungen im Achaierlager, weder der Fürsten noch des Volkes. Nur einmal wird erzählt, wie die Völker in der Waffenruhe während des Zorns des Achilleus sich am Seestrande damit ergötzen, Scheiben und Jägerspieße zu schleudern und mit dem Bogen zu schießen. Ebenso belustigen sich auf der Insel Ithaka die Freier auf dem geebneten Platze vor dem Palaste des Odysseus damit, die Scheibe und die Lanze zu werfen. Der Dichter drückt es mit denselben formelhaften Worten aus, wie in der Ilias. Im übrigen zeigt sich die körperliche Tüchtigkeit zur Genüge in der Feldschlacht. Nestor hat sich nach seinem eigenen Zeugnis bei den Spielen für Amarynkeus (Il. 23, 630ff.) im Laufen, Ringen, Boxen und Speerwerfen ausgezeichnet. Aber in solchen Kämpfen gewinnt niemand, der nicht vorher sich darin geübt hat. So erklärt Odysseus den Phaiaken, er sei kein Neuling im Wettkampf, und er habe sich als einen der ersten gerühmt, da er noch der Jugend und seinen Armen vertraut habe. Er übertrifft die Phaiaken im Steinwerfen, streckt in der Heimat den Iros mit wohlüberlegtem Schlag zu Boden, und noch nach Jahren erinnert sich Menelaos, wie Odysseus auf Lesbos den Philomeleides im Ringkampf geworfen habe, zur Freude aller Achaier. Im Wettkampf jedoch wird nur bei den Spielen zu Ehren der Toten gestritten. Nestor, wie schon erwähnt, erzählt von den Leichenspielen, die in seiner Jugendzeit zu Ehren des Amarynkeus abgehalten worden seien. Der Greis berichtet auch, wie sein Vater Neleus vier Rosse samt dem Wagen zu einem Wettrennen um den Preis eines Dreifußes nach Elis entsandt habe. Auch hier kann es sich um Leichenspiele handeln[7]). Von Euryalos heißt es, er habe am Grab des — nach einer vereinzelten Sagenversion — im Kampfe gefallenen Oidipus alle Kadmeer besiegt, und an mehreren Stellen werden solche Spiele wie gewohnte Ereignisse erwähnt.

Für den bevorstehenden Kampf gibt Nestor seinem Sohne Antilochos in längerer Rede gute Ratschläge (Il. 23, 306 ff.). Das klingt wie eine Seite aus einem agonistischen Handbuch, notdürftig eingeschoben und zurechtgestutzt, um in dem Leser die sonst vorher nicht ermittelte Vorstellung von der Rennbahn zu erwecken. Aber dann heißt es von dem Ziel, es sei ein Pfahl aus Kienholz „oder von Eichenholz", zu beiden Seiten zwei weißschimmernde Steine „dort in der Enge des Wegs, wo die ebene Bahn sich herumschwingt, sei es vielleicht das Mal des längt verstorbenen Mannes, oder ein Rennziel auch, von vorigen Menschen errichtet". Das Grabmal als Ziel und Wendepunkt — das ist offenbar alte Überlieferung und zeigt wiederum die Verbindung des Agons mit dem Totenkult.

Ähnliches wird von der Sage erzählt. Danach wurden in die älteste Zeit auch die Leichenspiele für Azan, den Sohn des Arkas, gesetzt, bei denen Aitolos im Wagenrennen den Apis absichtlich durch einen Zusammenstoß der beiden Wagen getötet haben sollte. Früher Zeit gehören auch die gymnischen Spiele, die König Teutamias von Larissa für seinen Vater ansetzte. Hier wurde Perseus als Teilnehmer genannt. Auch werden einmal Spiele für König Thoas von Lemnos erwähnt, von seiner Tochter Hypsipyle gestiftet, und daneben andere für Heroen an den verschiedensten Orten[8]).

Die ganze Schilderung der Spiele für Patroklos (Il. 23, 257 ff.) ist jedoch später Zusatz, ungeschickt eingefügt und, wenn auch möglicherweise zum Teil mit Benutzung älterer Vorlagen, doch nicht im Sinne der heroischen Dichtung durchgeführt. Befremdet es schon, wie Achilleus nach den schaurigen Szenen bei der Bestattung des Patroklos den gefälligen Wirt spielt, so werden die Helden, die nun in den Kämpfen auftreten, geradezu herabgezogen. Es ist wie eine bäuerliche Kurzweil oder wie eine Zirkusvorführung zur Belustigung der Zuschauer.

Gut ist noch die Schilderung der Wagenrennen, mit den treffenden Beobachtungen, wie einem der Helden, Diomedes, die Peitsche entfällt — in der Dichtung entreißt sie ihm natürlich ein mißgünstiger Gott, Apollon — und wie dem andern unter Athenens Händen das Joch zerbricht, die Rosse auseinanderspringen und der Lenker sich im Sande wälzt. Lebendig geschildert werden auch die Spannung und die Vermutungen der Zuschauer, die das Feld aus den Augen verloren haben, und nachher das unvornehme Zanken der Helden um den Kampfpreis. Das alles mag auf eine ältere Vorlage zurückgehen, in der man ein Gedicht über die Spiele zu Ehren des Pelias vermutet hat. Aber was dann folgt, ist nicht mehr ernste Dichtung: Erst die Prahlerei des Epeios; dann der kurze Ringkampf, bei dem Odysseus den Aias mit der Ferse in die Kniekehlen schlägt; der Wettlauf mit dem Mißgeschick des Aias, der über dem Unrat der geschlachteten Rinder strauchelt, der Speerkampf, bei dem es gar nicht zum Blutvergießen kommt; das Gewichtstoßen mit dem übertriebenen Gleichnis, indem das schwere Gewicht mit dem Werfholz des Hirten verglichen wird; dann das Bogenschießen nach der Taube und die lächerliche Auslobung: der erste Preis für den, der die Taube trifft, der zweite für den Schützen, dessen Pfeil nur den Faden, der sie hält, zerschneidet, und um dies Ziel das Gelübde einer Hekatombe — deutlich eine Parodie auf die Erzählung, wie Pandaros im Kampf vor einem Bogenschuß dem Apollon eine Hekatombe verspricht; und endlich, gleich als hätte den Dichter seine Erfindungskraft verlassen, die kampflose Entscheidung des Speerwerfens.

So schwach das alles ist, so muß doch zu dem Zweikampf in Wehr und Waffen die Frage erhoben werden, ob sich in diesem Zug eine Überlieferung verbirgt, die die Totenspiele mit dem Totenopfer verbindet[9]). Das Menschenopfer ist im Totenkult als ursprüngliche Sitte nicht mehr zu bezweifeln. Tötet doch Achilleus am Grabe des Patroklos zwölf troische Jünglinge zu all dem Vieh, das mit auf dem Scheiterhaufen verbrannt wird. Aber wie an manchen anderen Stellen im griechischen Kultus rohe Gebräuche der Urzeit allmählich durch mildere Formen ersetzt worden sind, so ist auch das Totenopfer teils durch Geißelungen bis aufs Blut, teils durch den Waffenkampf ersetzt worden. Noch Kassandros, der Makedone, ordnete für die ermordeten Mitglieder der königlichen Familie außer andern Ehren eine

Monomachie an, zu der vier Krieger antraten, und in Italien hat sich der Gebrauch in Gestalt des Gladiatorenkampfes bis in späte Zeit gehalten. In der Ilias stehen die drei Formen, Opfer, blutiger Kampf und Kampfspiel noch nebeneinander. Die in der Odysee erwähnten Kämpfe dienen nur dem Vergnügen.

Wie aber die Leichenspiele überhaupt zustande gekommen sind, ist schwer zu sagen und wird auch dadurch nicht erklärt, daß dieselbe Sitte bei andern antiken Völkern und noch in neuerer Zeit in aller Welt vorkommt. Sicher haben sich, wie gesagt, aus Menschenopfern blutige Kämpfe entwickelt. Auch der allgemein menschliche Hang, die Kräfte mit anderen zu messen, mag bei der Ansammlung von tatenlustigen Männern an vornehmen Leichenbegängnissen zum spielenden Wettkampf geführt haben. Endlich dürfte, wenn die ernste Leichenfeier vorüber war, sich das Verlangen nach Lustbarkeit eingestellt haben. So gibt es ja bei uns Volksstämme, bei denen nach dem Leichenschmause munter getanzt wird.

In achaiische Zeiten geht, wie es scheint, noch eine Art von Spielen zurück, der Wettkampf, bei dem die Braut als Kampfpreis ausgesetzt ist. Diesen Agon soll Danaos in Argos erfunden haben, der seine Töchter den Siegern in mehreren Wettläufen der Reihe nach zuerteilte. Ihn ahmte Ikarios nach, der Vater der Penelope, der dann seine Tochter dem siegreichen Odysseus zusprechen mußte, und nach demselben Muster wird in später Sagenbildung Ähnliches noch von Antaios zu Irasa in Libyen erzählt. Hier war es Alexidamos, der die an der Ziellinie aufgestellte schöne Königstochter heimführen durfte. Die Sagen sind voll von Widersprüchen, und es ist nicht sicher, ob daraus auf eine weitverbreitete Sitte zu schließen ist. Doch überläßt auch Penelope die Entscheidung über den zu wählenden Freier einem Wettkampf im Bogenschießen. Nicht hierher gehört die Sage von der Verfolgung des Pelops und der Hippodameia durch Oinomaos, die zu einer „Wettfahrt" erst werden konnte, als die Sage nach Pisa verlegt wurde und man, bei ungenauer Sagenkenntnis, darin ein Vorspiel zu den olympischen Kämpfen erkennen wollte.

Man darf die achaiischen Körperübungen nicht mit hellenischem Maße messen. Noch gibt es keinen regelmäßigen Sport, aber körperliches Spiel zur Kurzweil und Übungen, wie sie einem Kriegervolke anstehen, als Übungen in den Kriegswaffen und als Vorübung zum

Kriege. Es gibt auch schon den Wettkampf, aber er wird nur von Vornehmen, um wertvolle Preise und bei besonderen Gelegenheiten ausgefochten. Das ist noch nicht die Gymnastik der klassischen Zeit, aber ihre Elemente sind bereits in achaiischer Zeit vorgebildet, und wir sehen schon in der frühesten Zeit den Agon mit dem Kultus, der Totenverehrung, eng verbunden.

Die Hellenen

Nach der Achaierherrschaft folgt eine neue Völkerverschiebung, die sog. dorische Wanderung, in der die griechischen Stämme das Land um das Aigeische Meer untereinander so verteilten, wie es dann die klassische Zeit hindurch von Bestand geblieben ist, nur daß später der Bereich der griechischen Kultur durch Kolonien weit hinausgeschoben wurde. In der Zeit um das Jahr 1000 v. Chr. sind nach der gewöhnlichen Annahme die bemalten Gefäße entstanden, deren Verzierung hauptsächlich aus geometrischen Elementen, Linienzickzack, Kreisen usw. besteht. Figürliche Darstellungen auf diesen sog. geometrischen Vasen werden gemeinhin als Zeugnisse für frühes Hellenentum angesprochen; sie sind nicht häufig, aber um so wichtiger, als schriftliche Zeugnisse aus diesen Jahrhunderten nicht unmittelbar auf uns gekommen sind. Ein Gefäß in Dresden zeigt auf der einen Seite Frauen im Reigentanz, geführt von einem Kitharaspieler, und auf der andern zwei Paare Boxer und Waffenkämpfer (Taf. 5), also in deutlichem Zusammenhang mit einer Festfeier, gleichviel welcher Art. Eine ähnliche Vase aus Athen, jetzt in Kopenhagen[10]), bietet Faustkämpfer, Männer, die mit Schwertern aufeinander losgehen, zwei mit Schild und Speeren bewaffnete Männer in bewegter Stellung einander gegenüber, und einen leider zum Teil verschwundenen Tänzer, der zum Klange der Leier tanzt, während einige Kameraden die Hände im Takt zusammenschlagen. Es ist vielleicht Willkür, wenn die Bilder auf diesem Tongefäß auf den Totenkult bezogen werden[11]). Aber so war ja der Waffenkampf schon bei den Spielen zu Ehren des Patroklos zum Schauspiel geworden, und so sind noch auf klazomenischen Sarkophagen aus dem 6. Jahrhundert neben Bildern von Wagenrennen bewaffnete Krieger abgebildet, die unter Flötenmusik aufeinander losgehen[12]).

Die Verbindung der Leichenfeier mit blutigen und sportlichen Kämpfen stammt, wie erwähnt, aus der Achaierzeit. Man wußte auch später noch von Heroen, die in den Stadien begraben sein sollten. So ist noch das Heroon des Antigonos auf Knidos, das uns aus einer Inschrift bekannt ist, mit Dromos, Palaistra und Bad versehen[13]). Es läßt sich jedoch nicht feststellen, wie aus der Leichenfeier regelmäßige und öffentliche Einrichtungen geworden sind, und wie man dazu kam, die Feiern auf die großen Götter zu übertragen oder sie beizubehalten, als die Heroen-Heiligtümer von den olympischen Göttern eingenommen wurden. So z. B. galten die Hermaia in Pheneos dem Hermes, aber hinter seinem Tempel lag das Grab des Myrtilos, an dem alljährlich geopfert wurde. Und auf Rhodos hat sich das Fest des Helios an den Kult des Tlepolemos angeschlossen. Jedenfalls haben sich sportliche Agone nicht allein an den Totenkult, sondern auch an den Gottesdienst geheftet und verschiedenem Aberglauben gedient, und die Theorie der Alten, daß die großen griechischen Agone alle auf den Totenkult zurückgingen, wird mit Gründen bezweifelt[14]). Aber wie dem auch sei, schon in früher hellenischer Zeit finden wir die sportlichen Veranstaltungen im Dienste der großen Götterfeste, und unter ihnen steht die Feier zu Olympia obenan, die gemäß ihrer vorbildlichen Bedeutung hier ausführlicher geschildert werden soll.

Olympia — der Name ist von den eingewanderten Achaiern aus dem thessalischen Lande mitgebracht worden — und die Gegend, die diesen Namen trägt, liegt auf der Pelopshalbinsel, unweit der westlichen Küste, in der schönen, von sanften Hügelketten eingefaßten Ebene des Alpheios-Flusses, da, wo in diesen neben dem Kronoshügel von Norden her der Kladeos einmündet[15]). Pindaros spricht in der achten seiner olympischen Oden von dem baumreichen Hain am Alpheios, und auch jetzt, nachdem die Ausgrabungen den Ort von Pflanzenwuchs entblößt hatten, ist dort wieder ein Hain von Kiefern und Ölbäumen aufgewachsen (Taf. 6). Der Name Kronoshügel weist auf Besiedelung und Kult noch aus der Zeit vor dem Eindringen der griechischen Achaier hin. Ein uraltes Orakel bestand hier seit jener Zeit. Auch der Kult der Hera, der sich immer neben dem des Zeus, des Haupteigentümers von Olympia, gehalten hat (Taf. 6), scheint in die vorgriechische Urzeit hinaufzureichen[16]).

Die Überlieferung von der Entstehung der olympischen Spiele ging für die Griechen selbst in unvordenkliche Zeiten zurück. Nach einigen Zeugnissen sollten Kronos oder Zeus, nach späteren Herakles oder Pelops sie eingesetzt oder doch neu geregelt haben. Den Boden der Tatsachen betritt die Forschung mit der Nachricht von den Gräbern in dem heiligen Bezirk Olympias, von denen das dem Pelops zugeschriebene besondere Auszeichnung genoß, und in dessen nächster Nachbarschaft — schwerlich ohne inneren Zusammenhang — die ältesten Spiele stattfanden[17]). Diese ältesten Spiele hatten noch rein örtliche Bedeutung. Wir wissen nicht, wie und wann sie sich zu allgemeinerer Bedeutung erhoben haben. Die einzige Stelle, wo die homerische Dichtung Spiele in Elis erwähnt, betrifft, wie es scheint, einmal gefeierte Leichenspiele (Il. 11, 699). Die regelmäßige Abhaltung der Spiele wurde von den Griechen bis auf das Jahr 776 v. Chr. zurückgeführt, ein willkürlich angesetztes Datum, das gleichwohl für das ganze Altertum als geschichtlich gegolten hat. Diese Festsetzung der Spiele wurde seit Aristoteles als eine gemeinsame Handlung den Königen Iphitos von Elis und Lykurgos von Sparta zugeschrieben. Geschichtlich festzustehen scheint nur, daß die Zählung der Spiele auf einer Neuordnung beruht, die nach der Eroberung der Pisatis und der Übernahme der Spielleitung durch die Eleer erfolgt sein muß. Von diesem Jahre an beginnt die angeblich aus den Urkunden aufgestellte Liste der olympischen Sieger, die von dem Sophisten Hippias, einem Zeitgenossen des Sokrates, angefertigt war und mit Koroibos, dem Sieger im Wettlaufen, anhub.

Die Feier zu Olympia fand alle vier Jahre statt, im Sommer, wenn Vollmond im Kalender stand, also an veränderlichen Daten, die zwischen Juli und Anfang September schwankten. Allen Teilnehmern war ihre persönliche Sicherheit durch den Gottesfrieden verbürgt, der mit der Zeit auf den ganzen Bereich der griechisch redenden Bevölkerung und auf die Zeit ausgedehnt wurde, die zum Hinweg und zur Rückkehr nötig war. Seit dem 4. Jahrhundert war der Boden von Elis überhaupt geheiligt und durfte nicht von Männern in Waffen betreten werden.

Den vornehmsten Teil der Zuschauer bildeten die Festgesandten oder Theoren, die ihre Gemeinden oder Fürsten bei dem Feste vertraten; die große Masse bestand aus Frommen und Schaulustigen, der Troß aus Gauklern und denen, die für die Kauflust und leibliche Notdurft der Gäste sorgten. Jedermann hatte freien Zutritt als Zuschauer. Nur verheiratete Weiber waren wohl aus alten kultlichen Gründen verbannt; geduldet waren dagegen angeblich Jungfrauen und die Priesterin der Demeter Chamyne, die bei dem Rennen sogar einen bevorzugten Platz, den Preisrichtern gegenüber, innehatte. Die Gäste hatten keine Langeweile zu fürchten. Sie verrichteten ihre Opfer an den zahlreichen Altären, besahen in Begleitung orts- und geschichtskundiger Führer die Bauten und Denkmäler, lauschten den Vorlesungen literarischer Werke oder den Disputationen von Gelehrten, machten Einkäufe an den Verkaufsständen oder ergötzten sich an dem mannigfachen Jahrmarktstreiben, das sich neben den athletischen Spielen breit machte. Unterkunft war nur für die offiziellen Gäste beschafft. Die große Menge kampierte in Zelten oder unter freiem Himmel, was in den griechischen Sommernächten keine Bedenken hatte. Zahlreiche Beamte hatten die Leitung der Festlichkeiten in Händen. An ihrer Spitze standen die Kampfordner oder Kampfrichter (Abb. 3), die Hellanodiken, deren Zahl schwankte, bis sie auf zehn festgesetzt wurde. Diese Hellanodiken hatten kein leichtes Amt. In einem zehn Monate währenden Unterricht erfuhren sie die in Olympia gültigen Kampfregeln; sie überwachten die Vorübungen der Kämpfer, prüften die Anmeldungen und führten die Listen; in Kommissionen aufgeteilt, stellten sie die Gruppen oder Paare von Kämpfern zusammen, hatten die Preise zuzuerkennen und zu verteilen, und, was im alten Griechenland ein hoher Ruhm war, sie waren bekannt wegen ihrer Unparteilichkeit. Zur Ausübung ihrer Befugnisse hatten sie Strafrecht, und zur Hilfe waren ihnen eine Art von Bütteln, Alytai, beigegeben. Ein eigenes Amtslokal diente als Aufenthalt, und purpurne Gewänder erhöhten nach außen die Würde des angesehenen Amtes. Ein beschwerliches Amt hatten auch die drei Herolde, die zur Ankündigung des Festes und des Gottesfriedens herumreisten und zur Teilnahme einluden. Endlich seien noch die Ausrufer und Trompeter und die Opferdiener genannt, die die niederen Verrichtungen besorgten.

Schon bevor der Schwarm der Gäste sich auf den Weg machte, waren die Athleten mit ihren Trainern in Elis eingetroffen. Sie mußten sich in die Listen eintragen, ihre Berechtigung prüfen lassen und sich einem letzten Training unter Aufsicht der Hellanodiken und Gymnasiarchen unterziehen. Die in Olympia geltenden Spielregeln wurden ihnen erläutert, deren Übertretung Ausschließung und Geldstrafen nach sich zog. Die erwähnten Trainer, Paidotriben, Gymnasten, in späterer Zeit auch Aleipten genannt, meistens frühere Athleten, waren wichtige Persönlichkeiten, die zum Erfolg ihrer Zöglinge viel beitrugen. Sie leiteten das dreißigtägige Training der Athleten und waren ihnen selbst im Augenblicke der Entscheidung nahe. Es wurde erzählt, daß zuweilen ein ermunternder Zuruf oder Ratschlag den Sieg entschieden habe. So war es nur recht, wenn sie in den Festgedichten eines Pindaros oder Bakchylides mitgenannt wurden, so wie heute bei einem „sensationellen" Preisboxen oder Ringen auch die Trainer in den Zeitungen erwähnt und abgebildet werden. Dem Achaier Kratinos wurde sogar erlaubt, neben seiner Siegerstatue das Bild seines Trainers aufzustellen. Die Athleten selbst entstammten zum Teil den angesehensten Häusern Griechenlands, die es sich zur Ehre anrechneten, einen der Ihrigen unter den Siegern der großen Feste zu wissen. Als Bewerber für die Agone war jeder freie und mit keiner entehrenden Strafe belegte Mann von zweifellos rein griechischem Blut zugelassen. Aber schon die hohen Kosten der Vorbereitung und der Reise machten die Bewerbung von einigem häuslichen Wohlstand abhängig. Erst als Griechenland römische Provinz geworden war, drängten sich auch die Ausländer in die rein griechische Einrichtung. Kurz vor Beginn der Spiele zogen die Beamten und Athleten von Elis nach Olympia. Seit dem 3. Jahrhundert v. Chr. stand ein Gymnasion und eine Palaistra in Olympia. Hier werden die letzten Vorübungen stattgefunden haben (Taf. 7). Ein Eid vor der Statue des Zeus Horkios bestätigte, daß die Vorbedingungen erfüllt waren und verpflichtete zu anständiger Kampfesweise. Bei den Spielen selber waren die Athleten nackt. Das war uralte hellenische Sitte; unter dem Einfluß der ionischen, vom Orient abhängigen Kultur war in archaischer Zeit der Lendenschurz in Gebrauch gekommen, aber nicht allzulange vor der klassischen Zeit nach dorischem Vorbild wieder abgeschafft worden, angeblich, seitdem im Jahre 720 Orsippos von Megara seinen Lendenschurz beim Laufen verloren und den Preis gewonnen hatte; ein Ereignis, das sogar inschriftlich durch ein Epigramm auf dem Grabe des

Orsippos vermerkt wurde. Daneben giebt es noch die Nachricht, die den Lakedaimonier Akanthos als ersten nackten Agonisten von Olympia nennt. Als Preise müssen auch in Olympia ursprünglich Wertgegenstände ausgesetzt gewesen sein. In der 7. Olympiade wurde auf Befehl des delphischen Orakels der Kranz vom Laub des wilden Ölbaums eingeführt, ein an sich wertloser Gegenstand, aber eine unvergleichliche Kostbarkeit durch den Geist, der mit und bei dem Kranze war. Eine besondere Weihe gab man den Kränzen dadurch, daß ein Knabe, dessen beide Eltern noch lebten, die Zweige dazu mit einer goldenen Sichel abschneiden mußte und daß sie auf einem Dreifuß und später auf einem Tisch zur Schau lagen, der von einem Künstler wie Kolotes mit Zierat aus Gold und Elfenbein geschmückt war. Später, seit Alexander, gesellte sich noch der Palmenzweig zu dem Kranze hinzu. Wahrscheinlich empfing der Sieger seinen Kranz sogleich, nachdem die Entscheidung für ihn gefallen war.

Den Rahmen des Ganzen bildeten die waldigen Hügel nördlich und südlich zu Seiten des breiten, grünen Flußtals. Zu Füßen des Kronoshügels dehnte sich der eigentliche Festplatz aus, der in seinem Namen Altis immer die Erinnerung an seine ursprüngliche Natur als heiliger Hain bewahrt hat. Inmitten des von Mauern und Gebäuden umgrenzten Bezirks stand der Altar des Zeus; das Pelopion, westlich davon, und, nördlich von diesem, das Heraion sowie, dem Heraion benachbart, das Metroon waren die ältesten Kultstätten. Südlich vom Pelopion erstand im 5. Jahrhundert der große Tempel des Zeus, in dorischer Bauart und mit Skulpturen reich geschmückt. An den kurzen Seiten waren auf den zwölf Metopen des Gebälks die zwölf Taten des Herakles dargestellt, mit deutlicher Beziehung dieser körperlichen Kraftleistungen des reisigen Volkshelden zu den athletischen Vorführungen; in dem Giebelfelde an der Ostfront sah man den Schwur als Vorbereitung zu dem Wettfahren des Pelops und Oinomaos: in der Mitte stand Zeus, neben ihm der elische König und seine Gattin und auf der anderen Seite der jugendliche achaiische Bewerber um die Hand der Königstochter. Die spitz zulaufenden Ecken des Giebelfeldes waren mit den Viergespannen und dienenden Personen ausgefüllt. Hier ist die Beziehung zu dem vornehmsten Teil der Spiele, den Wettfahrten, offenbar. Östlich vom Zeusaltar war freier Raum, wo gewiß zuerst die Athla stattgefunden haben. Er war im Osten von einer gedeckten Säulenhalle und im Norden von einer Terrasse begrenzt, auf der eine Anzahl auswärtiger Gemeinden kapellenartige Häuser für die von ihnen nach Olympia gestifteten Weihgeschenke errichtet hatten. Außerhalb der Altis lagen die jüngeren Bauten: das Prytaneion, wo die offiziellen Gäste des Gottes, die Festgesandten und Sieger bewirtet wurden, und das Buleuterion, wo die höchsten Beamten von Olympia tagten. Im weiteren Umkreise lagen westlich das Gymnasion und die Palaistra (Taf. 7) und im Osten das Stadion und der Hippodromos, die Schauplätze der eigentlichen Kämpfe. Das Stadion, erst nach der Schlacht bei Chaironeia ausgebaut, ein langes Viereck, von sanften Böschungen eingefaßt, auf denen das Volk der Zuschauer lagerte, war von der Altis her nur durch einen schmalen Zugang erreichbar, durch den die offiziellen Persönlichkeiten und die Athleten einzogen. Südlich davon, in der Ebene des Alpheios, erstreckte sich der Hippodromos. Die ganze Altis muß sich für unsere Begriffe von städtebaulichen Platzanlagen höchst ungünstig ausgenommen haben. Die Tempel standen in keiner Beziehung zu dem Raume, und alle Zwischenräume waren, soweit die Bäume Platz ließen, mit Weihgeschenken, Statuen und Altären ausgefüllt. In der Zeit zwischen den Spielen lag dieser Bezirk in stiller Abgeschiedenheit da, nur von etwa Orakel begehrenden Frommen und später auch von Reisenden der Bildung wegen aufgesucht. In der Festzeit aber belebte sich der Platz, und wir können uns die erstickende Hitze, den Lärm und Staub, den Rauch und üblen Geruch nicht arg genug vorstellen. Aber, wie es auch bei modernen Volksversammlungen geschieht, wird man alle Unbequemlichkeiten und Entbehrungen willig ertragen haben, dem großen Gedanken zu Liebe, der alle Teilnehmer beherrschte und erhob; und das war hier der Gedanke des allen gemeinsamen Griechentums, verkörpert in Religion, Sprache und in der gemeinsamen Begeisterung für das athletische Ideal mit seiner äußeren, in Kraft und Gesundheit blühenden Schönheit und seinem sittlichen Wert des ehrgeizigen Strebens nach einem rein idealen Preise.

Nach der Überlieferung ist das Laufen im Stadion der erste und lange Zeit der einzige Agon gewesen, und erst allmählich soll sich das reiche Programm späterer Zeiten entwickelt haben, indem Wagenrennen und Reiten, Ringkampf, Faustkampf, Springen und Werfen von Speer und Diskos eingeführt wurden und mit der Zeit noch erschwerte Kampfspiele, wie Doppellauf, Waffenlauf, Langstreckenlauf u. a., hinzukamen. Bezeichnend ist es für den Geist, der das ganze Fest beherrschte, daß selbst die Trompeter und Heerrufer ihre Tüchtigkeit im Wettkampfe maßen.

In der klassischen Zeit währte das Fest fünf Tage. Der erste und letzte Tag war Opfern und Lustbarkeiten vorbehalten. Wie die Tage dazwischen besetzt waren, ist im einzelnen nicht überliefert. Doch hat sich aus den verschiedenen Nachrichten ungefähr eine Reihenfolge der Spiele aufstellen lassen. Opfer und Vereidigungen und der Wettkampf der Herolde und Bläser füllten den ersten Tag. Der zweite brachte die vornehmsten Spiele, die Wagenfahrten und Pferderennen. Ihr Schauplatz war der Hippodromos im Osten der Altis. Die klassische Form des Wettfahrens ist die mit dem zweiräderigen Viergespann. Es muß ein prachtvoller Anblick gewesen sein, wenn das Feld über die Bahn flog: die Menge der Gespanne, die ausgesucht schönen Rosse, die kunstvoll gebauten und verzierten Wagen, darauf die Wagenlenker, vornübergebeugt in ihren langen, flatternden Gewändern, und dahinter die aufgewirbelte Staubwolke. Die vier Pferde zu zügeln war kein Spiel, und namentlich an den Kurven, beim Umwenden hieß es aufpassen, sollte nicht, was oft genug geschah, schweres Unglück erfolgen. Wurde die Bahn zum zwölftenmal umfahren und ging es auf das Ziel los, gab ein Trompetenstoß den Fahrern und Zuschauern das Zeichen zur äußersten Anstrengung und Spannung. Der Besitzer des siegreichen Gespanns wurde bekränzt. Eine Zeitlang gab es in Olympia Wettfahrten von Maultiergespannen mit darauf sitzenden, nicht stehenden Lenkern (Taf. 23, 14). Als sie wieder abgeschafft waren, traten an ihre Stelle allerlei Gespanne mit Fohlen. Aber den Vorrang hatte immer das klassische Viergespann. Sollten die Wagenfahrten die Ausdauer von Pferd und Fahrer prüfen, so gab das Reiten eine Probe von der Schnelligkeit der Tiere. Es war ein Kurzstreckenlauf, der nur über sechs Stadien führte. Ein kurzes Leben war, wie dem Maultierfahren, auch dem Trabrennen von Stuten beschieden, deren Reiter vor dem Ziel absprang und das letzte Ende zu Fuß mitlief. Darauf folgten die mancherlei Übungen des Pentathlon, Springen, Laufen, Diskoswerfen, Speerwerfen und Ringkampf. Für das Diskoswerfen wurden drei Scheiben benutzt, die gewöhnlich im Schatzhaus der Sicyonier aufbewahrt wurden. Waren am dritten Tag die großen Opfer für Zeus dargebracht, so ließ der Nachmittag vielleicht noch Zeit für die Kämpfe der Knaben, die sich im Stadionlauf, im Ringen und Faustkampf genau wie die Erwachsenen maßen.

Der vierte Tag begann mit den Wettläufen der Männer, dem einfachen Stadionlauf, dem Diaulos, der zweimal über dieselbe Strecke, hin und zurück, führte und dem Dolichos, dem Lauf über ein Mehrfaches des Stadions. Die Rennmannschaften wurden ausgelost. Die Sieger in den einzelnen Mannschaften vereinigten sich zuletzt zu einem Schlußrennen, dessen Entscheidung erst den zu krönenden Sieger ergab. Daran schlossen sich die schweren palaistrischen Übungen des Ringens, Faustkampfes und Pankrations. Auch hierbei wurden die Reihenfolge und die Gruppen der gegeneinander kämpfenden Athleten durch das Los bestimmt.

Abb. 2. Verlosung der Plätze.

Lukianos beschreibt im Hermotimos 40, wie die Athleten ihr Los aus der Urne ziehen und ein Büttel ihnen die Hand mit dem Lose hochhält, bis einer der Beamten die Zeichen verliest und die zusammengehörigen Paare bestimmt[18]) (Abb. 2). Zuletzt kam der Waffenlauf, bei dem die Läufer mit Helm, Beinschienen und dem runden Schild, später nur mit Helm und Schild antraten. Um Übervorteilung durch einen zu leichten Schild zu verhindern, wurden die Schilde im Zeustempel aufbewahrt und für die Rennen von der Behörde gestellt.

Der letzte Tag des ganzen Festes galt wieder, gleich dem ersten, religiösen Feiern. Im prunkvollen Zuge bewegten sich Sieger, Beamte, Festgesandtschaften und ein reiches Gefolge durch die Altis zum Altar des Zeus, wo ein gemeinsames Opfer stattfand. Abends machte ein Festessen im Prytaneion den Beschluß. Dies wurde zuweilen von reichen Siegern, so einmal von Alkibiades, für alle Festgenossen ausgerichtet.

Aber die Ehren des Siegers, des Olympioniken, waren mit dem Kranze nicht abgetan. Feierlicher Empfang in der Heimat, Festgesänge und Mähler, auch sehr praktische Vorteile, wie Vorrechte,

Geldpreise, Befreiung von Steuern, warteten seiner. Von den dichterischen Verherrlichungen olympischer Sieger seien schon hier die dreizehn pindarischen und die vier Oden des Bakchylides erwähnt. Nur kurz sei auch hier schon der Statuen und Münzen gedacht, die das Andenken der Sieger mit sichtbaren Formen verewigten.

Ihren Höhepunkt haben die olympischen Spiele im 5. Jahrhundert gehabt. Danach verminderte sich die Leistung des Mutterlandes; die Provinzen und Kolonien stellten die meisten Athleten, und das Aufkommen der berufsmäßigen Athletik nahm dem ganzen Fest viel von seiner idealen Würde. Die römischen Kaiser haben die olympischen Spiele teils gefördert, teils selber die Ehren des Siegers angestrebt und natürlich auch erlangt. Aber dann wurde, wohl auch unter der Einwirkung des Christentums, die Bedeutung Olympias immer geringer. Der letzte Sieger, den die Überlieferung nennt, ist der Armenier Varazdates aus dem Jahre 385 n. Chr. Dann, im Jahre 393, hob Kaiser Theodosius die Spiele für alle Zukunft auf, und damit endete eine Einrichtung, deren staunenswerte Lebenskraft mehr als elf Jahrhunderte überdauert hatte.

Zusammenhang mit dem Totenkult ist auch für die Nemeen behauptet worden, die zu Nemea, einem Orte zwischen Korinth und Mykenai, „in des breitbrüstigen Löwen hohler Lichtung", abgehalten wurden[19]). Dies Fest sollte von Adrastos, dem Führer des Zuges der Sieben gegen Theben, gegründet worden sein, und zwar zum Andenken an den Knaben Archemoros-Opheltes, der seinen Tod durch eine Schlange gefunden hatte, als seine Pflegerin ihn allein gelassen hatte, um den Kriegern eine Quelle zu zeigen. In der Folge, angeblich durch Herakles, sollten die Spiele dem Zeus geweiht sein, d. h. sie hatten sich aus kleinen Spielen von örtlicher Bedeutung zu panhellenischen ausgewachsen. Im Jahre 573 beginnt die offizielle Zählung der Nemeen. Sie fanden im zweiten und vierten Jahre der Olympiaden im Sommer statt. Ihr Schauplatz war der in einem Cypressenhain gelegene Zeustempel, ein Stadion und Theater, von denen noch Reste erhalten sind, und ein Hippodromos. Die Leitung lag seit Mitte des 5. Jahrhunderts in den Händen der Argiver; als Beamte wirkten zwölf sogenannte Hellanodiken, die in Erinnerung an die sagenhafte Entstehung der Spiele Trauerkleider trugen. So hat auch der Kranz aus frischen Eppichblättern[20]), der Siegespreis der Nemeoniken, noch die

Beziehung zum Totenkult bewahrt. Gottesfriede und Art und Zahl der Agone glichen im wesentlichen den Olympien. Die nemeischen Spiele wurden in der Folge nach Argos verlegt und haben, wie die olympischen, bis ins späte Altertum ausgehalten.

Nur durch geringe Entfernung war Nemea von Korinth getrennt, in dessen Bereich die Isthmien, im zweiten und vierten Jahre jeder Olympiade im Frühjahr abgehalten wurden (Taf. 8). Die Gründungssagen gehen auseinander. Die Spiele wurden zu Ehren des Melikertes, wie es scheint, eines ländlichen Gottes, dem sich der Meerdämon Palaemon zugesellt hat, abgehalten. Später galten sie dem Poseidon. Als Preis wurde vielleicht von Anfang an, sicher in der klassischen Zeit ein Kranz von Eppichblättern verliehen, der erst in der römischen Kaiserzeit durch den Fichtenkranz verdrängt wurde. Dieser hatte offenbar Beziehung zu Poseidon, dem die Fichte heilig war, und der an dem Ort der Spiele jenen, von unserem Dichter erwähnten Fichtenhain besaß. Dieser Ort war „des Isthmus meerumzäumter Hals“, eine Stelle unweit des heutigen Durchstichs, wo sich auch Spuren der alten Heiligtümer gefunden haben. Die Korinther hatten die Leitung; ein Gottesfriede gab auch hier den Besuchern Sicherheit; die Spiele glichen den gymnischen und hippischen Agonen der andern Feste, standen aber den olympischen an Bedeutung nach. Musische Kämpfe werden in der Kaiserzeit oft erwähnt; in spätester Zeit sind Kämpfe mit wilden Tieren in das Festprogramm eingedrungen.

Die Pythien waren die Festfeier zu Ehren des delphischen Apollon und zur Erinnerung an den Sieg des Gottes über den Drachen Python[21]) (Taf. 9). Dies Ungetüm ist eigentlich eine vorgriechische Gottheit, sei es die Erdmutter selbst[22]), sei es ein uralter Heros, und der Omphalos, den man nachher zum Mittelpunkte der Erde umdeutete, galt noch in später Überlieferung als sein Grab. Wenn also Apollon in der Legende den Drachen tötete, so ist das eine Einkleidung des geschichtlichen Vorgangs, daß sich griechischer Kult an einer älteren Kult- und Orakelstätte festgesetzt hat. Ursprünglich wurden an den Pythien nur musische Wettbewerbe ausgetragen, bei denen Loblieder auf Apollon zur Kithara gesungen wurden. Es hat auch musische Leichenagone gegeben; so wird von den Leichenspielen zu Ehren des Amphidamas berichtet, in welchen der Dichter Hesiodos als Kampfpreis einen Dreifuß gewann. Aber die pythischen Spiele haben mit dem

Kult des alten Heros keinen sicher bezeugten Zusammenhang. Im Anfang wurden die Pythien alle acht Jahre abgehalten, immer im dritten Jahre der ungeraden Olympien, im frühen Herbst; die Preise bestanden in Wertgegenständen. Unter dem Einfluß des immer mächtiger werdenden Orakels von Delphi war der Agon des Ortes schon zu größerer Bedeutung gelangt, als im Anfang des 6. Jahrhunderts seine Leitung und die Verwaltung des Heiligtums von den Delphiern auf die Amphiktyonen, d. h. den Verband der umwohnenden Staaten überging. Bald danach wurde als Preis ein einfacher Lorbeerkranz bestimmt, die Feier auf alle vier Jahre festgesetzt, und vom Jahre 582 v. Chr. an wurde die Zählung der Pythien festgelegt. Hieromnemonen hießen die höheren Beamten, denen Diener und Herolde zur Seite standen. Ein Gottesfriede schützte wie üblich die Teilnehmer an dem Feste. Mit der Zeit wurde das Programm immer wieder erweitert und die Dauer des Festes von einem Tag auf sieben Tage ausgedehnt. Die gymnischen Spiele, die zusammen mit den musischen die Pythien an die zweite Stelle nach den Olympien setzten, gehen jedoch nicht in hohes Altertum hinauf; sie wurden zusammen mit der Neuordnung der Spiele im Beginn des 6. Jahrhunderts nach dem Muster von Olympia eingeführt[23]). Die Örtlichkeit der Kämpfe war in Delphi seit dem 5. Jahrhundert das Stadion, hoch oberhalb des Apollonheiligtums, zunächst eine einfache Anlage, später eine kostbare Stiftung des Herodes Attikus (Taf. 48). Vor dieser Zeit hatten die Kämpfe unten, in der Ebene von Krisa stattgefunden, wo die Pferderennen immer verblieben sind. Seit dem 4. Jahrhundert hatte man in Delphi auch ein umfangreiches Gymnasion. Die Wettspiele waren, wie in Olympia, von gottesdienstlichen Handlungen umgeben, unter denen die feierliche Prozession der Festgenossen und Gesandtschaften wegen des dabei entfalteten Prunks eine besondere Stelle einnahm. Den Spielen als einer panhellenischen Einrichtung gaben die musikalischen Veranstaltungen einen eigenen Glanz, der den Pythien durch das ganze Altertum erhalten geblieben ist, bis sie, zusammen mit den Olympien, dem Christentum zum Opfer fielen.

Das letzte der großen Spiele sind die Panathenäen, die zu Athen, alle vier Jahre, im dritten Jahre der Olympien abgehalten wurden. Auf Grundlage älterer, örtlicher Feiern waren sie angeblich von Peisistratos gestiftet und ursprünglich nur als Wettkämpfe in Rhapsodik,

Musik und Gesang eingerichtet. Als Preise dienten Krüge mit attischem Öl, und die Krüge selbst konnten als wertvolle Andenken dienen, denn sie zeigten in der altmodischen Malerei mit schwarzen Figuren auf der einen Seite Szenen aus dem Wettkampf, auf der anderen das Bild der Stadtgöttin Athena mit der Inschrift: „Tōn Athēnethen athlōn", von den Kampfspielen zu Athen. „In feuergebrannter Erde", sagt Pindaros, „kam Frucht der Olive zu Heras männerstolzem Volk in des Gefäßes buntgeschmückter Umzäunung" (Taf. 12).

Abb. 3. Preisrichter.

Später ist das Fest mit turnerischen und ritterlichen Agonen ausgestattet worden[24]), denen sich noch Waffentänze, Fackelläufe und Wettbewerbe in körperlicher Schönheit und kriegerischer Ausrüstung ganzer Mannschaften, sowie endlich eine Ruderregatta anschlossen. Die Panathenäen waren die glänzendste Feier in dem reich mit Agonen ausgestatteten Festkalender der Stadt Athen.

Neben den großen Spielen haben sich dann ungezählte örtliche Agone, oft in Zusammenhang mit einheimischen Heroen oder Gottheiten entwickelt und lange gehalten, und zu ihnen sind noch die Spiele zu Ehren der hellenistischen Fürsten und römischen Kaiser hinzugetreten.

So konnten gymnische Spiele aus verschiedenem Anlaß angestellt werden: zum Dank für einen Sieg und für Rettung aus Gefahr, zur Erfüllung eines Gelübdes oder auf Befehl eines Orakels, auch zur Sühne von einem Frevel und zur Lösung von einem Fluch. Eins der schönsten Beispiele ist das Verhalten der zehntausend Griechen, die nach dem beschwerlichen Marsche über das Gebirge am Strande des Schwarzen Meeres angelangt, dem Zeus Soter und Herakles und andern Göttern ein Dankopfer brachten und einen gymnischen Agon unter Leitung eines Spartaners vollführten. Immer von neuem ergreift uns Xenophons Schilderung, wie die Griechen auf der Höhe des Gebirges das Meer erblicken und jubelnd begrüßen, und so fühlen wir gerade auch bei der Erzählung von dem Agon mit, wie sie glücklich sind, daß sie die Mühsal des Marsches und der Kämpfe hinter sich haben und nun wieder Menschen sein dürfen. Dankerfüllt bringen sie ihr Opfer dar; dazu aber gehört für sie als Griechen auch ein Agon. Es wurde auf schwierigstem Gelände gelaufen, gerungen und mit der Faust gekämpft, ja auch zu Pferde um die Wette geritten. „Und es war ein schönes Schauspiel", sagt Xenophon mit fühlbarem Stolz, „denn es meldeten sich viele Bewerber, und da die Kameraden zusahen, wurde großer Wetteifer entwickelt". Diese Ausbreitung der körperlichen Wettbewerbe zeigt, wie sie mit der Zeit zu einem allgemeinen Bestandteil des Götterkultes geworden sind. So haben sie schließlich auf die Religion, auf die Vorstellung von den göttlichen Wesen zurückgewirkt. Man dachte sich die Götter als Freunde des Spiels, die nicht bloß am Zuschauen, sondern auch an der eigenen Betätigung Freude hatten. Apollon ist nicht bloß Bogenschütz, er übt sich auch im Diskoswerfen, im Laufen und Faustkampf. So ist auch Hermes ein hurtiger Läufer, Erfinder des Ringkampfes und der Urheber des ganzen Palaistrawesens, weshalb sein Bild als Hermes Enagonios nicht selten zum Schmuck der Turnhallen diente (Taf. 34 u. 36). Man erzählte sogar, in Olympia habe Zeus mit Kronos gerungen, Apollon mit Hermes im Laufen und mit Ares im Faustkampf siegreich gewetteifert. Bekannt sind die Dioskuren als Vorbilder der gymnastischen Jugend, zumal als Ringer, ganz zu schweigen von Herakles, der von Hause der reisige Nationalheld war (Taf. 34 u. 36). Aber selbst ein pferdeschwänziger Silen wird in der Kunst mit den Geräten der Palaistra dargestellt[25]), und in der jüngeren Kunst sind Eroten in mannigfachem Sport, ringend, boxend, im Wagenrennen usw. auf Gemmen und namentlich auf Sarkophagen ein beliebter Schmuck (Taf. 24, 51 u. 68 und Abb. 2 u. 6) Da es ja im Kampfspiel so oft darauf ankam, den rechten Augenblick wahrzunehmen oder seine Gunst zu erfahren, so war es ein hübscher Gedanke, dem Gotte Kairos in Olympia am Eingang in das Stadion einen Altar neben dem des Hermes Enagonios zu errichten. Es hat sogar eine Neubildung von göttlichen Begriffen im Zusammenhang mit dem agonistischen Wesen stattgefunden. Der Agon, als Personifikation des Wettkampfes, in Gestalt eines Standbildes mit Springgewichten in den Händen, war schon im 5. Jahrhundert v. Chr. unter andern Götterstatuen von Smikythos in Olympia aufgestellt worden. Die hellenistische Zeit hat ihn als geflügelten Knaben nach Art des Eros gebildet[26]) (Taf. 10a). Im Relief war er neben Ares unter den Göttergestalten dargestellt, mit denen Kolotes den Tisch für die Kränze in Olympia geschmückt hat. Eutaxia, die Personifikation der Manneszucht, erscheint auf einem athenischen Relief des 4. Jahrhunderts (Abb. 10b), vergleichbar mit den Episteme, Sophia, Arete in jüngerer griechischer Kunst[27]). Die Göttin Palaistra, die Verkörperung und Erfinderin der Ringkunst, als Tochter oder Geliebte des Hermes gedacht, ist dagegen eine schwache Erfindung, und die Schilderung, die Philostratos in seinen „Gemälden“ nach einer Darstellung von ihr entwirft, zeigt, daß auch der Maler mit der blutlosen Allegorie nicht viel anzufangen wußte. Die Göttin war ruhig sitzend dargestellt, umspielt von Knäbchen in verschiedenen Ringerstellungen. Ruhig sitzend, wie eine Zuschauerin erscheint sie auch auf einem römischen Medaillon[28]). Einmal, in Synnada, erscheint der Priester der Hygieia und Sophrosyne als Gymnasiarch. Ein innerer Zusammenhang der beiden Ämter ist möglich, da ja Gesundheit und Besonnenheit durch die Arbeit im Gymnasion erworben werden sollten. Es ist auch ganz folgerichtig, wenn die Griechen wie unsere altgermanischen Vorfahren sich die Abgeschiedenen vorstellten, wie sie sich die Muße der Seligkeit mit körperlicher Übung verkürzten, und bei der hohen Wertschätzung der siegreichen Athleten kann es nicht wundernehmen, wenn manche von ihnen nun selbst als Heroen verehrt wurden[29]) und sich damit der Kreis Heros — Kampfspiel — Athlet — Heros schloß.

Gymnastik und Staat

Es bedarf keiner Darlegung, wie sehr der Grieche in allen seinen Lebensbeziehungen mit dem Staate verbunden war. Wie er im Frieden an der Regierung und Verwaltung tätigen Anteil nahm, so rief ihn die heiligste Pflicht in Stunden der Gefahr zu den Waffen. Bürger sein hieß Krieger sein, und ins Feld zogen die Alten nicht als begeisterte Dilettanten, sondern wohlgeübt und vorbereitet. Es war allgemeine griechische Überzeugung, daß die Körperzucht eng mit dem Staatsleben und dem Kriegsdienste zusammenhing, für den die leibliche Ausbildung die notwendige Schule bildete. Am reinsten tritt diese Anschauung bei den Lakedaimoniern in die Erscheinung.

In Sparta war das ganze Leben des freien Bürgers staatlich geregelt und mit seiner einfachen Kost, den gemeinsamen Mahlzeiten der Männer und mit seiner strengen Disziplin und Organisation eine Fortsetzung des Lagerlebens älterer Zeiten[30]). „Pflicht-, Ehr- und Gemeingefühl" beherrschten das Dasein des Spartiaten vom ersten Tage an, wenn Beamte entschieden hatten, ob der Knabe kräftig genug sei, um aufgezogen zu werden, und begleiteten seinen Aufstieg durch die militärisch geregelten Altersklassen des Erziehungsganges, der allen gemeinsam war und vom siebenten bis etwa zum dreißigsten Lebensjahre währte. Hierbei diente alles der Ausbildung zum starken, kampfbereiten Staatsbürger; kasernenartiges Zusammenleben, Schlafen auf einer Schilfstreu, einfachste Bekleidung nur mit dem Mantel, Barfußgehen, Verbot der warmen Bäder und Salbungen — all dies diente der Abhärtung, die ihre grausame Prüfung in den Geißelungen der Knaben auf dem Artemisaltar erfuhr, einer ursprünglich wohl rein religiösen Sitte, die später in erzieherischem Sinne umgedeutet wurde[31]). Zur Stählung der Körperkräfte dienten beständige Raufereien, Übungen im Fünfkampf, bei dem das Laufen die Hauptrolle spielte, hieß doch das Gymnasion in Sparta selbst kurzweg Dromos, d. h. Lauf, ebenso wie auf Kreta. Hier war die junge Mannschaft in Altersklassen eingeteilt, die ihre Bezeichnungen geradezu von ihrem Verhältnis zum Dromos hernahmen. Den Faustkampf in Regeln gebracht zu haben, galt als Verdienst des in Lakonien nach der Sage heimischen Polydeukes; er war, wie das Pankration zur Vorübung für den Krieg unerläßlich, doch wurden die beiden Kampfarten später aus der öffentlichen Vorführung des Fünfkampfes ausgeschieden. Beliebt war das Ballspiel, von dem die älteste Jahresklasse ihren Namen führte; verboten war Spazierengehen und Reisen; dagegen dienten zur Vorübung auf den Krieg und zur Weckung des Mutes Jagd, Marschübungen, Fouragieren, wobei Diebstahl erlaubt war, vorausgesetzt, daß man sich nicht fassen ließ, und Kampfspiele, in denen immer zwei Mannschaften um den Besitz des Platanistas, eines vom Wasser umflossenen Geländes rangen. Da ging Mann gegen Mann; mit Händen, Beinen und Zähnen wurde gekämpft, und man suchte sich gegenseitig in den Fluß zu drängen. Also auf Kraft, Ausdauer und Gewandtheit kam es hier an.

Da nun die geistige Ausbildung sich auf die Elemente beschränkte, war der Vorwurf der Roheit dieser Erziehung nicht unberechtigt. Doch vermittelte die Pflege von Musik und Tanz und die Anleitung zu kurzer, schlagfertiger Redeweise einen gewissen Ausgleich. Aber selbst hierbei hielten die Pyrrhiche, ein Tanz im Waffenschmuck, und das Fest der Gymnopaidien, bei dem die gesamte Kriegerschaft einen feierlichen Tanz aufführte[32]), die Erinnerung an die von Musik begleiteten Kriegsübungen und den Stolz auf körperliche Vollkommenheit aufrecht. Daß auch die Mädchen zu gymnastischen Übungen angehalten wurden, geschah in der Absicht, dem Staat einen gesunden Nachwuchs zu verbürgen.

Welche Bedeutung der Staat der Körperübung beilegte, geht auch daraus hervor, daß öffentliche Ämter zur Beaufsichtigung des gymnastischen Wesens eingerichtet waren. In Sparta stand der Paidonomos mit seinen Bütteln, den peitschenbewehrten Mastigophoren, an der Spitze. Er hatte die Befugnis, die Zöglinge zu versammeln, zu mustern und, wenn nötig, zu bestrafen. Fünf Bidiäer hatten die Kampfspiele der Epheben anzusetzen und zu leiten. Bezeichnend für die spartanische Auffassung ist, daß ein Übermaß an kunstvoller Ausbildung vermieden, also kein Paidotribe oder Hoplomachos, d. h. kein Turn- oder Fechtlehrer, angestellt werden durfte, und daß es den Bürgern verboten war, im Faustkampf und Pankration als Bewerber aufzutreten, damit ihnen das Eingeständnis der Niederlage erspart bliebe. So wurden die Gefahren der berufsmäßigen Athletik vermieden und der allgemeine erzieherische Charakter der Gymnastik gewahrt.

Die dorische Sitte wurde für die Allgemeinheit vorbildlich. Wenigstens schrieben die Griechen den Kretern und Lakedaimoniern die erste Errichtung von Gymnasien, öffentlich gezeigte Nacktheit und den Gebrauch des Öls für die Körperpflege zu. Daß die Dorer bei der Ausgestaltung der olympischen Spiele Einfluß gehabt haben, darf man wohl aus der sagenhaften Einkleidung schließen, wonach Herakles als Erneuerer und Stifter dieser Spiele gefeiert wurde. Ihre Überlegenheit zeigte sich in vielen Siegen. Später freilich wurde, wie schon die Alten selber erkannten, das Vorbild von den andern Griechen erreicht und übertroffen, und das eigensinnige Festhalten Spartas an seinen ehemals notwendigen, dann überholten Einrichtungen hat ihm nicht zum Nutzen gedient.

Neben Sparta mag Athen statt vieler anderer[33]) als Beispiel dienen. Hier sorgten für die eigentliche kriegerische Ausbildung der Epheben, d. h. der mit dem achtzehnten Jahr volljährig gewordenen jungen Männer, sechs vom Volke erwählte Lehrer, zwei Paidotriben oder Turnlehrer, die wohl auch die ganze Lebensweise und den Gesundheitszustand ihrer Zöglinge zu überwachen hatten, und außer ihnen verschiedene Lehrer für die Unterweisung im Gebrauch der Kriegswaffen. Praktischer Dienst wurde mit Wachehalten, Besatzung der Festungen und Übungen im Belagerungsdienst versehen. Die Tracht der Epheben war kurzes Haar, ein breitkrämpiger Hut, Kittel und kurzer Mantel. Später nahm die Beteiligung an öffentlichen Festen und Aufzügen einen großen Teil der Zeit in Anspruch; auch Anwesenheit bei den Volksversammlungen und beim Unterricht der Philosophen wurde verlangt.

Auch an der gymnastischen Jugenderziehung bezeugte der athenische Staat sein Interesse durch die Oberaufsicht, die er durch seine dafür bestellten Beamten ausübte.

Zwar im allgemeinen herrschte bei den Griechen auch in gymnastischer Beziehung Lehr- und Lernfreiheit. Es bestanden neben den staatlichen Einrichtungen private Turnanstalten, die von Knaben und Erwachsenen besucht wurden, ähnlich den privaten Schulen, in denen Knaben in den Elementen der geistigen Bildung unterrichtet wurden. Als Lehrer wirkte in der Palaistra der Paidotribe, der auch der Schule seinen Namen gab, sei es als Begründer, sei es als Inhaber. Zahlreiche Vasenbilder zeigen den Paidotriben in seiner Tätigkeit, wie er im Gegensatz zu den nackten Turnern voll bekleidet und mit einer gegabelten Rute bewaffnet die Ausführung der Übungen überwacht, korrigiert und auch gelegentlich mit der Rute dreinhaut, wenn es zwischen den Turnern zu unvorschriftmäßigem Raufen gekommen ist, wozu ja nicht bloß Ring- und Boxkämpfe Anlaß gaben. An die Stelle der gegabelten Rute ist schon im 4. Jahrhundert ein langer Palmzweig getreten; noch später wird ein kurzer Palmenfächer gebräuchlich[34]). Neben dem Paidotriben findet sich auf den Vasenbildern zuweilen ein Schuldiener abgebildet; auch er ist durch Bekleidung — meistens einen mehr oder minder langen Lendenschurz — von den nackten Knaben unterschieden (Taf. 109). Aber schon früh hatte die Gesetzgebung den Turnschulen ihre Aufmerksamkeit zugewandt. So finden sich in den Gesetzen des Solon, also aus dem Anfang des 6. Jahrhunderts, eine Anzahl Vorschriften, wodurch Schulzucht und gute Sitte geschützt werden sollten. In der klassischen Zeit diente das Amt des Gymnasiarchen dem Staat als das Mittel, womit er sich bestimmenden Einfluß auf das turnerische Bildungswesen sicherte[35]). Vom 5. Jahrhundert v. Chr. bis ans Ende des Altertums reichen die meistens inschriftlichen Zeugnisse für die Rechte, Pflichten und Taten der Gymnasiarchen und für die Wandlungen, denen diese Tätigkeit unterworfen gewesen ist. Die Gymnasiarchie rechnete zu den schweren Auflagen, Leiturgien genannt, mit denen der demokratische Staat im Altertum in einer für uns kaum faßbaren Weise die einzelnen vermögenden Mitbürger heranzog, wenn es galt, die Kosten für öffentliche Veranstaltungen aufzubringen, deren Bezahlung die Mittel des Stadtsäckels überschritt. War die Trierarchie, die Ausrüstung und Befehligung eines Kriegsschiffs eine außergewöhnliche Leiturgie, die nur in Kriegszeiten angefordert wurde, so zählte die Gymnasiarchie ebenso wie die Übernahme der Kosten für einen Theater- oder Festchor, für einen Fackellauf oder für eine Festgesandtschaft zu den regelmäßig wiederkehrenden Leiturgien. Sie stellte beträchtliche Anforderungen an die Opferwilligkeit des Bürgers, was seine Kasse und seine persönliche Leistungsfähigkeit anlangte. Der Gymnasiarch überwachte die gute Sitte und die Ausbildung der Besucher des Gymnasions, der Knaben, Epheben und erwachsenen Männer; er verwaltete das Vermögen der Gymnasien, hatte das Öl zu beschaffen, das in den Gymnasien zum Salben der nackten Leiber in großen Mengen verbraucht wurde, und wenn die dafür bestimmten öffentlichen Gelder nicht ausreichten, so bestritt er das Fehlende oder gar das Ganze aus eigenem Vermögen. Der Gymnasiarch hatte auch die Leitung der Agone und sorgte durch Stiftung von Öl und Preisen, Opfertieren und Opferschmausen für ihre prächtige Ausstattung. Er stellte auch die Lehrer an, sorgte für die Erhaltung der Baulichkeiten und ihre Ausschmückung, beschaffte Unterrichtsmittel und waltete als Priester in dem mit dem Gymnasion verbundenen Heiligtum. Auch an den Schulprüfungen und Versetzungen wird er tätigen Anteil genommen haben. Das Amt bedeutete neben der Last zugleich eine Auszeichnung, die auch an Frauen verliehen wurde, sich in den vornehmen Familien forterben konnte und später auch von Mitgliedern des Kaiserhauses nicht verschmäht wurde. Ja, zur Römerzeit bedeutete die Gymnasiarchie in den griechischen Gemeinden ein wichtiges kommunales Amt. Die Übertragung des Amtes geschah durch das Volk, besondere Kenntnisse wurden nicht gefordert. Die hatte eben jeder in seiner eigenen Schulzeit erworben. Doch gab es Vorschriften über die Rechte und Pflichten des Amtes, zu denen auch eine Art Strafrecht gehörte. Als Entgelt für die Leistung diente die Ehre, bei öffentlichem Auftreten der Gymnasionsmitglieder als ihr Führer zu erscheinen, und der Dank, der in verschiedenen Formen erstattet wurde: durch goldene Kränze, Bildsäulen und Ehreninschriften, die die Verdienste der Gefeierten ausführlich schildern und uns als Hauptzeugen für die Wirksamkeit dieser opferwilligen und patriotisch denkenden Männer dienen.

Von solchen Ehrenstatuen sind keine sicher erkennbaren erhalten, doch ist in Athen eine Reihe von Hermen römischer Zeit zutage gekommen, die die Bildnisse von Kosmeten tragen, Vorgesetzten der Epheben während ihrer kriegerischen Ausbildung (Taf. 35). Leiturgien waren auch die Veranstaltungen der Agone, in denen die militärische Disziplin der Epheben (Eutaxia) und ihre Kraft und Schönheit (Euandria) Gegenstand des Wetteifers waren.

Eine andere, wichtige Art der Fürsorge des Staats für die Gymnastik bestand in der Herrichtung geeigneter Örtlichkeiten[36]). Die einfachste Form des Übungsplatzes war, ähnlich unseren dörflichen Fußballplätzen, ein Stück freien Landes, auf dem das Laufen und Ringen geübt werden konnte; daher die ältesten griechischen Namen der Übungsplätze Dromos (Lauf) und Palaistra (Ringplatz), die häufig als eng zusammenhängend in einem Atem genannt werden. Eine Verbesserung war es schon, wenn man Bäume pflanzte, die den Ausruhenden Schatten gaben, und wenn die Anlagen mit Umzäunungen oder Mauern umgeben wurden, die das Zuschauen müßiger Gaffer verhinderten. Auch die reinigende und wohltuende Wirkung des Wassers war in den Gymnasien sehr erwünscht. Konnte man die Plätze nicht an ein natürlich fließendes Wasser, einen Bach oder Fluß legen, die ja übrigens in dem griechischen Klima sehr leicht versiegten, so mußte Wasser in Leitungen zugeführt werden. Schon früh fanden sich Einrichtungen für Duschen und Waschungen, und zu den besonderen Leistungen spendefreudiger Gymnasiarchen gehörte nicht nur die Erbauung solcher Anlagen, sondern auch die Lieferung von Brennholz für Erwärmung des Wassers und der Baderäume[37]). Man sparte Neuanlagen, wenn sich die profane Körperübung an schon bestehende religiöse Einrichtungen anschloß, d. h. wenn die heiligen Haine von Heiligtümern die Jugend als willkommene Tummelplätze anlockten. So hat in Athen das Heiligtum des Heros Akademos, die Akademie, in peisistratischer Zeit eine Mauer, durch Kimon eine Wasserleitung und Baumpflanzungen erhalten und so sich aus einem Temenos zu einem Gymnasion entwickelt. Dies war der Zustand ähnlicher Einrichtungen noch im 5. Jahrhundert, das seine Baulust hauptsächlich in kultischen Gebäuden befriedigte. Erst im 4. Jahrhundert hat sich das Muster für die Gymnasien ausgebildet, das dann in der folgenden Zeit herrschend blieb. Konnten die meisten Übungen ohne besonderen Aufwand getrieben werden, so erforderte das Ringen mit der Zeit eigene Vorrichtungen für das Salben und Baden und einen besonders hergerichteten Sandplatz. Nimmt man hinzu, daß das Turnen im Winter nicht aussetzte, daß also einiger Schutz vor der Unbill des Wetters erwünscht war, so begreift man leicht, wie sich um den freien, sandigen Platz Säulenhallen, Kleiderablagen, Ölkammern und Baderäume gruppierten. In den Hallen war Platz für lustwandelnde und zuschauende Väter und Freunde der Übenden. Die schattigen Baumgänge hatten seit Platos Zeit auch als Aufenthalt der Philosophen gedient, die sich dort mit ihren Schülern lehrend und disputierend ergingen. Den Bedürfnissen dieser geistigen Belehrung wurde durch die Einrichtung von Zimmern mit Bänken Sorge getragen. An diese eigentlich Palaistra genannte Anlage schlossen sich das Gymnasion im engeren Sinne, die Laufbahnen, unter freiem Himmel mit Bäumen (Paradromides) oder unter oftmals doppelten Säulenhallen (Xystoi), und die Plätze, die für die Werfübungen benötigt wurden. Die Palaistra war unentbehrlicher Bestandteil des Gymnasions und beide in den meisten Fällen so eng miteinander verbunden, daß die Bezeichnungen bei den Schriftstellern nicht immer ganz in strengem Sinne gebraucht worden sind und der eine Name manchmal den andern mit einschloß. Dadurch, daß die Gymnasien auch von Philosophen und Rhetoren für ihren Unterricht gebraucht wurden, hat das Wort Gymnasion auch die Nebenbedeutung der geistigen Lehranstalt erhalten, und so kommt es, daß wir die Namen der athenischen Gymnasien Akademeia und Lykeion — in dem einen lehrte Platon, in dem anderen Aristoteles — noch heute für unsere höheren Schulen anwenden.

Vitruvius hat in seiner Architektur Buch 5, Kap. 11 ein vollständig eingerichtetes Gymnasion beschrieben, in dem neben den üblichen Räumlichkeiten ein Raum zum Einstäuben und eine Schwitzkammer vorhanden sind. Zahlreiche Bauten der Art haben sich erhalten, die wieder ausgegraben und mit Hilfe des Vitruvius gedeutet worden sind. Als Beispiel möge das Gymnasion von Priene dienen, das, an der Südseite der Stadt gelegen, eine prächtige Anlage darstellt (Abb. 4). Den größten Raum nimmt der viereckige Hof ein; er ist an allen Seiten mit Hallen umgeben, in die man von der Straße her durch ein ansehnliches Tor eintritt, ein unbedeckter Gang trennt ihn von den Zimmern an der Nordseite, unter denen das Ephebeion, ein Raum mit Sitzbänken an den Seiten (Abb. 5), und das Bad mit seinen Wasserspeiern und später hinzugesetzten Wannen einen besonders reichen Anblick boten[38]).

Dieser griechische Typus ist dann in der Römerzeit verdrängt oder in vielen Fällen überbaut worden, indem sich von Italien her der Typus des Warmbades, der Thermen, mit Wasserbassins, Röhrenleitungen und Luftheizungen verbreitete und so den Charakter des griechischen Gymnasions völlig veränderte. Die Erbauung und Instandhaltung der Gymnasien fiel meistens der Allgemeinheit zur Last, denn nicht immer fanden sich reiche Leute, die die Kosten als Stifter oder in ihrem Amt als Gymnasiarchen auf ihren Säckel übernahmen.

An das Gymnasion von Priene schließt sich das Stadion, das auch bereits mit stattlicher Architektur versehen ist. In den griechischen Stadien war die Bahn ein einfacher, rechteckiger Streif Landes.

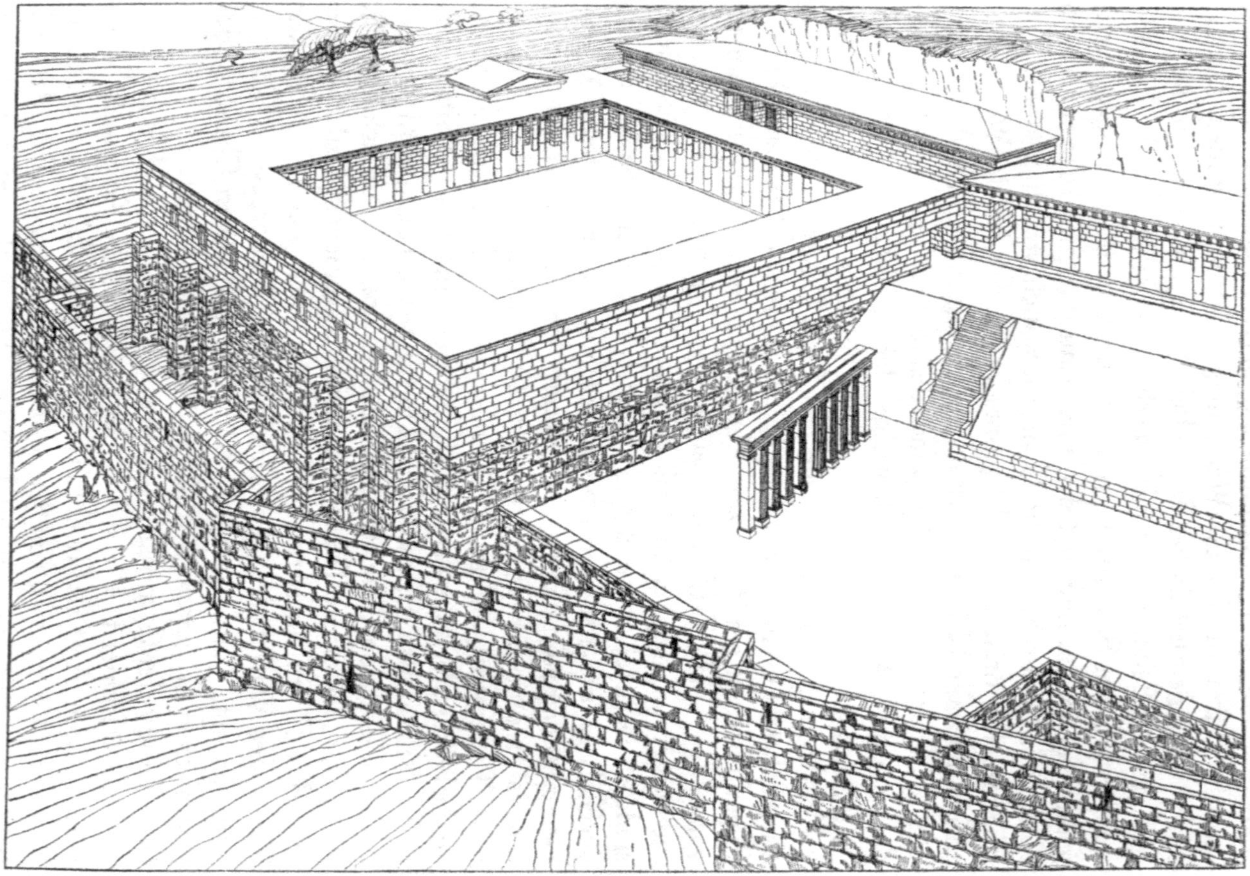

Abb. 4. Das Gymnasion von Priene.

Gedeckte Stadien konnten in Pergamon in den Terrassenbauten auf dem abschüssigen Gelände eingerichtet werden, Perdikkas und Krateros führten im Felde Zelte von Stadionlänge mit, um in den Quartieren darunter zu üben. Bei Athenaios 12, 539c ist diese Nachricht unter anderem seltsamem Luxus aufgeführt. Wo dann die Läufe nicht nur der Übung, sondern dem öffentlichen Schauspiel dienten, mußten für die Zuschauer Vorkehrungen getroffen werden. Nicht überall

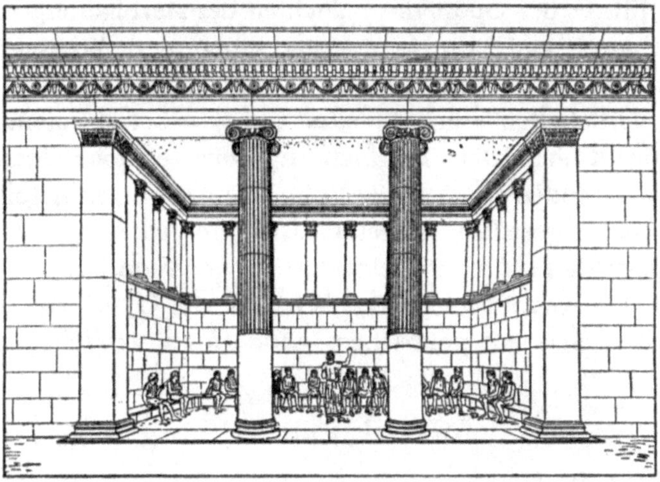

Abb. 5. Ephebeion im Gymnasion von Priene.

bot eine Talmulde mit ihren seitlichen Abhängen einen natürlichen Zuschauerraum. Im besten Falle hatte man einen Bergabhang, sonst mußte man zu beiden Seiten der Bahn Anschüttungen herstellen. Steinerne Sitzreihen mit gewölbten Unterbauten, wie sie in römischer Zeit oft von reichen Gönnern gestiftet wurden, waren in griechischer Zeit nicht die Regel. Man begnügte sich mit Rasenhängen, einzelnen Ehrensitzen oder kürzeren, mit Sitzreihen versehenen Stücken (Taf. 47). Auch die sog. Sphendone, mit den amphitheatralisch um das Ende der Bahn gelegten Bankreihen, ist erst römische Erfindung (Taf. 48). Über die Ablauf- und Zielvorrichtungen wird noch zu reden sein.

Die Erbauung von Gymnasien folgte der Ausbreitung des Griechentums in der alten Welt, und die Beteiligung der Nichtgriechen an der Gymnastik bekundete ihr Streben nach Hellenisierung. Ja, neben der Sprache und Sophistik als der Zusammenfassung aller geistigen Bildung waren die Gymnasien das wichtigste Mittel, den

Barbaren gegenüber das griechische Gemeingefühl wachzuhalten[39]). Unter den Griechen selbst dienten diesem Zwecke vor allem die großen Festspiele, die die Volksgenossen aus allen Teilen der Welt im Mutterlande zusammenführten und durch die Einrichtung des Gottesfriedens Streitigkeiten der Griechen untereinander eine Weile hintanhalten konnten. Im Sinne der äußeren Machtpolitik blieb dies Stammesgefühl freilich ohne Wirkung. Aber auch innenpolitisch führte der Sport die Schichten der Bevölkerung nicht zusammen; zwar hatte die Gymnastik einen demokratischen Charakter, indem nur die kostspieligen Wagenrennen den Reichen und Fürsten vorbehalten blieben, alles übrige aber Gemeingut war und niemand sich der Verpflichtung dazu entzog; doch waren nur die besitzenden Klassen, die Vollbürger beteiligt; Metoiken und Sklaven waren geradezu ausgeschlossen. In Athen war sogar für Leute gemischten Blutes ein besonderes Gymnasion, das Kynosarges, bestimmt. Die wichtigste geistige Wirkung der Gymnastik lag daher für die Alten nicht auf politischem, sondern auf ethischem Gebiete.

Gymnastik und Bildung

Wohl hat der Heroen- und Götterkult mit seinen Agonen immer neue Gelegenheit zur öffentlichen Vorführung der gymnastischen Tüchtigkeit geboten, aber in der religiösen Verwendung ist das Wesen der Gymnastik nicht beschlossen. Gewiß hatte der Staat allen Grund, die Gymnastik zu fördern und sie seinen kriegerischen Erfordernissen dienstbar zu machen, aber auch die Vorbereitung auf den Waffendienst war weder Anlaß noch alleiniger Zweck der Gymnastik. Die tiefere Ursache zu dem ganzen Treiben und zu der Lebenskraft, die den ganzen antiken Sport beseelt, liegt in dem Prinzip des Agons, des freien Wettbewerbs, der das ganze Leben der Griechen beherrschte und in diesem besonderen Falle nicht allein auf greifbaren Gewinn, sondern ebensosehr auf den idealen Zweck, der erste zu sein, ausging und eine unablässige Übung zur Vorbereitung auf den öffentlich ausgetragenen Wettkampf erforderte. Die Gymnastik war kein gleichgültiges Spiel, kein Zeitvertreib ohne Anreiz und Erfolg, sondern es wurde nach dem Ruhm eines hohen Könnens gestrebt, dessen Wirkungen dem Körper ebenso wie der Charakterbildung zugute kamen, und eben in diesem Wetteifer um den Preis der Vollkommenheit bestand der unvergleichliche Wert der griechischen Gymnastik für die gesamte Kultur.

Mit der von Natur gegebenen, nicht weiter geschulten Körperkraft ließen sich gewiß erstaunliche Leistungen vollführen und auch Siege erringen. Auch wurden Geschichten von Leuten erzählt, die ihre angeborene Begabung durch ein selbst erfundenes Training ausbildeten, indem sie mit schnellfüßigen Tieren im Laufe wetteiferten, Stiere bändigten und namentlich schwere Lasten hoben und trugen.

Abb. 6. Wagenrennen von Eroten.

Aber beim Wettkampf war der auf höchste Leistung und Ausdauer hin geübte Athlet im Vorteil. Die regelmäßige Übung begann schon im Knabenalter, etwa vom siebten Lebensjahre oder noch früher. Es gibt Tonfiguren von Kindern, die von ihren Paidagogen zur Palaistra geführt werden — man erkennt dies an dem Badegerät in der Hand der Männer —, so wie sonst ein Erwachsener die Kleinen in die Schule begleitet[40]). Über den systematischen Aufbau der praktisch geübten Gymnastik, Aufsteigen von leichteren zu schwereren Aufgaben sind wir nicht im einzelnen unterrichtet; die Methode ergibt sich ja von selbst aus den natürlichen Zuständen der Altersklassen, denen sich die ganze Lebensweise anzupassen hatte. Das Gleichgewicht zwischen Arbeitsleistung und Ersatz der ausgegebenen Kraft mußte gewahrt werden; daher galt es, das richtige Maß von Nahrung und Schlaf, Einreibungen mit Öl, Massage und Bädern den Anstrengungen des Sports gegenüber zu finden und diese selbst nach den Anlagen der einzelnen abzustimmen. Solche Dinge lagen den Gymnasten ob, einem neuen Stande von Trainern, die seit Platos Zeiten neben den eigentlichen Turnlehrern, den Paidotriben, wirkten[41]). Das körperliche Wohlbefinden, als Endergebnis dieser sorgsamen Behandlung, wurde dann selbst wieder zum Gegenstand des Wettstreites gemacht, hatte es doch für die allgemeine Leistungsfähigkeit der Bürger die größte Bedeutung. Dadurch kam die Gymnastik sogar in Wettbewerb mit der Heilkunde, indem sie zur Bekämpfung bestimmter Krankheiten verwandt und endlich von den Ärzten selbst als Hygiene in ihr System einbezogen wurde. Die sichtbarsten Wirkungen auf den Körper bestanden in der Bräunung der Haut, dem festen sicheren Gang mit gewölbter Brust und erhobenem Haupte und in dem allgemeinen Ebenmaß des Körpers, an dem sowohl die überflüssigen Säfte und Fettansammlungen verschwanden wie schwächliche Muskulaturen zur richtigen Fülle entwickelt wurden. Dadurch hatten auch die Bewegungen das rechte Maß, denn hölzerne Steifheit wurde geschmeidig, und schlaffe Hinfälligkeit richtete sich auf. So konnte sich an der verschönernden Wirkung ein Ideal der körperlichen Vollkommenheit entwickeln, das zwar mit den Zeiten sich gewandelt hat, aber durch die Jahrhunderte hindurch sein Hauptmerkmal in der durch alle Teile durchgeführten Harmonie besitzt.

Es konnte nicht ausbleiben, daß ein solches Streben auch auf das Seelenleben Einfluß gewann und sich daher als wichtige Ergänzung zu den rein geistigen Erziehungsmitteln der Dichtung, Philosophie und Rhetorik hinzugesellte[42]). Schon der bloße Lehrbetrieb brachte den Wetteifer mit sich, der durch die unaufhörlichen Agone zum Ehrgeiz aufgestachelt wurde; und doch wurde die verderbliche Wirkung eitler Ehrsucht dadurch verhindert, daß der Preis für alle Mühen in der Blütezeit nur noch vereinzelt, wie einst in heroischer Zeit, in kostbaren Gegenständen, meistens aber in dem einfachen grünen Kranze bestand, in dem man wohl mit Recht ein Kennzeichen des hellenischen Lebens, ja das Wappenzeichen der Hellenen, das Symbol ihrer eigentümlichen Macht und Größe hat erkennen wollen. So wurde eine edle Begeisterung in den Seelen der jungen Griechen entzündet; ethische Tugenden wie Mäßigung und Selbstbeherrschung, Geduld und Gleichmut beim Ertragen vieler Unbequemlichkeiten, Mühsale und Schmerzen, dazu Gehorsam gegen den Lehrer und freiwillige Unterwerfung unter die Regeln anständigen Wettkampfes, all das wurde ihnen von Jugend auf anerzogen; auch Mut und zum Angriff schnelle Bereitschaft des Geistes, Aufpassen und Zugreifen im rechten Augenblick ergab sich von selbst als heilsame Folge körperlicher Zucht und zugleich als eine vortreffliche Schulung für die Erfordernisse des praktischen Lebens, dessen Kämpfe ja auch damals keinem erspart blieben. Wo aber die Selbsterziehung nicht ausreichte, griff die Strafe ein; körperlich straften die Lehrer mit der gespaltenen Rute oder gar Peitsche; mit Geldbußen wurde es namentlich bei den Kampfspielen geahndet, wenn jemand den Sieg mit Bestechung des Gegners hatte erkaufen wollen.

Der Wettkampf, als das hervorstechendste Merkmal dieses ganzen Treibens, unterscheidet sich durch seine Idealität von dem modernen, rein wirtschaftlichen Konkurrenzkampf, der durch Wohlstand oder Armut entschieden wird; ihm fehlt aber auch das Kennzeichen des modernen beruflichen wie sportlichen Wettbewerbs, der Rekord, die einmal festgelegte und immer weiter getriebene Höchstleistung. Nicht mit Bandmaß und Sekundenzeiger wurde die Leistung gemessen und mit früheren, fremden oder eigenen Höchstleistungen verglichen, sondern wie es z. B. noch beim modernen Pferderennen der Fall ist, nur die Überlegenheit über den jeweiligen Gegner gab die Entscheidung und das Anrecht auf den Siegerpreis. Auffallende Höchstleistungen, besonders weite Sprünge u. dgl. wurden freilich im Gedächtnisse behalten.

Das äußere Mittel, den Ehrgeiz anzufeuern, war der Lohn, der dem Sieger gespendet wurde[43]). In älterer Zeit reizten die Kampflust wertvolle Gegenstände, bei Leichenspielen aus dem Nachlaß des Verstorbenen oder dem Besitz des Erben, bei Heroen- und Götterfesten oft Gegenstände, in deren Herstellung die betreffende Stadt oder Gegend sich auszeichnete. Allgemein verbreitet war die Aussetzung eines Dreifußes, der ja in seiner Urform als Kochkessel für den Haushalt ein wertvoller Zuwachs war[44]) (Taf. 11a u. 80). Auf derselben Stufe stehen eherne Gefäße wie Amphoren, Hydrien[45]) (Taf. 11b) und Kessel[46]) (Taf. 109b); dazu kommen Schilde[47]), Mäntel, „gegen kalte Lüfte ein milderndes Heilmittel" (Pindaros), und silberne Schalen als typische Preise in Argos, Pellene und Sikyon, wo solche Dinge in erlesener Güte hergestellt wurden. In alte Zeit gehen wohl auch die Sicheln zurück, die in Sparta im musischen Wettkampf verliehen wurden; wenigstens stammen die uns erhaltenen Exemplare und Weihungen aus einer

Zeit, in der manche alten Gebräuche in Sparta wieder auflebten[48]). Sie waren wohl zuerst in einer rein ländlichen Kulturperiode verliehen worden, aus der auch die Kannen Öls in Athen[49]) (Taf. 12), die Gerste bei den Eleusinien und der Schlauch Weins bei den Choen stammten. Als sich dann die Agone ins Unendliche vermehrten und nach dem Muster der Nationalspiele auch die neuen Agone nur mit Kränzen bedacht wurden, unterschied man Preis- und Kranzagone (Agōnes thematītai und stephanītai). Denn die Wertpreise kamen nicht ganz ab; sie konnten allein oder wie in Argos neben dem Myrtenkranz verliehen werden, wurden aber oft genug von den Gewinnern als Weihungen dem Gott zurückerstattet; an ihre Stelle konnten auch Vergünstigungen treten, wie in Athen die schon von Solon ausgesetzten Geldsummen für die Sieger in den großen Spielen oder Steuerfreiheit, öffentliche Speisung u. dgl. In späterer Zeit, als die Athletik wieder auf den realen Gewinn ausging und unter den veränderten Verhältnissen einer auf Geldverkehr eingerichteten Wirtschaft, bildeten Geldsummen geradezu den Preis, und solche Agone führten den Namen Talantinoi. Als Preise von hohem Wert haben auch die Medaillons aus den Goldfunden von Tarsus und Abukir gedient[50]) (Taf. 13, 11 u. 12). Die Preise pflegten auf Tischen zur Schau gestellt zu werden (Taf. 5, 6 u. 13.). Der Preistisch in Olympia war ein Kunstwerk von der Hand des Kolotes[51]). Aber schon bei den Alten hat sich Widerspruch gegen diese Veräußerlichung der idealen Aufgabe der Spiele geregt. Im allgemeinen war doch der Kranz als Symbol des Sieges der Gegenstand heißen Begehrens[52]). Bei den großen Spielen haben wir die verschiedenen Arten Öl-, Lorbeer-, Eppich- und Fichtenkränze schon erwähnt. Auch sonst stand das Laub der Kränze in Beziehung zu den Heroen und Göttern und zu den ihnen geweihten Bäumen. Schon gegen Ende des 5. Jahrhunderts trat neben die verschiedenen Kränze der allen Agonen gemeinsame Palmzweig[53]), und aus römischer Zeit haben wir Zeugnisse, wo der Kranz als ein künstliches, kugelförmiges Gebilde, mit Öffnungen oben und unten, erscheint[54]) (Taf. 13, 5—7). Diese Bekränzungen waren für die antiken Menschen nichts Ungewöhnliches, da ja Kränze bei allen festlichen Gelegenheiten, beim Gelage usw. getragen wurden. Wenn aber in Nachahmung der antiken Sitte bei uns Kränze für Turner oder Athleten verliehen werden, wenn dem Dichter ein Lorbeerkranz aufgesetzt und dem Bühnenkünstler ein Riesenlaubgewinde zugeworfen wird, Abkömmlinge des pythischen Ehrenpreises, so hat das für unser Gefühl etwas Geziertes. Die Siegespalme lebt zum Glück bei uns nur in poetischer Redewendung fort. Neben Kranz und Palme hat in der klassischen Zeit noch die Binde große Bedeutung gehabt, auch sie nur eine Sonderform der im Kultgebrauch weitverbreiteten Sitte, heilige Gegenstände zu schmücken oder profane Dinge zu weihen[55]). Diese Binde hat sich bei uns noch in der seidenen Schleife der Riesenlorbeerkränze erhalten. Die

Abb. 7. Ausrufung des Siegers.

flatternden Bänder, mit denen sich bei uns früher die zum Heeresdienst eingezogenen Rekruten schmückten, die Schleifen der Brautführer, selbst die bunten Lautenbänder mögen uns die Gemütswerte näherbringen, die der antiken Siegerbinde eigen sind. Auch eine besondere Art von Helmen mit lang ausgezogener Spitze, als eine wohl nichtoffizielle Art der Ehrung, darf hier Erwähnung finden[56]), und endlich mag schon hier die Form der Ehrung genannt werden, daß dem Sieger zu Ehren Münzen geprägt wurden, die die Tatsache des Sieges im Gedächtnis wachhielten.

Will man sich nun den Vorgang der so begierig umworbenen Preisverteilung ausmalen, so muß man aus den vielerlei Zeugnissen eine Norm zusammendichten: Der Kampf ist entschieden. Das Volk jubelt dem Sieger zu und bewirft ihn mit Kränzen, Binden, Zweigen; Phyllobolie nannte man diese Begrüßung, bei der man sich an die Palmenzweige beim Einzug Christi in Jerusalem erinnern möge; er sammelt diese Gaben auf und macht dabei wohl eine Art Ehrenrunde um die Bahn (Taf. 14a); dann tritt er an den Tisch, auf dem die Preise liegen, der Agonothet oder sonst ein Beamter reicht ihm den Kranz, den er sich selbst aufsetzt, und unter Trompetengeschmetter wird durch den Herold oder sonst eine amtliche Persönlichkeit sein Name ausgerufen[57]) (Taf. 14b u. 96 u. Abb. 7). Wenn er dann abtritt, umringen ihn glückwünschend Angehörige, Freunde und Landsleute, und bei Schmaus, Gelage und Gesang hallt die Triumphstimmung nach: „Es klang der ganze heilige Bezirk bei den frohen Mählern rings von der Loblieder Weise" heißt es bei Pindaros. Kehrte der Sieger von Korinth, Delphi oder gar von Olympia heim, so wartete seiner in der Heimat feierliche Einholung und Erteilung der ehrenvollen Vergünstigungen[58]), unter denen die Aufstellung einer Siegerstatue am Ort des Kampfes oder in der Heimat nicht an letzter Stelle stand. Hier mochte dann auch das Siegesfest stattfinden, bei dem das Siegeslied, vom Chor gesungen, erklang, falls der Sieger reich genug war, einen Dichter zu diesem Zwecke in seinen Sold zu nehmen[59]). Künstler wie Pindaros und Bakchylides haben sich nicht für zu vornehm erachtet, um dem Verlangen der Großen nach dichterischer Verherrlichung ihrer Taten zu genügen. Und endlich wurde der Name des Siegers in die offiziellen Listen eingetragen, zur ewigen Erinnerung; wem aber das Glück nicht günstig gewesen war, durfte bei der Heimkehr unholder Rede gewärtig sein, wie es Pindaros in der 8. pythischen Ode beschreibt: „Und als sie kamen zur Mutter, hat kein süßes Lachen umher Freude bereitet. Feindseligen Straßen entlang ducken sie sich bang, von Unglück gekränkt."

In der bisher geschilderten Form hat die Gymnastik in der klassischen Zeit des 5. Jahrhunderts v. Chr. ihre Blütezeit erlebt. Die nationale Begeisterung, die als Folge der siegreichen Kriege mit den Persern lange nachwirkte und die Erinnerung an die großen Kampftage von Salamis, Marathon und Plataiai wachhielt, ließ auch das Bewußtsein von dem erzieherischen und sittlichen Wert der Gymnastik nicht einschlafen. Man hat daran erinnert, wie nach den Freiheitskriegen im vorigen Jahrhundert bei uns das Turnen als nationale Pflicht erkannt und geübt wurde. Aber die große Anspannung konnte nicht ungemindert anhalten. Auch nahm das geistige Streben im Leben der jungen Männer allmählich größeren Raum ein. Durch Aristophanes wissen wir, daß schon zu seiner Zeit das allgemeine Interesse am Sport nachließ und manche junge Leute lieber ins Bad als in die Palästra gingen. Der Dichter übertreibt nicht um einer komischen Wirkung willen, das läßt sich an der damaligen Kunst erkennen. Waren im

6. Jahrhundert und in der ersten Hälfte des fünften die Vasenbilder voll von Schilderungen des sportlichen Lebens, für uns zugleich eine wichtige Quelle für unsere Kenntnis, so überwiegen nun Szenen aus dem Frauengemach und aus den Gebieten der niederen Mythologie, besonders aus der genußfrohen Umgebung des Dionysos. Doch ist, wie wir ja schon an der Geschichte der großen Spiele gesehen haben, das Interesse am Sport damals nicht ganz erloschen; es hat nur nachgelassen und ist in hellenistischer Zeit, unter der Einwirkung nationaler Gesinnung und von ehrgeizigen Gymnasiarchen gefördert, wieder aufgelebt. Die Gymnastik, soweit sie als Hilfsmittel der Erziehung in die Erscheinung trat, hat ihren Charakter nicht mehr wesentlich verändert und sich mit dem Griechentum zugleich über die ganze damalige Kulturwelt verbreitet. Gegen das Ende des Altertums freilich beschränkte sich der Sport auf Ballspiele und so, wie heute über ein Zuviel an jugendlicher Begeisterung für das Fußballspielen geklagt wird, so tadelten die Rhetoren der griechischen Universitäten, daß die Studenten sich lieber rohen Zerstreuungen und geistlosem Ballspiel hingaben, anstatt in die Hörsäle zu kommen. Aber solche Warnungen erklangen damals nicht zum ersten Male[60]). Schon früh hat sich unter dem Druck des Wettbewerbs und unter dem Anreiz, der von den wertvollen Belohnungen ausging, die Notwendigkeit herausgestellt, die Ausbildung immer mehr zu steigern, ja das ganze Leben dem Training zu widmen; so war aus dem Wettbewerb ein Beruf geworden, und es hatte sich der Stand der Athleten herausgebildet, die allein der Steigerung und Verwertung ihrer körperlichen Tüchtigkeit lebten. Früh hat sich aber auch Widerspruch von seiten kluger Männer erhoben, die die Gefahren einer so einseitig getriebenen Gymnastik erkannten. Tyrtaios beginnt seinen Lobgesang auf den Kriegshelden mit der Versicherung, für einen Läufer und Ringer würde er seine Stimme nicht erheben, und wenn er noch so stark und flink und noch so schön von Gestalt wäre; Xenophanes, der Philosoph, stellt seine Weisheit der Gymnastik gegenüber, die für den Agonisten selbst wertlos sei, seine Stadt nicht ehre und ihr keinen Nutzen bringe oder, wie der Dichter sich ausdrückt, „ihre Winkel nicht fett mache". In dem Bruchstück aus einem Drama Autolykos, das uns Athenaios aufbewahrt hat, macht Euripides einen heftigen Ausfall gegen die Athleten, die er das größte Übel unter den tausend Übeln

in Griechenland nennt. Aber solche Einwände konnten der notwendigen Entwicklung nicht Einhalt tun. Mochten sich zunächst immer noch Männer mit hervorragender körperlicher Befähigung und der allgemein üblichen Vorbildung auf den agonistischen Schauplatz wagen, so vertrug sich doch die notwendige und zeitraubende Vorbereitung nicht mit eigenem Besitzstande; sie wurde daher von vornehmen Männern gemieden und fast nur noch von Leuten geringen Standes getrieben. Auch mußte der vorbildliche Wert hoher gymnastischer Leistungen sinken, je weniger sie von normalen Menschen nachgeahmt werden konnten, und je mehr sie zur bloßen Befriedigung müßiger Schaulust dienten. Der Wettkampf galt endlich nicht so sehr der Ehre als den mit dem Siegespreis verbundenen Vorteilen, wertvollen Gaben und anderen Vergünstigungen, und zur Erlangung dieses Gewinns wurden die verwerflichen Mittel der Roheit und Unredlichkeit nicht verschmäht. Dadurch wurde der hohe ethische Wert der Gymnastik und Agonistik gemindert, und es blieb die rein materielle Beziehung zu den Kampfspielen, also die Athletik übrig.

Wer den Wettkampf zu seinem Beruf machte, mußte sich ausgeklügelten Vorschriften in Hinsicht auf Auswahl und Reihenfolge der körperlichen Übungen und zumal einer genau geregelten Diät unterwerfen, die den Schwerathleten, den Ringern, Faustkämpfern und Pankratiasten, den eigentlichen Vertretern der „Athletik", massenhaften Fleischgenuß vorschrieb und dadurch möglichste Körperfülle erstrebte. Bei einem solchen Dasein mußte das geistige Leben der Athleten gänzlich verkümmern. So mehrten sich die Klagen und Vorwürfe der auf seelische Kultur bedachten Männer, der Philosophen und Redner. Auch die Ärzte verurteilten die athletische Lebensweise, besonders weil sie zum Ertragen ungewohnter Zustände, Krankheiten u. dgl. untauglich mache. Aber all das konnte das Fortbestehen der Athletik nicht hindern, die noch in später Zeit trotz allen Mißständen begeisterte Lobredner fand, gewiß auch um so erstaunlichere Leistungen hervorbrachte, je mehr von den Gymnasten, wie sich seit dem 4. Jahrhundert die Trainer nannten, die Methode des Trainings ausgebildet wurde.

So sah die griechische Leibesübung aus, als sie in den Gesichtskreis der Römer trat, die inzwischen ihre Herrschaft immer weiter ausgedehnt hatten und sich anschickten, die überlegene griechische

Kultur anzunehmen. Freilich war es die bereits herabsinkende griechische Kultur, die sich dem erst aufsteigenden Römertum als etwas Großes und Neues darbot. Nachklassische griechische Dichtungen, Komödien des 4. Jahrhunderts und der Folgezeit, waren die Vorbilder für die altlateinischen Dichter Plautus und Terentius. Der Naturalismus, als eine Erscheinung vom Ende des kunstgeschichtlichen Verlaufs, den die griechische Kunst durchmessen hatte, bestimmte die Bildniskunst der römischen Republik mit ihrer wahrheitgetreuen Nachbildung der faltigen und vergrämten Gesichter. Während aber die Komödie und die naturalistische Kunst den eigenen Anlagen der Römer entgegenkamen, stieß die griechische Gymnastik auf einigen Widerstand. Nicht als ob die Italiker der Leibesübung überhaupt abhold gewesen wären. Bei den Etruskern waren Übungen, an denen sich auch Frauen beteiligten, und Wettkämpfe bei Leichenfeiern und Götterfesten ganz in der Art der griechischen im Schwange, und von ihrem Ansehen geben noch die Wandgemälde in manchen Grabkammern Zeugnis[61]) (Taf. 15 und Abb. 33).

Die Gladiatorenspiele, die später im römischen Volksleben von großer Wichtigkeit waren, stammen geradezu von den Etruskern; sie sind ursprünglich, genau wie die griechischen Spiele, als Leichenfeiern gedacht, vielleicht auch als Milderung und Ersatz früherer Menschenopfer, und so gegen die Mitte des 3. Jahrhunderts von den Römern übernommen worden, bei denen sie sich dann zu öffentlichen Schaustellungen entwickelten[62]). Oft wurden im Testament Summen für Gladiatorenspiele ausgesetzt. Ehrgeizige Beamte bedienten sich ihrer, um mit der Pracht und dem Reichtum der Darbietungen die Gunst des Pöbels zu gewinnen. Seit dem Ende der Republik waren die Spiele Sache des Staates, und die Fechter wurden in Kasernen gehalten und ausgebildet. Es kam aber auch vor, daß die wilden Gesellen dem Staate gefährlich wurden; Spartacus war der Anführer einer ausgebrochenen Schar von Gladiatoren. Das Urteil der Römer selbst über diese Vorführungen war geteilt. Die Masse des Volks fand natürlich größtes Gefallen an dem blutigen Schauspiel; Cäsar und einige der Kaiser zeigten Neigung dafür; edlere Geister fühlten sich freilich davon abgestoßen und erkannten die verrohende Wirkung. Auch wir können, da es sich lediglich um Vorführungen Gemieteter oder dazu Verurteilter handelt, die allein den niedrigsten Instinkten der Schaulust und Grausamkeit dienten, in unserer Darstellung auf eine genauere Auseinandersetzung verzichten (Taf. 16 und Abb. 8). Auch der im Amphitheater vorgeführten Kämpfe von Tieren und Menschen sei hier nur kurz gedacht (Taf. 17).

Abb. 8. Gladiatorenhelm.

Bekannt ist die rührsame Geschichte, wie Androclus, ein entlaufener Sklave, bei einem solchen Tierkampf von einem dankbaren Löwen beschützt wurde, dem er einst einen Dorn aus dem Fuß gezogen hatte. Schauspiele waren auch die Wagenrennen, die zu Rom von den ältesten Zeiten an, freilich immer im Zusammenhang mit der Religion, abgehalten wurden. Der Raub der Sabinerinnen soll an einem Consualienfest stattgefunden haben. Tarquinius erbaute nach der Sage den Circus Maximus. Seine Einrichtungen lebten in den Ludi Romani fort, denen sich in der Folge eine Reihe anderer Festspiele anschloß. Aber die Römer hatten auch von Hause aus Sinn für die eigene körperliche Betätigung, aber immer im Hinblick auf den Krieg und die nötige Vorbereitung dafür. Wettlaufen und Springen, Ringen und Faustkampf, Reiten und Schwimmen, Gebrauch der Waffen, d. h. Speerwerfen und Fechten, all das ergab sich von selbst aus den Anforderungen der Schlacht; dazu kam als Übung und Vergnügen das Ballspiel. Das Marsfeld vor der Stadt vertrat der Jugend Roms den Dromos und die Palaistra der Griechen. Es fehlte auch nicht an dem Anreiz, den die öffentliche Vorführung der erlangten Fertigkeit bot. Können wir uns einen Republikaner alten Schlages wie M. Porcius Cato sehr wohl vorstellen, wie er seinen Sohn in den Künsten des Marsfeldes unterweist, so begreifen wir auch, daß Römern seiner Art das Treiben der griechischen Gymnasien mit seiner Nacktheit, dem vielen Salben und dem vielen müßigen Geschwätz als schamlose Tagedieberei erscheinen mußte, die nicht zur Nachahmung reizte, zumal da auch das Künstlerische an der griechischen Gymnastik, die Freude am schönen Körper, bei den Italikern ganz zurücktrat. Hingegen, wenn man erwägt, wie es die Römer zu den Gladiatorenspielen zog, so versteht man, daß die beruflich ausgebildete Athletik leicht bei ihnen Eingang und seit dem 2. Jahrhundert v. Chr. in regelmäßigen Spielen nach Art der griechischen beständige Pflege fand. Unter diesen nahmen später die von Augustus gestifteten Actischen Spiele, zur Erinnerung an die Schlacht von Actium, und die Ludi Capitolini, von Domitian eingerichtet, die erste Stelle ein. Staatsbeamte und Priester hatten die Oberaufsicht zu führen. Mit der Zeit jedoch, als die Römer selbst bedacht sein mußten, dem erschlaffenden Stadtleben ein Gegengewicht zu bieten, verschlossen sie sich nicht der Einsicht, daß die griechische Gymnastik, die ja in hellenistischer Zeit neben der Athletik weiterbestanden hatte, für die Gesundheit gut war; und genau so, wie in unseren Tagen, nachdem die allgemeine Wehrpflicht weggefallen ist, die erzieherische Seite des Sports betont wird, so mußte die Gymnastik dem Römer um so mehr den Kriegsdienst ersetzen, als für die römischen Heere immer mehr Provinziale und Barbaren herangezogen wurden. Zu öffentlichem Auftreten römischer Adeliger ist es jedoch nur noch selten gekommen.

Auf der anderen Seite mußten auch die griechischen Sitten die Einwirkung des Römertums erfahren. Schon im Jahre 174 fanden

Gladiatorenkämpfe in Griechenland statt, und das Vorrecht der Griechen, an den großen Spielen aufzutreten, wurde aufgehoben. In den Gymnasien wurden die früher einfachen Waschräume nach italischem Muster mit warmen Bädern überbaut, und die Zahl der Übungen oder festlichen Veranstaltungen wurde durch Tierhetzen erhöht. In diesen Tierhetzen fand ein Austausch zwischen Rom und Griechenland statt. Aus Rom kamen die Jagden im Amphitheater, bei denen Massen von wilden Tieren aus den Grenzgebieten des Reiches verfolgt und erlegt wurden (Taf. 17); aus Griechenland stammte die Übung, Stiere zu jagen und zu überwältigen (Taf. 44). Es bezeichnet das Ende dieser Entwicklung, wenn schließlich nur noch wilde Tiere aufeinander losgelassen wurden. Damit ist der ethische Sinn des Schauspiels dahin, der selbst einen Berufsathleten immer noch als nacheiferungswürdiges Vorbild erscheinen lassen konnte. Doch stellt das Aufkommen der reinen Tierschlachten nicht auch geschichtlich das Ende der antiken Gymnastik dar. Die alten Agone wurde ja immer weiter geübt und vorgeführt, und wie die Wagenrennen der klassischen Zeit der Gymnastik zuzuzählen waren, gehören auch die circensischen Wagenkämpfe der späten Kaiserzeit noch in diesen Zusammenhang. So hat der Wettstreit der menschlichen Körperkräfte und die Bewunderung für Schönheit und Leistungskraft, wenn auch immer mehr entartend, angedauert, bis eine neue Weltanschauung zum Siege gelangte, der der menschliche Leib als etwas Verächtliches und das Heil der Seele als das einzig Erstrebenswerte erschien.

Gymnastik und Kunst

Literatur

Die Griechen hatten keine Zeitungen, aber eine unermeßliche dichterische, rhetorische, philosophische Literatur, die mit Geist oder in späterer Zeit mit Geschwätzigkeit alles behandelte, was irgend den Verstand oder das Gemüt beschäftigte. Es wäre zu verwundern, wenn etwa die Gymnastik, die doch so tief in das geistige und wirtschaftliche Leben des Volkes eingriff, keine Spuren in der Literatur hinterlassen hätte. Viele Nachrichten sind im antiken Schrifttum verstreut, aber es hat auch Arten der Literatur gegeben, die durch Thema und Bestimmung der Gymnastik im besonderen galten.

Lieder, die zum Tanze gesungen wurden, waren in Menge vorhanden; einige Bruchstücke haben sich erhalten, die indessen nicht erkennen lassen, wie sich die Bewegungen der Körper zu dem Gesange verhalten haben. Hierher gehören die Strophen, die von den drei Chören in Sparta, den Männern, Jünglingen und Knaben, gesungen wurden: „Wir waren einmal kraftvolle Jünglinge." „Wir sind es. Wenn du Lust hast, versuche es." „Wir werden noch viel gewaltiger sein." Auch metrisch gebundene Heroldsrufe von den Wettkämpfen sind überliefert. „Es beginnt der Kampf, der Bringer der schönsten Preise; die Zeit mahnt, nicht zu zaudern. Aber hört unseren Heroldsruf — geht, stellt euch auf zur gegnerischen Entscheidung, das Ziel des Sieges aber wird bei Zeus sein." Und ähnlich erklang es am Schluß des Festes, nur daß es hieß: „Nun endet der Kampf, die Trompete aber läßt das Signal des Kriegsgottes Enyalios erschallen und ruft die Jünglinge zu den Waffen. Nehmt das Öl und tragt es weg." Sogar das Kommando zum Antreten vor dem Lauf konnte in metrischer Form gegeben werden: „Auf den Ablaufstein stellt Fuß an Fuß."

Daß dann die jubelnde Freude über den Sieg bei den Griechen sich nicht allein in formlosem Brüllen Luft machte, sondern nach einer Bindung verlangte, versteht sich eigentlich von selbst. Das dreimal wiederholte Wort Tenella und der Zuruf Kallinike klangen dem, der „so schön gesiegt hatte", entgegen. Dies Kallinike hatte auch Archilochos, der parische Lyriker, in einem Loblied auf Herakles und Jolaos, „die beiden Speerwerfer", als Eingangswort benutzt, und es ist wohl möglich, daß dies Lied bei Siegesfeiern am Ort des Sieges von den Zechenden gesungen worden ist. Nur selten wird es sich so getroffen haben, daß gleich ein Dichter zur Stelle war, der für die Festfeier einen Chorgesang dichten, in Musik setzen und den Teilnehmern einüben konnte. Dies war der Feier zu Hause vorbehalten, die frühestens beim Einzug oder auch am Jahrestag des Sieges oder sonst bei Gelegenheit abgehalten wurde. Dafür die festliche Ode zu verfassen, nahmen die angesehensten Dichter auf sich, vorausgesetzt, daß sie anständig bezahlt wurden, denn diese Art Dichtung war Gelegenheitspoesie, dergleichen zu allen Zeiten auch von den größten

Geistern erbeten worden ist, um damit einem Fest eine höhere Weihe zu geben. Ein hübscher Schwank erzählt von dem Dichter Simonides, er habe es abgelehnt, einen Sieg mit dem Maultiergespann zu besingen, sich aber doch dazu bequemt, als der Sold erhöht worden sei, und die Maultiere dann so gefeiert: „Heil euch, ihr Töchter sturmfüßiger Rosse!“ Von den älteren Siegesdichtungen, die es wahrscheinlich gegeben hat, ist nichts erhalten. In der klassischen Zeit schloß sich das Siegeslied an das Tanzlied[63]) und an die ältere Chorlyrik an, die Vereinigung von Tanz, Musik und Dichtung, in der wiederum Hymnos und Epos verbunden sind; die Siegesode hat durch Simonides am Ende des 6. Jahrhunderts eine Form erhalten, die sich dann vermutlich im wesentlichen nicht geändert hat. Wir haben noch einige Bruchstücke von Simonides, die schon den üblichen Stil zeigen. Von dem Faustkämpfer Glaukos rühmt er, nicht der kraftvolle Polydeukes hätte gegen ihn die Hände hochgestreckt, noch der eiserne Sohn der Alkmene. In dem Lied auf Astylos fragt er, wer denn von den Zeitgenossen so viele Siegeskränze von Myrten oder Rosen von den Umwohnenden im Kampf erworben habe. Aus der Beschreibung von Agonen stammt die Stelle: „Nicht übel hat Krios (den Gegner) gerupft, als er in den baumreichen herrlichen Bezirk des Zeus getreten“, sowie der Satz: „Staub erhob sich neben dem Rade mit dem Winde“.

Der größte Meister aber im Siegesliede war Pindaros aus Theben, ein echter Dichter und Mann von Charakter, dem die Aufträge willkommene Gelegenheit boten, in einer Form von hoher dichterischer Kraft und Sprachgewalt ernste Gedanken und eine gewichtige Auffassung der Lebensideale auszusprechen[64]). Er stammte selber aus vornehmer Familie und trat für die Herrschaft der Besten und Reichsten ein, vorausgesetzt, daß sie ihre Macht mit Milde benutzten und von ihrem Reichtum freigebigen Gebrauch machten. Als adelige Pflicht erschien ihm auch die Hingabe an körperliche Übungen und Wettkämpfe und die Leidenschaft für schöne Rennpferde, denn solche Neigungen waren ja nicht aus dem Übermut neuer Reicher entstanden, sondern aus der ritterlichen Vorzeit überliefert. Angeborene Begabung als Erbe tüchtiger Vorfahren wird von dem Dichter hoch geschätzt, daneben die rastlose Übung als notwendig anerkannt und das Training unter der Leitung erfahrener Lehrer als Gebot der Klugheit empfohlen. Der Sieg ist dann die gerechte Belohnung, und wer gar den eigenen Sohn oder Enkel siegen sieht, hat das höchste Glück erreicht. Aber alle Überlegenheit über die Mitbewerber ist nichts wert, wenn der Ruhm mit dem Tage des Sieges verfliegt. Das zu verhindern, ist die Aufgabe des Dichters und seiner Siegesode, die nicht wie eine Statue am Platze haftet, sondern in die Ferne und bis in die Unterwelt dringt und für immer den Namen des Siegers in Ehren erhält. Auch des wortreichsten Poeten Talent hätte wohl eines Tages versagt, wenn immer nur der siegreiche Wettkämpfer hätte angedichtet werden müssen. Für Pindar war die Person des Siegers nur der Anlaß, die Quellen seiner Phantasie springen zu lassen, so daß die bestehende Form der Ode sich mit reichem Inhalt füllte. Ein nicht starres, aber doch durchgehendes Muster kehrt immer wieder. Mit einem schwungvollen Aufruf an eine Gottheit hebt der Dichter an —, man sieht förmlich, wie er sich aufrichtet, die Kithara erhebt und an die Saiten schlägt; begeistern möge die Gottheit ihn, um den Ruhm des Siegers zu besingen. Es folgt die meistens sehr knappe Beschreibung des Wettkampfes, der Name des Siegers, kurze Andeutung seiner Herkunft und Nennung von Siegern unter seinen Vorfahren oder Verwandten, wenn solche vorhanden sind. Damit wird wohl zu dem Mittelteil des Gedichtes übergeleitet, der eine mythische Erzählung im balladenhaften Ton bringt. Wenn möglich, wird der Mythos an die Vorgeschichte der Familie des Siegers angeknüpft, sonst muß die Heimatstadt oder das Vaterland den Stoff liefern; mangelt es daran, wird mit einem moralischen Spruch zu irgendeinem lobenswerten Zug aus der Sage übergeleitet. Diese Sentenzen sind ein Kennzeichen der Chorpoesie. Der Dichter will eine bestimmte sittliche Wirkung ausüben, und so bringt er Sprüche ernster Weltweisheit bei jeder Gelegenheit an. Gewiß würden Pindars Sentenzen in den Zitatenschatz übergegangen sein, wenn sie in eine gefälligere Form gegossen und minder pessimistisch gehalten wären. Manche sind auch nicht allzu tief, aber sie sind doch von ihm selbst gedacht und gestaltet. Der Dichter rühmt am Menschen als körperliche Eigenschaften Kraft und Schönheit, als ethische Züge Freigebigkeit, Gastfreundschaft, adeliges Wesen, Weisheit und Edelmut, er empfiehlt Frömmigkeit und Arbeiten für das allgemeine Wohl und verlangt, daß Anlagen durch Leistungen erprobt werden; er verurteilt Geiz und Gewinnsucht, Lug und Trug, Schmähung und schrankenloses Streben und warnt vor allem immer wieder vor dem Übermut, namentlich den Göttern gegenüber, denn von ihnen, so neidisch sie sind, kommt alles Gute; der Mensch selbst ist schwach und vergänglich und für Plage bestimmt. Wenn darum der Dichter noch einmal auf den Sieger und seine persönlichen Verhältnisse zurückgekommen ist und mit einem Segenswunsch das Gedicht beschließt, so sind es bestimmte Dinge, die er von der Gottheit erfleht: Gesundheit, hinreichender Besitz, mäßiger Genuß des Lebens und vor allem Ruhm, der über den Tod hinaus dauert. Das alles in der klangvollen, aus dorischem und epischem Dialekt gemischten Sprache, mit kühnen Bildern und sinnlich anschaulichen Beiwörtern und in dem etwas schwerfälligen Versmaß vorgetragen, gibt dem Sport, den die Gedichte verherrlichen, einen weiten sittlichen Hintergrund. Man fühlt, daß dem Dichter ein heldenhaftes Ideal am Herzen liegt, ein ernstes Tun, in dem sich unter dem Schein des Spiels alles Hohe und Edle vereinigt, was vordem die adeligen Kriegshelden ausgezeichnet hatte.

Leider sind von der übrigen reichen dichterischen Leistung Pindars nur Bruchstücke auf uns gekommen. Denn er hat auch Lieder zum Preise der Götter, Heroen und Menschen, zur Einweihung von Tempeln und für Trauerfeiern sowie für Tanz und Festmahl geschrieben. So können wir nur aus den Siegesliedern auf seine Größe schließen und uns eine Vorstellung von seinem Stil machen. Bei der großen Bedeutung, die Pindars Kunst für seine Zeit gehabt hat, dünkt es uns ratsam, eine Probe zu geben; wir wählen die erste pythische Ode, das Preislied auf einen Wagensieg des Hieron von Syrakus im Jahre 470[65]).

Prachtvoll ist der Anfang, in dem der Dichter die Macht des Liedes preist:

„Goldene Phorminx, Apollons und der dunkelgelockten Musen
gemeinsames Eigentum! Dir gehorcht der Tanz, der Heiterkeit Anfang,
und deinen Winken folgen die Sänger,
wenn du die ersten Töne des reigenführenden Vorspiels
anhebst mit schwingenden Saiten.
Selbst dem Speerwerfer Blitz löschest du aus das unaufhörliche Feuer,
und es schläft über dem Zepter des Zeus der Adler, den schnellen Flügel auf beiden Seiten niedersenkend,

der Herrscher der Vögel, denn du hast eine dunkelnde Wolke ihm
über das gerundete Haupt, ein süßes Gefängnis der Wimpern, gegossen, und schlummernd
wiegt er den feuchten Rücken, von deinen
Schlägen niedergehalten.
Denn auch der gewaltige Ares läßt einmal beiseite
die rauhe Kraft der Speere und erheitert das Herz
durch Gesang. Zaubergesänge aber bestricken auch der Götter Sinne nach des Lotoiden Weisheit und der tiefgegürteten Musen."

Mit etwas gewaltsamem Übergang kommt Pindaros auf den Ätna und die ihm benachbarte Stadt Ätna, eine Gründung des Hieron, und auf den Tyrannen selbst und seinen Wagensieg. Weisheitssprüche und gute Wünsche werden eingeflochten:

„Denn von den Göttern kommen alle Kräfte für die menschlichen Taten
und wachsen Weise und Hände-Gewaltige und Beredte.
Wo ich jenen Mann
zu preisen gedenke, glaube ich
nicht gleichsam den erzwangigen Speer falsch außer der Bahn zu werfen, ausholend mit der Hand,
sondern mit weitem Wurf zu übertreffen die Gegner.
Möchte doch die ganze Zeit so das Glück und der Güter Gabe lenken und ein Vergessen der Mühen gewähren!"

Auch guter Rat wird dem Gefeierten erteilt:

„Sprichst du das Rechte zur rechten Zeit, vieler Dinge Enden zusammenspannend
in Kürze, so folgt geringerer Tadel der Menschen, denn lästiges Übermaß stumpft ab
die regen Erwartungen.
Bei den Leuten lastet heimlich auf den Seelen am meisten das Hören von fremdem Ruhm.
Aber dennoch — denn besser ist als das Mitleid der Neid — lasse nicht das Schöne! Regiere mit gerechtem Steuer das Volk und stähle am lügenlosen Amboß die Zunge."

Und mit stolzem Schwung, wie der Anfang klingt das Lied aus:

„Das Gepräge des Ruhms, das dauert über den Tod,

zeigt allein abgeschiedener Männer Wandel
den Erzählern und Sängern. Nie vergeht des Kroisos huldvolles Wesen.
Aber der in ehernem Stier Menschen verbrannte grausamen Sinnes,
den Phalaris hält überall nieder feindliche Rede.
Ihn nimmt nicht die Phorminx unter dem Dach auf in die zarte Gemeinschaft mit den lieblichen Worten der Knaben.
Wohlergehen ist der erste der Kampfpreise.
Gutes über sich hören ist das zweite Los. Welcher Mann aber beides gefunden hat oder errungen,
hat den höchsten Kranz empfangen."

Als minder gehaltvoll hat sich die Kunst von Pindars Zeitgenossen und Nebenbuhler Bakchylides von Keos, dem Neffen des schon oben genannten Simonides, erwiesen[66]). Mancher erinnert sich wohl noch der freudigen Überraschung, als vor mehr als fünfundzwanzig Jahren aus dem ägyptischen Sande große Teile von Siegesliedern des Bakchylides, ja einige vollständige Texte, zutage kamen, die eine schmerzlich empfundene Lücke in der griechischen Literaturgeschichte ausfüllten und eine Menge neuer Aufklärung brachten. War er doch der letzte der großen dorischen Chorlyriker, nach dem nur noch kleinere Talente wie Philoxenos und Timotheos aufgetreten sind, die Gattung des Siegesliedes aber gänzlich abgestorben ist. Merkwürdig ist die ausführlichere Schilderung der Agone selbst, so in der 9. Ode, wie der Läufer nach dem ersten Lauf noch heiß dampfend zum zweitenmal antritt und am Ziel die ihn Umdrängenden mit dem Öl bespritzt, — und poetischer, aber ebenso übertreibend, eine Stelle in Ode 8, die wir als Probe hersetzen (v. 27ff.).

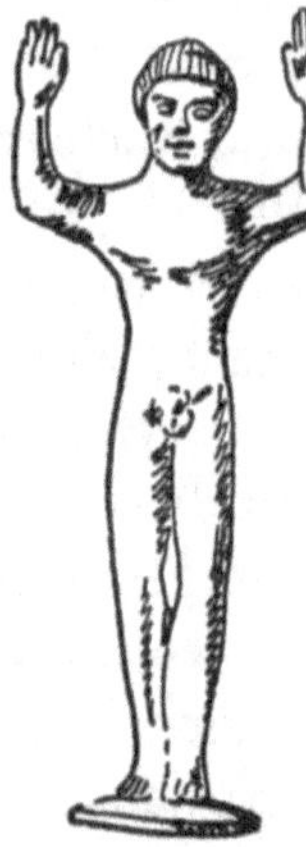
Abb. 9. Beter.

„Denn unter den Fünfkämpfern schien er hervor, wie der leuchtende Mond in der Halbmondnacht das Licht der Sterne überstrahlt. Geradeso, in der ungeheuren Menge von Hellenen zeigte er seine wunderbare Gestalt, als er den radförmigen Diskos warf und, den Schaft des schwarzblättrigen Hollunders hoch aus der Hand in den Äther schleudernd, das Geschrei des Volkes erregte, oder wenn er am Ende die flimmernde Bewegung des Ringkampfs vollführte."

Aus späterer Zeit ist noch das Bruchstück von einem Siegeslied des Euripides für Alkibiades überliefert: „Dich will ich besingen, Sohn des Kleinias. Schönes ist der Sieg, das Schönste aber, was nie ein anderer unter den Hellenen, hast du erlangt, mit dem Wagen zum erstenmal zu fahren und zum zweiten- und zum drittenmal, und, ohne Mühe mit des Zeus Ölzweig bekränzt, einherzuschreiten und den Herold deinen Namen ausrufen zu lassen[67])". Ob Euripides bei seiner sonst gezeigten Verachtung der Gymnastik auch die Wagensiege des Alkibiades keiner größeren Anstrengung wert gehalten hat, ist nicht auszumachen. Jedenfalls brauchen wir nach diesem Anfang den Verlust des übrigen nicht zu beklagen[68]).

Ein Wort verdienen auch die poetisch gefaßten Inschriften von Weihungen siegreicher Athleten, die ihr Bild, ihren Kranz oder ihren Ehrenpreis dem Gotte zum Danke weihten[69]). Eine der schönsten, aus dem Ende des 6. Jahrhunderts, ist von Pausanias 6, 10, 7 aufbewahrt:

Kleosthenes m' anetheken ho Pontios ex Epidamnou
Nikesas hippois kalon agona Dios:

„Kleosthenes hat mich geweiht, der Pontier aus Epidamnos, nach dem Siege mit dem Wagen im schönen Wettkampfe des Zeus"[70]).

Es ist wunderbar, wie die griechische Sprache mit der einfachen Angabe der Tatsachen, ohne allen Schmuck, nur durch ihre eigene Schönheit und durch ihre metrischen Gesetze ein Paar von leicht hinfließenden, wohlklingenden Versen, ein Distichon, hervorbringt, aus dem der ganze Stolz des Siegers spricht. Simonides, der Dichter jener berühmten Inschrift auf dem Grabmal der Kämpfer von Thermopylai: „Wanderer, kommst du nach Sparta . . .", hat nach der Überlieferung eine Anzahl solcher Inschriften gedichtet, wie z. B. diese: „Der Kreter Alkon, Sohn des Didymos, hat dem Phoibos diesen Kranz gestiftet, den er bei den Isthmien gewonnen im Faustkampf". Im Griechischen ist das mit acht Worten in einem Hexameter ausgedrückt: „Krēs Alkōn Didymou Phoibō stephos Isthmi' helōn pyx." Die bekannteste der Inschriften auf den Standbildern siegreicher Athleten, ist die des Diophon, mit der klassischen Aufzählung der Agone des Fünfkampfes: In den Isthmien und zu Pytho hat Diophon, Sohn des Philon, gesiegt, im Springen, Schnellaufen, Diskoswerfen, Speerwerfen und Ringkampf (halma, podokeiēn, diskon, akonta, palēn) (vgl. Taf. 28b).

Andere Inschriften der Art waren noch später auf den Steinen zu lesen: eine für einen Sidonier, dessen Nemeischer Wagensieg seiner Vaterstadt zu ihrem Ruhm in der Schiffahrt den des Viergespanns hinzugefügt hatte, eine für einen im Rufen wie im Lauf siegreichen Herold, eine für ein Paar Sieger, die beide Hippolytos hießen, zugleich am Ziel angekommen waren und nun eine gemeinsame Inschrift für ihre Statuen bekamen; auch die des Dorokleidas von Thera sei genannt, die den Knaben rühmt, er habe gleich nach dem Faustkampfe das Pankration bestanden. Sie schließt: „Die eine Morgenröte sah zweimal den Dorokleidas als Preisträger." Bis in die späte Kaiserzeit hat sich die Sitte gehalten, nur daß das Griechisch und die metrische Kunst immer schlechter werden. Neben solchen dichterischen Inschriften wurden einfache Erinnerungsmale aufgestellt, mit dem Namen des Siegers, Aufzählung seiner Siege und Abbildungen der errungenen Kränze (Taf. 18c).

Noch ein Gebiet, auf dem die Phantasie zu Hause ist, mag hier kurz berührt werden, die griechische Namengebung[71]). Mit reicher Erfindungsgabe, die übrigens in unseren altnordischen Namen ihresgleichen hat, haben die Griechen ihre Namen immer neu gebildet, und geflissentlich, um das böse Omen zu vermeiden, möglichst günstige Eigenschaften mit den Namen ausgedrückt. In ihnen kommen die Wörter für Kraft (bia, alke, kratos, sthenos, menos), Mut (thymos), Sieg (nike), Kampf (mache), Ruhm (kleos, ainos, kydos) und Ehre (doxa, time) immer wieder vor. Auch das Pferd (hippos) hat ungezählten Namen einen Bestandteil geliefert (z. B. Philippos). In all diesen Namen kommt die kampfesfrohe Geistesrichtung der Griechen schön zum Ausdruck. Im besonderen an die agonistischen Ideale erinnern Namen wie Agonippos, Hippodromos, Harmokydes und Pankratios. Dazu die von Schnelligkeit und Lauf hergeleiteten Nikodromos und Peirithoos sowie noch besonders an die großen Spiele solche Namen: Isthmionikos, Pythionikos und Olympionikos. Kallinikos mag in Erinnerung an den obenerwähnten Jubelruf gewählt sein, Diadúmenos mit Bezug auf die häufigen Darstellungen des Siegers, der sich die Binde, das Diádema, umlegt[72]). Gewiß sollte dem Knaben mit einem solchen Namen ein gutes Schicksal verheißen werden. Und da hier von Wortbildungen die Rede ist, mögen als sprachliche Curiosa auch die Bezeichnungen solcher Sieger erwähnt werden, die an einem Festplatz eine Reihe von Siegen erkämpft hatten: Trispythionikes, Dekaolympionikes, Dodekaaktioneikes, Triskaidekaasklepioneikes[73]).

Wenn wir an die zahlreichen Bücher denken, die jetzt über vernünftige Lebensweise erscheinen, so haben wir damit sogleich die richtige Vorstellung von der reichen antiken Sportliteratur, die, als Kunst betrachtet, gewiß unerfreulich war und zum größten Teil verloren gegangen ist[74]). So erfahren wir von Ikkos von Tarent, einem preisgekrönten Athleten und Gymnasten des 5. Jahrhunderts, daß er während des Trainings eine mäßige Lebensweise geführt und sich schriftstellerisch betätigt habe. Vermutlich hat er seine „athletische Diätetik" empfohlen. Dem 5. Jahrhundert gehört auch Herodikos von Selymbria an, der Begründer der Heilgymnastik, von dessen Anleitung zum naturgemäßen Leben wenigstens das Programm erhalten ist. Da er selbst mit Befolgung seiner Lehre seiner eigenen Kränklichkeit wehrte, fand er Nachahmung und Zulauf. Ein Mißbrauch einer noch unerprobten Methode war es, wenn er auch akute Krankheiten durch gymnastische Mittel zu heilen versuchte. In der einzigen Stelle, die aus einem Buch des Diotimos erhalten ist, ist vom Schweiß die Rede, und es werden drei Arten unterschieden, die auf die Heftigkeit der Anstrengung und die Veränderung des Körpers zurückgeführt werden. Schon hier zeigt sich die wichtigtuende Rederei der späteren gymnastischen Schriftsteller, von denen noch Theon zu nennen ist, ein Zeitgenosse des Galenos aus dem 2. Jahrhundert n. Chr. Er hat in einem Werk über die einzelnen Übungen ihre Wirkungen auf den Körper und ihre Zusammenstellung zu verschiedenen Systemen gehandelt. In einem größeren Buch Gymnastika war u. a. über Massage und deren Einteilung in die weiche, geringe, reichliche, hinreichende und harte Massage gesprochen, deren jede eine besondere Wirkung auf den Körper übe, das Fleisch anzuspannen oder zu vertreiben, zu verringern oder schwammig zu vermehren usw. Es hat noch zahlreiche Verfasser von hygienischen Handbüchern gegeben, Gymnasten wie Ärzte, von denen die Gymnasten solche Gegenstände wie Massage, Körperzustand,

Gesundheit, Leibesübungen behandelten. Aber was davon, zumeist in den Schriften des Arztes Galenos, erhalten ist, läßt uns den Verlust dieser ganzen offenbar umfangreichen und von einem weitverbreiteten Publikum vielgelesenen Literatur verschmerzen. All die Unterscheidungen z. B. der Massage, ob mit oder ohne Öl, mit harten oder weichen Händen, zu welchen Zeiten und an welchen Orten usw., und all die Kombinationen dieser Unterarten werden nichts als anmaßendes Gerede gewesen sein, das den Mangel an Inhalt durch Worte ersetzte.

Haben diese Schriften die Leibespflege nur als Mittel zum Zweck der Gesundheit und in allgemeinem Sinne behandelt, so geben die Schriften der Turnlehrer bestimmte Regeln für die Erlernung der einzelnen Übungen wohl in der Art der modernen Schriften über die verschiedenen Sportarten, worin die Meister ihres Fachs ihre Erfahrungen in Form von Vorschriften niederlegen. Einige Papyrusreste aus Ägypten geben eine Vorstellung davon: auf dem einen sind in mehreren Zeilen die Kommandos aufgezählt, wie sie einzeln in der Ringschule eingeübt wurden, indem jedem der beiden Ringer vorgeschrieben wird, was er zu tun hat; auf dem anderen sind Pankrationkommandos erhalten: Auf die rechte Schulter, auf die linke Schulter, auf die Brust usw. Der Verlust dieser Schriften ist zu bedauern. Es wäre zu wünschen, daß der ägyptische Sand noch mehr Proben der Art lieferte.

In diesem Zusammenhang dürfen auch die Schriften des Xenophon erwähnt werden, die der Reitkunst, wenn auch in militärischem Sinne, gelten: der Hipparchikos, eine Anweisung für einen Reiterführer, und „Peri Hippikēs“, für einen gemeinen Kavalleristen mit praktischen Ratschlägen für Ankauf und Schulung eines Pferdes. Schon vor Xenophon hatte Simon über denselben Gegenstand geschrieben. Nicht dem Xenophon gehört das unter seinem Namen gehende Buch über die Jagd, „Kynegetika“, in dem die Jagd im Anfang als göttliche Erfindung und zum Schluß als Vorübung für den Krieg gerühmt und nach ihrem mannigfachen erzieherischen Wert im Gegensatz zu der Lehre der Sophisten gewürdigt wird. Mit dieser Art von Büchern ist die Literatur zu vergleichen, die andere Zweige des praktischen Lebens, wie Kochkunst oder rein technische Dinge, behandelte. Natürlich haben auch Philosophen und Sophisten sich eingehend mit der Gymnastik beschäftigt, teils zustimmend, teils verurteilend. Ihre Äußerungen darüber finden sich verstreut in ihren Werken, wo es der Zusammenhang erfordert. Als besondere Abhandlung über ein gymnastisches Thema und als eine von vielen ähnlichen wird des Protagoras Schrift über die Ringkunst genannt.

Eine ganze Literatur schloß sich an die Verzeichnisse der Sieger, die als Inschriften auf Stein öffentlich ausgestellt oder in den Archiven der Heiligtümer niedergelegt und endlich in Buchform bearbeitet und der gelehrten Welt zugänglich gemacht wurden[75] (Taf. 18 a u. b). Den Beginn machte Hippias von Elis, ein Sophist aus der Zeit des Sokrates, der seine Vielseitigkeit auch in der ersten Zusammenstellung der Sieger bis zum Beginn der Olympiadenrechnung bewährte. Die Zuverlässigkeit seiner zeitlichen Ansetzungen wurde schon im Altertum bezweifelt. Mit besserer Methode nahm Aristoteles die Arbeit auf und schrieb Verzeichnisse der olympischen und pythischen Sieger mit historischen Einleitungen und Erzählungen von allerlei merkwürdigen Begebenheiten[76]. Er wurde dafür mit Lob und Kranz geehrt, doch später dieser Ehren aus politischen Gründen für verlustig erklärt[77]. Über Aristoteles hinaus ging Eratosthenes von Kyrene, der im 3. Jahrhundert lebte, auf vielen Gebieten tätig war und in mindestens zwei Büchern Olympioniken behandelt hat; die spärlichen Reste lassen erkennen, daß er der wohl vollständigen Liste eine historische Einleitung und Untersuchungen über die einzelnen Agone mit antiquarischen Notizen vorausgeschickt hat.

Die Olympiadenrechnung und die Siegerverzeichnisse waren vor allem für die Geschichtswissenschaft wichtig. Man hatte in Griechenland sonst keine gemeinsame Ära. In Athen zählte man nach Archonten, in Sparta nach Ephoren und Königen, anderswo nach Priestern, aber solche Datierungen schwebten in der Luft; sie wurden erst brauchbar, wenn man sie zu einem allgemein gültigen Datum in Beziehung setzte, so, wie die Neuzeit sich auf die Rechnung nach Christi Geburt geeinigt hat, nach der wir jetzt auch alle antiken Ereignisse bestimmen. Dazu war die allen Griechen gleichmäßig wertvolle olympische Siegerliste vorzüglich geeignet. Als erster hat der Historiker Timaios die wichtigsten der in Griechenland gebräuchlichen Zählungen aufeinander und auf Olympia bezogen und so der Geschichte ein festes Gerüst gegeben.

In der Folge hat man zu den Siegerlisten die Weltereignisse derselben Zeit an den betreffenden Olympiaden in Form von Tabellen hinzugefügt. Aus einem späteren Werk der Art, den Olympiaden des Phlegon, eines Freigelassenen des Hadrian, ist ein Bruchstück erhalten, worin zu der 177. Olympiade die vollständige Siegerliste, kriegerische Ereignisse, Erdbeben, Todesfälle von Königen und ihre Nachfolger, die Geburt des Dichters Vergilius und die Zerstörung der Bildwerke von Delos angemerkt werden. Das Verlangen nach Kalendern und Nachschlagewerken führte dann dazu, aus den dick angeschwollenen Chroniken Auszüge zu machen. So enthält der berühmte Oxyrynchos Papyrus wieder die reine Liste der Sieger. Ein anderes Beispiel ist die Liste des Sextus Julius Africanus, die bis über den Beginn des 3. Jahrhunderts n. Chr. reicht und aus einem großen Geschichtswerk stammt, in dem jüdische, christliche und heidnische Geschichte zueinander in Beziehung gesetzt wurden. Als Sieger wird der Stadionike genannt und dazu mit Auswahl zu einzelnen Olympiaden historische oder sportliche Notizen, in denen besondere Rekordleistungen, auffällig verlaufene Agone und besondere Arten des angewandten Trainings angeführt werden.

Was in diesen Chroniken und in geographischen Werken verstreut von den Wettkämpfen berichtet wurde, bildete zusammengefaßt den Inhalt der Schriften, die sich mit den Spielen in den einzelnen Kampfarten und mit dem Erziehungswesen beschäftigten und wohl auch Anekdoten und Wundergeschichten über berühmte Athleten auftischten. Solche Berichte von Kraftleistungen, guten Antworten u. ä. werden auch in Sammlungen zusammengestellt gewesen sein; einzelne wurden auch in kurzen Gedichten behandelt, dergleichen die Anthologia Palatina aufbewahrt hat[78]). Sehr beliebt waren die Geschichten von den Vielfraßen Milon und Astydamas. So sollte Milon ein vierjähriges Rind, mit dem er zur Übung zu ringen pflegte, mit nach Olympia gebracht, durch das Stadion getragen und an einem Tage verzehrt haben. Sammlungen von Geschichten dieser Art würden zu jenen Schriften gehören, in denen Mythen, religiöse Altertümer und sonst Dinge gelehrter Forschung mit Fleiß gesammelt und vorgetragen wurden. Alle diese Arbeiten nun boten bequemes Rüstzeug für Literaten, die den Drang fühlten, sich über sportliche Dinge zu äußern. Ein solches Werk ist auf uns gekommen, des Philostratos „Über die Gymnastik"[79]). Das Buch ist nicht ein einfacher „Leitfaden", wie wir sagen würden, wenn es sich auch an die Form solcher Bücher anschließt, sondern es ist eine journalistische Tendenzschrift mit der Aufgabe, die Gymnastik, zumal die Tätigkeit des Gymnastes, als einen Zweig der Geisteswissenschaft zu erweisen. Der Schwerpunkt liegt in der Darstellung einer richtigen Trainiermethode, nicht der damals üblichen überfeinerten mit ihrem Tetradenzyklus und den ausgeklügelten Diätvorschriften, sondern eines naturgemäßen Ideals, wie es einem Gymnasten vorschwebt, der die Athleten auf ihre Tauglichkeit für die einzelnen Übungen hin prüft und individuell behandelt. Die Übungen werden als dem Menschen von Natur angeboren hingestellt, nach schweren und leichten geschieden, und ihre Entstehung und ihre Einführung in die Wettkämpfe in Olympia wird geschildert. Der Gymnastes soll geistig nicht ganz ungebildet sein, Kenntnisse der Physiognomik haben, die nach dem Ausdruck der Augen und nach den Körperproportionen urteilt, und endlich — nach der damals herrschenden Theorie von der Mischung der Säfte — die innere Beschaffenheit des Menschen und die Verschiedenheit ihrer Temperamente erkennen. Dazu kommt noch die Prüfung der Abstammung, ob von jungen oder bejahrten Eltern, und danach richtet sich endlich die Tauglichkeit der jungen Männer für die Athletik im allgemeinen und für die einzelnen Übungen, die ja ganz verschiedene Anforderungen an Körperbau und Leistungsfähigkeit stellen. Hierauf aber beruht die naturgemäße Ausbildung, für die einige Winke, keine vollständige Anleitung, gegeben werden.

In den Quellen, die Philostratos benutzt hat, mag manche gute Beobachtung, Erfahrung und Lehre gestanden haben, auch allerlei antiquarisches Material, aber auch viel von dem Unsinn, der einem so oft die Beschäftigung mit spätantiker Literatur vergällt. Als Ganzes ist seine Schrift die eines auf sportlichem Gebiet nicht erfahrenen Dilettanten und auch als schriftstellerische Leistung ohne Bedeutung. Nur als einziger Rest einer Literatur, die uns vieles lehren könnte, ist sie nicht ganz wertlos.

So sehr die Gefahren der Athletik bei den Gebildeten erkannt und getadelt wurden, so traten doch auch Verteidiger auf, die das ursprünglich Gute daran hervorhoben. Das waren die jüngeren Sophisten, die die Ausbildung aller körperlichen Fähigkeiten nicht nur als althellenisches Bildungsmaterial priesen, da sie ja überhaupt das Altertum im Gegensatz zur eigenen Zeit lobten, sondern die im Athleten ihr körperliches Gegenbild sahen; entsprach doch die leibliche Durchbildung dem geistigen Ideal allgemeiner Bildung, das sie selbst erstrebten. Aber natürlich kommt in der Menge sophistischer Schreiberei die Athletik nur gelegentlich zu Wort. So gibt Dion von Prusa, der um die Wende des 1. zum 2. Jahrhunderts n. Chr. gelebt hat, in seinem Melankomas ein hübsches Zeitbild. Er schildert, wie er in Neapel an Land steigt, um die Atheleten zu sehen, und nun in der Nähe des Gymnasions außer Läufern und ihnen zurufenden Zuschauern eine Menge Volks trifft, die um einen großen, schönen, sich übenden Athleten herumstehen. Als dieser aufgehört hat, und die Menge sich verläuft, erkennt Dion genauer die statuenähnliche Durchbildung und Farbe seines wohlgestalten Leibes und erfährt von einem alten Turnlehrer, der Mann sei Iatrokles, der einzige, der es mit dem eben verstorbenen Melankomas aufgenommen habe. Dieser aber sei noch viel tüchtiger, größer und schöner gewesen, dabei ganz bescheiden, obgleich er überall die Augen auf sich gezogen habe. Er habe im Faustkampf die Praxis geübt, weder zu schlagen noch sich schlagen zu lassen, sondern habe mit erhobenen Armen in der Auslage verharrt, bis die Gegner sich vor Ermüdung besiegt erklären mußten. Damit hat er — so heißt es weiter — viele Preise gewonnen, wie sein Vater, und nur immer sich angestrengt, ohne die Annehmlichkeiten des Lebens zu genießen, und das Los der Götterlieblinge erfahren, die jung aus dem Leben abgerufen werden.

Als Kunstwerk weit höher steht der „Anacharsis" des Lukianos, eines satirischen Journalisten aus dem 2. Jahrhundert n. Chr.[80]). Es wird ein Gespräch fingiert zwischen dem athenischen Gesetzgeber Solon und dem edlen Skythen Anacharsis, der aus seinem eben damals, zu Beginn des 6. Jahrhunderts, aufblühenden Heimatstaate in fremde Länder gereist war, um, wie die Historiker erzählen, auswärtige Sitte und Kunde zu lernen, der aber dann als Opfer angenommener griechischer Sitte nach seiner Heimkehr heimtückisch getötet sein sollte. Anacharsis betrachtet im Gymnasion die sich übenden Jünglinge und begreift nicht, warum die einen sich im Sande herumwälzen, andere sich ölen, massieren und mit Sand bestreuen, noch weshalb andere sich gegenseitig mit Fäusten und Tritten bearbeiten und die

Zähne ausschlagen und sonst noch verschiedene Übungen ausführen, die ihm alle wie Verrücktheiten vorkommen. Solon in echter Humanität gesteht dem Skythen das Recht zu, sich als Ausländer über die griechischen Sitten zu wundern, verteidigt sie aber: das Gymnasion steht unter göttlichem Schutz, die Wettkämpfe werden von den Besten ausgefochten, die wertlosen Kränze sind schwer zu erwerben und dadurch wertvoll, die Sieger werden den Göttern gleich geehrt. Kampf und Zuschauen ist groß und schön und kein eitler Zeitverlust. Erweckung des Ehrgeizes kommt dem allgemeinen Wettstreit der Bürger untereinander zugut. Anacharsis gibt sich damit nicht zufrieden; er will den Nutzen der Gymnastik erörtert haben. Solon gibt gleich die Probe davon, indem er die brennende Mittagssonne des Sommertags als alter Mann vertragen kann, während Anacharsis bittet, das Gespräch in den kühlen Schatten zu verlegen. Also meint Solon, die gymnastischen Übungen härteten den Körper ab gegen den Wechsel von Wärme und Frost; der Staat brauche bei seinen Bürgern Kraft der Seele und des Leibes für das Wohl des Staates in Krieg und Frieden, darum lasse er die Kinder in Musik, Rechnen, Lesen und Schreiben unterrichten, lasse sie Aussprüche weiser Männer, Geschichte und Poesie lernen und fache dadurch die Nacheiferung an. Auch Gesetze werden gelernt, Unterweisungen bei Philosophen und Sophisten genossen, Theateraufführungen zur Stärkung des moralischen Gefühls besucht und endlich wird Anteil an den Staatsgeschäften genommen. Die Körperpflege aber besteht in Gewöhnung an Hitze und Kälte und in Salbung mit Öl, um den Körper aufzuweichen wie Leder, das man schmieren muß; Ringen und Faustkampf machen stark und mutig gegen Gefahren, und so machen alle Übungen den Körper kräftig und schön in seiner braunen Färbung und seiner gleichmäßigen Durchbildung, die alles Überflüssige verschwinden macht; das alles dient im Frieden zur Ablenkung von bösen Lüsten und als erste Vorbereitung für den Krieg, der noch die Übung im Gebrauch der Waffen folgt. Die Erweckung des Ehrgeizes durch Preise und Ruhm soll die Tatkraft anfeuern, die im Ernstfalle, wenn es sich um Haus und Hof, Heiligtümer und Vaterland handelt, um so mehr kampfbereit sein wird, als sie schon zur Übung um wertlose Kränze eingesetzt wird. Es fällt dem Solon schwer, dem Anacharsis den tieferen Sinn der Übungen klar zu machen; dadurch verschafft sich der

Verfasser die Möglichkeit, im Anschluß an die Theorien der Kyniker, den erzieherischen Wert der Gymnastik recht hervorzuheben, die ihn, als Sophisten, ja besonders angeht. So sehr sich Solons Erwiderung in den gewohnten Gedankengängen bewegt, so ist doch der Gegensatz zu dem verständnislosen Barbaren mit Humor durchgeführt, und die Einkleidung des Gesprächs, die Schilderung des Treibens der Jugend durch den Skythen, die Erklärung des Gebrauchs von Öl und Staub, all das gibt ein lebendiges Bild von der Gymnastik und der Art, wie darüber hin- und hergestritten wurde — denn die Einwände des Anacharsis geben ja nur wieder, was selbst von Griechen oft genug ausgesprochen sein wird —, und in das Ganze mischt sich als leiser Unterton der Vorwurf gegen des Lukianos eigene Zeit, in der die idealgerichtete Gymnastik des solonischen Zeitalters nur noch in letzter Abschwächung neben der alles beherrschenden Athletik nachwirkte.

Wie diese Athletik von den Kynikern bekämpft wurde, davon gibt Dion von Prusa eine ergötzliche Probe in seiner achten und neunten Rede, wo er den Diogenes bei den korinthischen Spielen vorführt, nicht als Zuschauer, sondern als eifernden Philosophen, der die Gelegenheit benutzt, die Torheit der Menschen in der versammelten Menge zu beobachten und denen, die sich mit ihm einlassen, unbequeme Wahrheiten zu sagen. In der ersten Rede wird hübsch geschildert, wie um den Poseidontempel die Sophisten schreien und einander beschimpfen, Dichter ihre Gedichte vortragen, Zauberer ihre Künste zeigen und Wunderdeuter, Rhetoren und Händler durcheinander reden. Als ihn nun ein Fremder — denn die Korinther kümmern sich nicht um ihn — fragt, ob er auch zu den Spielen gekommen sei, erklärt er ihm in langer Rede seinen Kampf, den er gegen athletische Übungen und Vergnügungen, die Widersacher der Tugend, führe, nicht wie die Ziegen um Sellerie-, Ölbaum- oder Fichtenzweige, und nicht wie die gefräßigen und schlafsüchtigen Athleten, sondern wie Herakles bei seinen Taten. Die zweite Rede schildert, wie der kynische Weise die Leute ankläfft und jene ihn dafür verachten, höhnen und verspotten. Einmal nun setzt er einen Fichtenkranz auf, und als das Festkomittee ihm das verbieten läßt, gibt er zur Antwort, er sei viel mehr Sieger als das Sklavenpack, das da ränge, liefe und Diskos würfe, denn er kämpfe gegen die törichten

Regungen der Seele, alle anderen aber hätten den Kampf aufgegeben, und darum verdiene er den Kranz mehr als die Freßsäcke. Und als ein Sieger aus dem Stadion kommt, auf den Schultern getragen und umgeben von einer Menge Menschen, die schreien, vor Freude springen, die Hände hoch erheben und jenem Kränze und Binden zuwerfen, fragt er den Gefeierten, was los sei, und als der stolz erwidert, er habe im Stadionlauf gesiegt, stellt er ihm vor, das sei nichts, denn Hasen und Hirsche könnten noch schneller laufen, und er macht ihm seinen Stolz so lächerlich, daß jener ganz beschämt abzieht. Indem aber sind zwei Pferde zusammengeraten und bearbeiten einander mit den Hufen, bis das eine ausbricht; da setzt Diogenes dem anderen Gaul seinen Fichtenkranz auf und erklärt ihn zum Isthmensieger, weil er — im Ausschlagen gesiegt habe.

Solche Satire wirkt mehr als alle Vernunftgründe. Wir finden auch sonst bei ernsten Autoren Ansätze zur scherzhaften Behandlung agonistischer Dinge, so bei Galenos im Protrepticus ad artes 36 die Vision eines olympischen Festes, an dem die Tiere um die Kränze wetteifern und der Preis im Boxen dem Stier, der im Pankration dem Esel zuerteilt wird, und ähnlich steht bei Lukianos, Ver. Hist. 2, 22 ff. die Parodie eines Wettkampfes der Toten in der Unterwelt, bei dem die Sieger Kränze aus Pfauenfedern erhalten, und eine richtige Feldschlacht, die mit einem Siegesmahl aus gekochten Bohnen endet. Eine Verspottung lag schon in dem Grabgedicht des Simonides für einen Faustkämpfer: „Viel hab' ich getrunken, viel gegessen, viel die Menschen geschmäht; nun lieg' ich hier, Timokreon, der Rhodier." Und an derselben Stelle wie dies Epigramm wird von Athenaios 10, 417 b ein Bruchstück des Theophilos überliefert, worin ein Athlet, von entsetzten Zwischenrufen unterbrochen, ungeheure Massen Essen und Trinken fordert. Und wie der politische Kampf sich der Schmählieder bediente[81]), so gab es auch Spottgedichte auf die Athleten, die meistens recht scharf sind und alle durch dieselbe Übertreibung wirken wollen[82]). Die Anthologie hat eine Menge aufbewahrt: 11, 84 geht auf einen immer besiegten Kämpfer, 11, 83 auf einen schwerfälligen Läufer, den nicht einmal ein Erdbeben erschüttern konnte, 11, 85 auf einen Waffenläufer, der für eine Statue gehalten wurde. Der Läufer Perikles (11, 86) stand noch, als sein Konkurrent schon gekrönt wurde, Eutychidas (11, 208) war nur eilig, wenn es zum

Essen ging. Der Boxer Onesimos fragt einen Lehrer, ob er ein langes Leben haben werde, und erhält die Antwort: Ja, wenn er seinen Beruf aufgäbe (11, 161). 11, 258 weiht der Boxer Aulos dem Zeus die einzelnen zusammengelesenen Knöchel seines Schädels und verspricht die noch übrigen Knöchel, wenn er heil von Nemea heimkomme. Olympikos (11, 75) geht einer Erbschaft verlustig, weil sein Gesicht so zerschlagen ist, daß er nach einem früheren Bildnisse nicht wieder zu erkennen ist. Diese Verschandelung des Gesichts wird öfter verhöhnt (11, 76ff.). Kleombrotos (11, 79) gibt das Boxen auf und heiratet. Aber nun hat er von seinem kampflustigen Weibe erst recht Faustschläge zu erdulden.

Kein Wunder, wenn auch die Spaßmacher sich des dankbaren Stoffs bemächtigten; von einem Eudikos wird berichtet, er habe Ruhm erworben, indem er Ringer und Faustkämpfer nachahmte. Man darf aber wohl annehmen, daß Eudikos es nicht bei der Karikierung des äußeren Auftretens oder der Muskelarbeit solcher Gesellen hat bewenden lassen. Denn gewiß gaben auch ihre rohen Reden genug Anlaß zur Verspottung. Wie solche Burschen in der späteren Zeit sich benahmen, wird anschaulich von Heliodoros, Aithiopika 10, 30 beschrieben: „Und in die Mitte wurde der Aithiope geführt, hochnäsig und eitel um sich blickend, schwerfällig schreitend und abwechselnd mit gespreizten Ellenbogen die Arme einstemmend."

So spiegelt die Literatur getreulich wieder, was die Menschen des Altertums über Gymnastik und Athletik gedacht haben. Von flammender Begeisterung und nüchterner Wertung des praktischen Nutzens bis zu heftiger Ablehnung und ätzendem Spott sehen wir die verschiedensten Affekte ausgedrückt. Nicht weniger bunt ist das Bild, das die Leibesübungen bei ihrem Wiederschein in der bildenden Kunst bieten

Bildende Kunst

Die Aufmerksamkeit der antiken Künstler galt vornehmlich dem menschlichen Körper; wie hätten sie da an der Gymnastik vorübergehen können, die dem Menschenleibe Kraft, Gesundheit, Schönheit verleihen sollte? Und wo haben je die Künstler eines Volkes so die Freiheit gehabt, unverhüllte Körper in Licht und Bewegung zu beobachten, wie in den griechischen Palästren? Es ist ein wundersames

Zusammentreffen von Lebensform und Kunstbegabung, das eine Welt von künstlerischer Schönheit hat entstehen lassen. Nur zuviel davon ist verloren; aber aus den Trümmern und den antiken Beschreibungen, besonders bei Plinius und Pausanias können wir den einstigen Reichtum ahnend ermessen[83]).

Die Griechen hatten ein bestimmtes Gefühl dafür, welche sportlichen Erscheinungen für die eine oder andere Kunstart am geeignetsten waren, und was sie ihrem sich erst entwickelnden Können zumuten durften. Malerei und Relief, die beide mit der Fläche arbeiten, sind die gebotenen Formen für alles, was sich über den Raum hin bewegt und daher in langgestreckter Darstellung am klarsten wird, also Laufen, Springen, Werfen, ferner Bogenschießen und Jagd, und in Verbindung mit Pferden Wettreiten und Wagenrennen. Auch eine Szene aus mehreren Personen wie die Ausrufung des Siegers und die Preisverteilung[84]) so wie das bunte Leben und Treiben in der Palaistra mit dem Durcheinander der vielfältig beschäftigten Jünglinge konnte gut nur in der Fläche zur Geltung kommen. Wir würden heute hierzu noch die modernen Sports rechnen, die sich auf dem Rasen oder Spielplatz — Fußball, Hockey, Tennis usw. — und auf dem Wasser abspielen. Wettfahren und Reiten lieferten auch der Freiplastik Vorwürfe, indem man die ganzen Gespanne mitsamt dem Lenker und Eigentümer und das Roß mit dem Reiter aufstellte. Bei dem Bilde des ruhig stehenden Jünglings war das Aufstützen auf den Speer dem Plastiker willkommen (Taf. 31). Für die bewegte Einzelfigur eignet sich besonders das Diskoswerfen mit seinen verschiedenen Stellungen beim Ausholen, das ja bei den mannigfachen Werftechniken eine Menge der reizvollsten Motive bot. Dazu gesellen sich die zahllosen Neigungen, Krümmungen, Drehungen beim Einölen und beim Reinigen mit der Strigilis. Gewiß hätten auch die Kämpfe Mann gegen Mann der großen Kunst öfter für Gruppen als Vorbild gedient, wenn dafür praktische Verwendung gewesen wäre. Aber es war ja meistens nur Nachfrage nach der einen Statue des Siegers, der kein Interesse daran hatte, auch seinen Gegner zu verewigen. Erst die spätere Zeit, die das Gruppenmotiv mit rein künstlerischer Freude ansah, hat Kunstwerke dieser Art geliefert[85]). So waren denn für die Statuen von Siegern im Ringen und Boxen und in den Agonen, die sich in schneller Bewegung abspielen, die neutralen Motive des Betens und Spendens willkommen, die den Athleten mit dem Gerät seines Sports oder sonst kenntlich, zwar in Ruhe, aber doch nicht untätig darstellten. Vor dem Agon richtete der Athlet ein Gebet an die Gottheit, entweder mit der schönen Gebärde der Anrede, bei der die rechte Hand dem Götterbilde oder Altar zugewendet wird[86]) (Taf. 19 und Abb. 10) oder mit beiden hocherhobenen Händen (Abb. 9); und nach dem Siege war es wieder ein schöner Anblick und ein echt plastisches Motiv, wenn der Agonist an den Altar trat und eine Schale Weins als Spende zum Dank für die Gottheit ausgoß (Taf. 27 b). Allgemein gültig und verständlich war es auch, wenn der Sieger sich den Kranz aufsetzte oder sein Haupt mit der Binde schmückte (Taf. 27 a). Und in diesen feierlichen Bildern war dem Künstler Gelegenheit geboten, der ungezwungenen Anmut und der bescheidenen Zurückhaltung des wohlerzogenen Jünglings künstlerischen Ausdruck zu geben. Selbst die Statue eines Jünglings mit der Hacke, die zur Auflockerung des Bodens diente, ist uns in der Literatur überliefert[87]). So waren alle Künste berufen, den Aufgaben, die von Gymnastik und Agonistik gestellt wurden, zu genügen. Die Malerei lieferte schon in ältestem Stil Tontäfelchen mit Bildern von Wettkämpfern, ähnlich den Bildern von Reitern und Boxern auf den korinthischen Weihungen für Poseidon[88]), eine attische Vase zeigt einen Jüngling als Sieger, der in den Händen Zweige und ein Täfelchen mit dem gemalten Bilde eines Läufers hält[89]). Von dieser Art müssen auch die Bildnisse der elischen Läuferinnen gewesen sein (Paus. 5, 16, 3). Ein bekannter Maler wie Nikomachos hat eine Nike auf einem Viergespann gemalt, gewiß ein Weihgeschenk für einen Sieg ähnlich jenem, das in dem herculanischen Gemälde eines Apobaten in Kopie überliefert ist[90]). Alkibiades hat zur Erinnerung an seine Siege Gemälde aufstellen lassen, auf denen Olympia, Delphi und Nemea, als weibliche Gottheiten personifiziert, erschienen. Ganze Wandgemälde mit breit

Abb. 10. Beter.

ausgesponnenen Schilderungen von Agonen mitsamt den Zuschauern haben sich in etruskischen Gräbern erhalten[91]) (Taf. 15).

Die Vasenmalerei hatte die Außenflächen von Ölamphoren, Wassergefäßen, Mischkrügen und die runden Innenbilder und langgestreckten Außenfriese der Trinkschalen zur Verfügung (Taf. 49 u. a.). Dazu kommen noch die panathenäischen Preisamphoren. Diese tragen auf der einen Seite das Bild der bewaffneten Athena, schwarzfigurig, in steifer Haltung, altertümlich stilisiert auch noch zu einer Zeit, da die Kunst längst zu freier Gestaltung fortgeschritten war, und auf der anderen Seite sieht man die Bilder des Agons oder des Pentathlons, in dem die Amphora mit dem kostbaren attischen Öl als Preis gewonnen war[92]) (Taf. 12). Auf diesen Vasenbildern nun offenbart sich eine solche Fülle von Schönheit in den unzähligen Bildern von turnenden Jünglingen und ihren Lehrern, daß wir die Begeisterung der Griechen für die Gymnastik als ihr ureigenstes Kulturelement nirgends so wie vor diesen Vasenbildern nachfühlen können. Denn hier konnte namentlich das fröhliche Durcheinander der vielfältig beschäftigten jungen Menschen geschildert werden, so, wie wir es zu sehen glauben, wenn wir Lukians Anacharsis lesen[93]). Ganze Palaistren sowie Bilder einzelner Athleten, ja Brustbildnisse bestimmter Persönlichkeiten sind auch in Mosaiken aus dem späteren Altertum erhalten[94]) (Taf. 33). Eine Weiterbildung der gemalten Weihung mit dem Bilde des Siegers ist das Relief von Sunion, auf dem ein Jüngling erscheint, wie er sich den Kranz aufsetzt[95]) (Taf. 20 b). Ganz in derselben Art werden aber Jünglinge mit ihren palaistrischen Geräten auch auf Grabsteinen dargestellt[96]) (Taf. 20 a). Reliefs mit größeren Darstellungen aus dem agonistischen Leben[97]) fanden Verwendung als Weihge-

Abb. 11. Grabstein,
Jüngling und Diener, Herme des Herakles.

schenke (Taf. 22 u. 41 b) oder als Schmuck der Basen von Weihgeschenken oder Statuen[98]) (Taf. 21 u. 80 b). Auch als Friese an Gebäuden konnten agonistische Reliefbilder einen passenden Schmuck abgeben, wie der Fries mit dem Wagenrennen am Maussoleion[99]) oder wie manche unter den sog. Campanareliefs, decorativen Tonplatten aus der römischen Zeit, auf denen Gladiatorenspiele und andere Szenen aus dem Circus und Amphitheater abgebildet sind (Taf. 17 und 77).

Zu den Reliefs sind auch die Münzen und Gemmen zu zählen. Die antiken Prägestätten waren nicht an heraldische oder gar gesetzlich vorgeschriebene Wappen, Bildnisse und Umschriften gebunden, sondern konnten in herrlicher Mannigfaltigkeit und Freiheit für die Geldstücke den künstlerischen Schmuck wählen, der sich in irgendeiner Weise auf den Ort der Prägung bezog oder auch nur die Fläche beleben sollte. So finden wir auf griechischen Münzen Pferdebändiger, Reiter, Wagen mit Gespannen, Bogenspanner, Ringer, Schleuderer und Diskoswerfer und die Fackel als Hinweis auf Fackelläufe, und es ist zu bewundern, wie die Stempelschneider es verstanden haben, diese Gegenstände der Rundung anzupassen (Taf. 23). Die griechischen Münzen römischer Zeit sind als Kunstwerke minder kostbar, doch geben sie, als geschichtliche Zeugnisse wertvoll, Kenntnis von bestimmten Spielen durch Darstellungen von Kränzen und Preistischen[54]) (Taf. 13, 1—7). Erst in spätrömischer Zeit ist der Typus der sog. Contorniaten[100]) geschaffen worden, medaillonartiger Münzen, die nicht dem Geldverkehr gedient haben. Die meisten von ihnen tragen auf der Rückseite Bilder, die sich auf öffentliche Spiele beziehen, Darstellungen der Circusgebäude von außen und innen, Wettrennen, Verlosung der Plätze, Viergespanne, Fahrer allein oder mit Pferden; auch Läufer und Tierkämpfer finden sich (Taf. 13, 8—10). Ebenso haben auch die Gemmenschneider oftmals ihre Motive aus der Welt des Sports gewählt, von den kretischen Stierkämpfen an, durch das Griechentum hindurch bis in die römische Zeit mit ganzen Wagenrennen u. dgl. auf dem winzigen Raum[101]) (Taf. 24). Und endlich bieten die Reliefs auf den römischen Tonlampen massenhaft Schilderungen aus dem Leben in der Palaistra, dem Circus und dem Amphitheater[102]) (Taf. 16). Die Standbilder der Athleten fanden ihre praktische Verwendung als Weihegaben und Denkmäler vor allem in den Heiligtümern, bei denen die Agone stattgefunden hatten und die Siege errungen worden waren[103]). Das Recht, solche Statuen zu errichten, wurde dem Sieger erteilt, und wenn es diesem seine Mittel erlaubten, das Kunstwerk machen zu lassen, so gab er das Standbild der Gottheit als Besitztum ebenso zurück, wie es mit Preisen von sachlichem Werte, Dreifüßen u. dgl. zu geschehen pflegte. In anderen Fällen konnte dies Recht von der Vaterstadt des Siegers oder seinen Angehörigen ausgeübt werden. Die Statuen waren meistens nicht überlebensgroß und jedenfalls immer als Bildnisse gedacht, auch wenn die in der griechischen Kunst zu allen Zeiten starke Neigung zum Typischen die Porträtähnlichkeit zugunsten des allgemein Gültigen verminderte. Alle in der großen Kunst üblichen Motive hatten ebenso ihren Platz in der Kleinplastik; ja, in Statuettengröße konnte manches verwertet werden, was der statuarischen Kunst weniger anstand, wie Laufen, Springen, Kampfgruppen. Solche kleinen Kunstwerke konnten als Weihungen und im Kunstgewerbe zum Schmuck von Gegenständen wie Kandelaber, Kessel, Cisten u. v. a. verwandt werden[104]).

Die große Begabung der Griechen, den nackten Körper plastisch darzustellen, hat sich an der immer wiederholten Aufgabe der nackten Grab- und Siegerstatuen ausgebildet. Die Vorbedingung dazu, die Freude der Hellenen an der schönen Gestalt, der Harmonie und der Anmut, der Erzogenheit zu kraftvoller Haltung und Bewegung, kurz, das Wohlgefallen an der mannhaften Vollkommenheit des Menschenleibes ist durch Zeugnisse aus allen Zeiten des Griechentums belegt[105]). Doch hat die Art, wie diese ideale Anschauung sich im Kunstwerk niederschlug, sich im Laufe der Zeit entwickelt, wie das wachsende Können und das reifende ethische Bewußtsein es vorschrieb[106]).

Die archaische Kunst kämpfte noch mit der Aufgabe. Straff aufgerichtet, das eine Bein vorgestellt, die herabhängenden Arme fest an den Leib geschlossen, das Antlitz mit dem lächelnden Munde geradeaus gerichtet, so stehen die Jünglinge da, wie Symbole der jungen, aufstrebenden griechischen Kultur mit ihrem Trieb zum Fortschreiten, zur Entwickelung und zur Befreiung aus der Unkultur (Taf. 25). Mit dem 5. Jahrhundert setzt auch die Entfesselung von den archaischen Formen ein. Nun sind bei den Jünglingsgestalten die Gliedmaßen ganz gelöst und die Beine als Stand- und Spielbein unterschieden. Blühendes Fleisch, in seiner Struktur der Natur gemäß gebildet, von straffer Haut überspannt, bedeckt das feste Knochengerüst (vgl. Taf. 20 b). Das Haupthaar, in archaischer Zeit noch lang auf den Rücken herabhängend (Taf. 25) oder in einen Schopf zusammengebunden (Taf. 20 a), wird nun um das Haarband gerollt, in Zöpfe geflochten (Taf. 26 a) und um den Kopf gelegt und endlich kurz abgeschnitten (Taf. 26 b). Das Bestreben, den Bau des Körpers begrifflich zu verstehen, führt zu den Schöpfungen des Polykleitos, mit ihren wohlberechneten, etwas schweren Proportionen (Taf. 27 a). Myron wagt mit vordringender Kühnheit stark bewegte Gestalten wie den Diskoswerfer aufzubauen (Taf. 58 b). Große, einfache Auffassung, sparsame Durchbildung der Einzelheiten, Ruhe in der geistigen Beseelung, Ebenmaß im Verhältnis der einzelnen Teile zueinander — das sind etwa die Kennzeichen der Körperbildung in der Kunst des 5. Jahrhunderts. Nur vereinzelt taucht ein Naturalismus auf wie bei dem Kopfe des Faustkämpfers aus Olympia, dessen unedle Art wohl auch in dem Körper zu erkennen war (Taf. 28). Es folgt der Zeitabschnitt, in dem das Seelenleben nach der Seite des zarten Gefühls und der leidenschaftlichen Erregung hin entwickelt und auch die Bildung des Körpers durch neue Aufgaben bereichert wird. Die weiche Fülle des jugendlichen Körpers oder seine Polsterung mit schweren Muskeln wird betont; lässiges Ausruhen angelehnter Gestalten ist das Lieblingsthema der attischen Kunst, während Lysippos die leichte Beweglichkeit bevorzugt; vierschrötige Gestalten mit großen Köpfen stehen neben den schlanken lysippischen Gestalten mit ihren langen Beinen und kleinen Köpfen, und es ist wohl möglich, daß die verschiedenen Typen der Athleten, hier Schwerathleten wie Ringer und Boxer, dort Leichtathleten wie Läufer und Werfer diesem Interesse der Künstler an den Proportionsproblemen Vorschub geleistet haben (Taf. 29, 30, 87). Dann bringt die Zeit nach Alexander dem Großen das pompöse Auftreten, protzenhaftes Gönnertum und das Hervortreten des einzelnen an Stelle der demokratischen Unterordnung, und damit zieht in die griechische Kunst die Überladung mit Muskeln ein, die sowohl den kampferprobten Gestalten des Herakles und der Berufsathleten (Taf. 91) wie hervorragenden Privatleuten (Taf. 31) gegeben wird[107]). Damit endet die Entwicklung, die uns hier angeht, da die Betonung der anatomischen Einzelheiten wohl in Kampfszenen — aus einer solchen stammt das Vorbild des borghesischen Fechters —, aber nicht, soweit wir sehen, in die nun versiegenden Athletendarstellungen eingedrungen ist. Für die römischen Athleten, die der bildenden Kunst längst nicht soviel Anregung boten wie die griechischen, galt das hellenistische Ideal des übermäßig muskulösen Schwerathleten auch in der Kunst (Taf. 95 a). So erscheint es in den Mosaiken, die die Athletentypen ihrer Zeit in ihrer ganzen Roheit vor Augen führen[108]) (Taf. 33 b), auf Sarkophag-Reliefs (Taf. 96) und in Statuen, von deren einer ein Rest in einem Berliner Kopf erhalten ist (Taf. 32 a). An ihm ist die charakteristische Tracht des kurzgeschnittenen Haars mit dem Büschel auf dem Wirbel, ursprünglich wohl eine ausländische Sklaventracht[109]), gut zu erkennen.

Aber nicht bloß die Heiligtümer hatten den Vorteil von dem engen Verhältnis zwischen Gymnastik und Kunst. Denn wir dürfen uns die antiken Gymnasien nicht wie die modernen, nach ihnen genannten Bildungsstätten kahl und öde, als einen Gegenstand ängstigender Träume vorstellen, sondern wie die Heiligtümer der Götter mit mannigfachem Statuenschmuck versehen[110]). Lukianos beschreibt im Anacharsis 7 die Statue des Apollon Lykeios in dem Heiligtume, das mit dem Gymnasion verbunden war. So standen überall, gleichsam als Vorbilder für die turnende Jugend, die göttlichen Beschützer der Gymnastik, Apollon, Hermes und Herakles, als Statuen sichtbar aufgestellt, Hermes als Enagonios und zugleich als Erfinder des Saitenspiels und Hüter der musischen Ausbildung. Die beiden zuletzt genannten Götter haben in den Gymnasien gern die typische Form der Herme, d. h. der Statue, die nach unten in einen viereckigen Pfeiler übergeht[111]). Von dem Palaistriten, der sich nach dem Bade und beim Ausruhen zum Schutz vor Erkältung in seinen Mantel einhüllt[112]), ist das Motiv entlehnt, daß auch Hermes sich in seinen Mantel und Herakles in sein Löwenfell einwickelt (Taf. 34 und Abb. 11). Hermen der altgewohnten Art, die aus dem Pfeiler mit bärtigem Männerkopf bestanden, waren gleichfalls beliebt (Taf. 36 u. a); sie konnten auch als Ablaufmarken dienen (Anthol. Palatina 9, 319), und es war ein hübscher dichterischer Einfall, in einem Epigramm einen solchen Hermes sich beklagen zu lassen, daß man ihn arm- und beinlos in die Palaistra gestellt habe (Anthol. Pal. 16, 186).

Auch menschliche Darstellungen fanden in den Gymnasien Platz. Oft werden Bildnisse von Lehrern, Stiftern[113]) und Wohltätern,

Gymnasiarchen[114]) und Kosmeten erwähnt, wie die zahlreichen Kosmetenhermen, die in Athen bei dem Diogenesgymnasion gefunden worden sind[115]) (Taf. 35). Auch Standbilder von Schülern konnten aus besonderem Anlaß aufgestellt werden, so das eines königlichen Prinzen in Pergamon, wie uns eine Inschrift lehrt[116]). Die schöne Statue des ausruhenden Epheben aus Tralles, ein Werk der hellenistischen Zeit, dürfte nicht ein solches Ehrendenkmal wiedergeben, sondern eher rein künstlerischer Freude an dem Motiv ihren Ursprung verdanken (Taf. 107). Daß auch in Gymnasien und nicht bloß in Heiligtümern Ehrenstatuen für Athleten aufgestellt waren, ist anzunehmen. So ist das Neapler Exemplar des polykletischen Doryphoros zu Pompeji in der Curia Isiaca einer Palaistra gefunden worden[117]). Andere Zeugnisse dafür sind Tonreliefs von der Gattung der sog. Campanareliefs mit Darstellungen von Säulenhallen, in deren Intercolumnien Statuen des Heràkles und Hermes, Statuen von Athleten sowie Hermen und Prachtgefäße stehen[118]) (Taf. 36). Solche in den Palaistren aufgestellten Gefäße können auch nützlicher Verwendung bei der Auslosung der Kämpferpaare oder der Reihenfolge der Plätze beim Laufen gedient haben[119]) (Taf. 13,3 und Abb. 2). Die auf diesen Reliefs wiedergegebenen Athletenstatuen sind bekannten griechischen Kunstwerken nachgebildet, deren einige sich in Kopien haben nachweisen lassen. Andere wie die bärtigen Faustkämpfer scheinen Typen aus römischer Zeit wiederzugeben. Das Standbild eines solchen Faustkämpfers von wildem Aussehen mit einem struppigen Kopf- und Barthaar und seinen drohenden Fäusten wird von dem spätantiken Dichter Christodoros in seiner Beschreibung des Zeuxippos-Gymnasions genannt, mitten unter dem reichen Schmuck von Statuen, die sonst Philosophen, Dichter und Redner vor Augen führen (Anthologia Palatina 2, 228ff.). Wie üppig im übrigen die mit Bädern verbundenen Gymnasien der römischen Zeit ausgestattet waren, haben die Ausgrabungen an vielen Orten, z. B. in Pergamon gezeigt[120]).

Endlich hat auch die bildende Kunst, genau wie die Literatur in Vers und Prosa, das Komische an dem athletischen Betriebe mit ihren Mitteln festgehalten und der Lachlust überantwortet. Zu den lustigsten Erfindungen der Art gehört der dicke Silen auf der ficoronischen Ciste, der mit den Fäusten auf seinem Bauch trommelt, um das Üben des Griechenjünglings am Korykos nachzuäffen (Abb. 40). Im Gegenstande verwandt ist die Darstellung zweier zwergigter Männer am Korykos auf einem Krug in Leningrad[121]). Ähnlich hat ein bötischer Karikaturenmaler auf einem Berliner Becher aus dem Kabirion bei Theben Proben seiner skurrilen Auffassung gegeben (Abb. 12), und wenn in einem Vasenbilde einige Silene auf Weinschläuchen einen Ritt vollführen, so sollen sie gewiß ein Wettrennen zu Pferd nachahmen[122]).

Das Brutale in der Erscheinung der Muskelprotzen fordert den Spott heraus[123]), ebenso der Gegensatz zwischen der unedlen Körperbildung und der heroischen Kämpferpose[124]) (Taf. 92 a). Dasselbe gilt für die zahlreichen Terrakotten und Bronzestatuetten von Zwergen, die als Faustkämpfer auftreten und den Gedanken nahelegen, man habe solche Kämpfe zwischen mißgewachsenen Menschen zur Belustigung ausfechten lassen[125]) (Taf. 92 b. c.). Die Gesichtstypen der Berufsathleten der späteren Zeit mit ihren unklassischen Übertreibungen haben für Gefäße, Gewichte u. dgl. herhalten müssen[126]) (Taf. 32 b), und schließlich erscheinen gar Tiere, die das menschliche Tun nachahmen; so führt eine Kopenhagener Terrakotta in der Auffassung des Frosch-Mäusekriegs einen Boxkampf von Katze und Maus vor, und ein großer Hahn, in der einen Kralle einen langen Palmenzweig, sitzt als Richter bereit, den Kampf zu entscheiden[127]); ähnlich treten auf einer Gemme in Dresden zwei Mäuse vor einem Hahn als Kampfrichter zum Ringen an (Taf. 24, 19); auch das Wettfahren wird so verspottet (Taf. 24, 18), und damit ist der Weg vom Erhabenen zum Lächerlichen auch in der künstlerischen Verewigung der Agonistik bis ans Ende durchmessen.

Abb. 12. Pankration, Ringkampf, Waffenlauf. Böotische Karikatur.

Übungen, Kämpfe und Körperpflege

Vorübungen und Spiele

Der eigentlichen Gymnastik gehen all die Kinderspiele voran, deren wir einige schon bei den Ägyptern angetroffen haben. Manche dienen nur dem Zeitvertreib (Abb. 13), aber natürlich hatten auch bei den Griechen wie in aller Welt die Kinder den Trieb, ihre jungen Kräfte, womöglich mit Lärm und Geschrei, zu entladen und im Spiele mit den Kameraden zu messen, und wenn die Kinder

Abb. 13. Knaben, mit Knöcheln spielend.

schon bei den Ägyptern sich die mannigfachsten Spiele erdacht haben, wieviel mehr der Art dürfen wir bei den phantasiebegabten Griechen erwarten[128]). Nur ein paar Proben sollen hier gegeben werden, und zwar solche Spiele, die dem Sport vorarbeiten. Einfaches Hüpfen, abwechselnd mit den Beinen und so, daß die Ferse gegen den Hintern schlug, war gewiß gesund für die Beinmuskeln. Die Sprünge wurden gezählt; einmal hatte ein Mädchen tausend Sprünge gemacht. Das wurde sogar dichterisch verewigt:

Chilia poka bibati, pleista de ton pe poka.

„Tausendmal ist sie gehüpft, wie noch keiner je zuvor.“

Dann jagen die Kinder einander: Eins wird von den anderen geneckt wie von zudringlichen Fliegen. Dazu wird gesungen:

„Die erzene Fliege werd ich jagen."
„Du wirst sie jagen, doch nicht erhaschen."

Wo es ein größeres Gewässer gab, wurden flache Kiesel oder Scherben über die Fläche geworfen, daß sie möglichst oft aufsprangen. Ebenso übte sich die Geschicklichkeit beim Spiel mit dem Kreisel[129]). Knaben wie Mädchen, ja Erwachsene belustigten sich mit dem kegel- oder walzenförmigen, unten zugespitzten Spielzeug, das aus Ton oder Holz hergestellt war. So dachte man sich auch die göttlichen Kinder als Liebhaber dieses Spiels; daher haben sich viele Kreisel im Kabirenheiligtum, Weihungen für den jungen Kabiros, gefunden. Eine schöne Bronzestatuette zeigt einen Knaben, der den Kreisel mit den Fingerspitzen hält, so wie besonders Geschickte ihn fassen, um ihn in Drehung zu versetzen und so auf den Boden zu setzen, wo er mit der Peitsche weiter getrieben wird (Taf. 37b). Diese ist merkwürdig kurz, erfordert daher kräftige Beugung des Körpers (Taf. 37a). Das Reiftreiben setzt nicht minder den Körper in Bewegung[130]); es ist daher der raschen Jugend angemessen, wurde aber von Ärzten auch Erwachsenen anempfohlen (Taf. 38a). Der Reif ist von einfach kreisrunder Form; zuweilen werden kleine Ringe, um Lärm zu machen, darüber gestreift. Der Stock ist in älterer Zeit gerade, später gewinkelt, dann ließ der Reif sich leichter in kunstvollen Bögen lenken. Es scheint auch hierfür schriftlich ausgearbeitete Anweisungen und Wettbewerbe[131]) gegeben zu haben. Sehr oft ist Eros mit Reif und Stock abgebildet.

Abb. 14. Gaukler mit Bällen.

So weit, wie das Ballspiel über die Erde verbreitet ist, so unzählig sind auch die Möglichkeiten, sich mit dem Ball zu vergnügen, der sich werfen, fangen, schlagen, nach einem Ziel treiben läßt, mit dem der Einzelne und eine ganze Schar von Spielern sich befassen kann, so daß sich vielerlei Fähigkeiten, Kraft, Behendigkeit und Aufmerksamkeit entwickeln, und zwar weniger mit Anstrengung als mit Lust, wie man ja im Zeitalter des Tennis und Fußballs nicht auseinander zu setzen braucht[132]). Was wir oben vom griechischen Sport im allgemeinen berichtet haben, gilt im einzelnen vom Ballspiel. Die Kunde davon reicht bis in die homerische Zeit hinauf. Als älteste Zeugnisse stellen sich zwei liebliche Bilder ein: Nausikaa mit ihren Mägden, wie sie nach der Mühe des Wäschespülens und nach der Erquickung durch Bad und Mahl auf der Wiese mit dem Balle spielen und die Herrin selber unter den Dienerinnen erscheint, wie Artemis unter ihren Gespielinnen (Od. 6, 100ff.); und dann die Szene bei den Phaiaken, wie Alkinoos den mutigen Halios einzeln mit Laodamas tanzen heißt, weil keiner sich mit ihm zu messen wagte (Od. 8, 370ff.).

Diese nahmen sogleich den schönen Ball in die Hände,
Welchen Polybos künstlich aus purpurner Wolle gewirket.
Einer schleuderte diesen empor zu den schattigen Wolken,
Rückwärts gebeugt, dann sprang der andere hoch von der Erde
Auf und fing ihn behend', eh' sein Fuß den Boden berührte.

Bei den Dorern hießen die Turner schlechtweg Sphaireis, Ballspieler. Wir hören von einer besonderen Schrift, die ein Lakonier Timokrates über das Ballspiel verfaßt haben soll, und haben noch Gedichte für die Weihung von Bällen und anderen Spielsachen, die von jungen Leuten der Gottheit beim Abschied von der Jugenderziehung dargebracht wurden. Könige und Weise übten das Spiel, Sophokles erntete Beifall, als er in einem seiner Stücke selbst die Nausikaa dargestellt und dabei schön Ball gespielt hatte; ein Spielgenosse Alexanders des Großen erhielt von den Athenern Bürgerrecht und Standbild. Ärzte empfahlen das Ballspiel aus Gesundheitsgründen; in den Gymnasien war ein besonderer Raum, das Sphairisterion, dafür bestimmt, auch bei den Römern war der leichte Sport beliebt; hier gab es auch Vereinigungen von Spielern, die ihre Kämpfe öffentlich als Schauspiel vorführten.

Der Ball bestand aus bunt gefärbtem Stoff oder Leder und war mit Haar gefüllt. Sehr anmutig ist die Stelle bei Apollonios Rhodios in den Argonautika 3, 135ff., wie Aphrodite die Hilfe ihres Sohnes Eros erbittet und ihm dafür den Ball verspricht, den Adrasteia als Amme dem Zeuskinde einmal angefertigt habe. Sie malt ihm die Schönheit des Spielzeugs verführerisch aus, Hephaistos selbst habe kein schöneres gemacht, mit goldenen Ringen sei der Ball geschmückt, und die Nähte seien von blauen Ranken verdeckt. „Aber wenn du ihn mit den Händen hochwirfst, wird er wie ein Stern eine leuchtende Furche durch die Luft ziehen. Den will ich dir schenken." Diese

Spielbälle hatten je nach den verschiedenen Größen ihre eigenen Namen; es wurde fast immer mit der bloßen Hand gespielt. Der einzelne Spieler mochte einen oder mehrere Bälle in die Luft oder an die Wand werfen, oder auch mit den Oberschenkeln hochschnellen, eine Kunst, die sich gauklermäßig ausbilden ließ (Taf. 38b und Abb. 14), zwei oder mehrere Spieler konnten einander einen oder viele Bälle zuwerfen und fangen, die Spieler konnten sich auch in zwei Parteien teilen und um den Besitz des Balles oder mit Hin- und

Abb. 15. Ballspielende Silene.

Hertreiben des Balles um den Besitz des abgeteilten Feldes kämpfen. Dies ist in noch altertümlich befangener Weise dargestellt auf der athenischen Basis Taf. 21, 3, wo der Jüngling links den Ball eben werfen will und die andern in verschiedener Weise das Abfangen und Weiterwerfen erwarten[133]). Erschwert wurde das Spiel, wenn die Jungen, die den Ball zu fangen hatten, von andern rittlings getragen wurden, was auch allein als Übung vorkommt (Abb. 15). Neben diesem Huckepacktragen hatten die Griechen noch eine andere Art, sich gegenseitig auf dem Rücken zu tragen, die zumal im Kinderspiel üblich war, wenn der Besiegte den Sieger bis zu einem Ziel zu tragen hatte. Das geschah dann so, daß der „Esel" die Hände auf dem Rücken verschränkte, der „König" ein Knie in die so entstandene Öse steckte und sich von dem andern tragen ließ[134]) (Abb. 16 vgl. Taf. 40a). Ein scharfsinniger Gelehrter hatte schon vor langem erkannt, daß es eine Art gegeben haben müsse, bei der der Ball mit einem hornförmig gekrümmten Stab getrieben wurde. Die überraschende Auffindung einer Basis mit der Darstellung von Ballspielern, die vollkommen modernen Hockeyspielern gleichen (Taf. 21, 1), brachte nun jene alte, ganz vergessene Annahme zu Ehren, und es ergab sich die Deutung für eine unverstandene und unnötigerweise von den Herausgebern geänderte Plutarchstelle[135]). Nach dieser stand auf der Akropolis in Athen ein Bildnis des Rhetors Isokrates aus seiner Knabenzeit auf dem Ballspielplatz der Tempeldienerinnen, das ihn als Keretizon, als Hockeyspieler, darstellte. Es gab auch schon immer bei einem byzantinischen Schriftsteller des 14. Jahrhunderts, Kinnamos, die Nachricht von einem Ballspiel mit Stäben, deren gekrümmtes Ende mit dem Schaft durch ein Netz verbunden war. Man hatte schon geglaubt, zur Erklärung dieser Stelle die modernen Tennisschläger heranziehen zu dürfen. Aber das La Crosse-Spiel, das die Kanadier zu dem modernen Sport beigesteuert haben, hat viel größere Ähnlichkeit.

Abb. 16. Ephedrismos.

Gleich dem Ballspiel hat sich aus einem vorzugsweise von Kindern geübten Spiel die Kunst des Schwimmens entwickelt, die in dem überall vom Meer umspülten Griechenland und auf seinen vielen Inseln weit verbreitet war[136]). Wie wertvoll diese starke und alle Gliedmaßen anstrengende Bewegung für die Schulung und Gesundheit des Körpers war, ist, wie recht und billig, immer bekannt gewesen. Die Delier und Athener wurden als gute Schwimmer gerühmt; von einem gänzlich ungebildeten Menschen hieß es sprichwörtlich, er könne weder schwimmen noch schreiben. Es gab auch schon in griechischer Zeit Schwimmbassins; Wettschwimmen wird wenigstens von dem späten Dichter Nonnos beschrieben (Dionysiaka 11, 47 ff., 406 ff.), es wird also dergleichen in Wirklichkeit gegeben haben. Auch bei den Römern stand das Schwimmen in hoher Gunst, wo ja der Tiber, zumal nach den Übungen auf dem Marsfelde, erquickende und bequeme Gelegenheit bot. Ovidius berichtet von gedichteten Lehrbüchern, Augustus soll seine Enkel selbst im Schwimmen unterrichtet haben; auch für die Soldaten wird von dem Schriftsteller Vegetius die Erlernung dieser Kunst verlangt. Bei dem gemeinsamen Baden der späteren Zeit bedienten sich Frauen und Männer der Badehosen, die in der Form den unserigen glichen[137]). Der praktische Nutzen des Schwimmens für den Krieg hatte sich in mancher Schlacht bewährt, wo es den des

Schwimmens Kundigen gelungen war, den Feinden zu entkommen. Im besonderen war das Tauchen zur Kunst ausgebildet, da die Schwämme, die man zum Bade brauchte, und die eßbaren Muscheln noch in ganz primitiver Weise vom Meeresboden heraufgeholt werden mußten. Bei Nonnos, Dionysiaka 10, 153 fängt gar ein Satyr Fische unter Wasser. Ein Wettkampf im Tauchen fand in Hermione auf dem östlichsten Zipfel der Peloponnes statt (Paus. 2, 35, 1). Es gab auch die Erzählung, wie der Taucher Skyllis und seine Tochter Hydna am Pelion die Ankertaue der persischen Schiffe unter Wasser zerschnitten und dadurch den Untergang der Flotte befördert hätten. Für diese mutige Tat wurden beiden in Delphi Statuen errichtet, von denen Nero später die der Hydna mit nach Rom verschleppte (Paus. 10, 19, 1 u. a.).

Über das Erlernen und die Art des Schwimmens im Altertum ist wenig überliefert. Die beherzten Jungen werden es damals wie heute von selbst erlernt haben; zaghaftere nahmen Binsen und Kork zu Hilfe. In der Odyssee 5, 374 läßt sich Odysseus von dem Balken seines zertrümmerten Flosses mit ausgebreiteten Armen vornüber ins Wasser fallen; in den Dionysiaka des Nonnos 10, 169 und 11, 45 ff. wird geschildert, wie Dionysos Haupt und Brust aufrichtet und rudernd die Flut durchfurcht. Diese und andere Stellen lassen auf „Brustschwimmen" schließen. Bei Propertius 1, 11, 12 ist dagegen deutlich abwechselnde Bewegung der Arme gemeint. Ps.-Aristoteles (Problemata 23/39) vergleicht die Wirkung des Schwimmens auf die Verdauung mit der beim Laufen. Auch Nonnos 11, 49 spricht von der Bewegung der Beine. Die Abbildungen[138]) zeigen deutlich das Schwimmen mit abwechselnd durchgezogenen Armen (Taf. 39b); die Beine erscheinen wie unbewegt nachgeschleift oder nach Art des modernen, von den Naturvölkern übernommenen Schwimmens[139]) abwechselnd gehoben. Auf diese Art scheint Nonnos, Dionysiaka 10, 152 hinzudeuten, wo der eine Satyr mit den „hinten gespannten Füßen" das Wasser „spaltet". Es hat also die beiden jetzt wieder nebeneinander gebräuchlichen Arten, das Brustschwimmen und den Wechselzug mit Beinschlag, auch im Altertum gegeben. Auch konnte man auf der Seite und auf dem Rücken schwimmen („ex hyptias nein") und Wasser treten, wie es jeder geübte Schwimmer ohne Nachdenken ausführt. Ebenso von selber lernt sich der Kopfsprung, für den die griechische Sprache den Ausdruck delphinizein vom Delphin herleitet (Taf. 39a). Hierfür gibt es schon aus der älteren Literatur einen besonders hübschen Beleg: Patroklos sieht den Wagenlenker Kebriones tot vom Wagen stürzen und verhöhnt ihn, weil er ihm wie ein Taucher vorkommt, der vom Schiff ins Wasser springt, um Austern zu fischen (Il. 16, 745—750). Man kann sich dabei

Abb. 17. Sonnenaufgang.

auch an Odyssee 5, 353 erinnern, wo Leukothea ins Wasser taucht, dem Wasserhuhn vergleichbar. Das alles ist zu sehen auf einem Kabinettstück der griechischen Vasenmalerei, dem Krater mit dem Sonnenaufgang im Britischen Museum (Abb. 17). Helios auf seinem Viergespann taucht aus dem Meere auf, da müssen auf der anderen Seite die Gestirne in die Flut hinab. Das hat der Maler erfindungsreich so dargestellt, wie wenn badende Knaben ins Wasser springen. Zwei sind schon im Wasser, der eine schwimmend, indem er abwechselnd mit den Armen ausholt, der andere auf dem Grund stehend und bereit, sich vornüberzuwerfen, der dritte stürzt eben mit steilem Kopfsprung hinab[140]), ein vierter steht noch auf der Klippe wie ein dreister Straßenjunge, der vor einem ankommenden Wagen erst im letzten Augenblicke ausweicht. In besonderen Fällen, wie im Kriege, wo man Flüsse mit allem Gepäck zu durchschwimmen hatte, hat man sich öfter aufgeblasener Schläuche bedient. Zur Veranschaulichung dessen möge ein altes assyrisches

Relief dienen (Taf. 1). Auch in der großen plastischen Kunst kommt einmal das Motiv des Schwimmens vor: Orontes, der Flußgott, schwimmt so, den einen Arm vor, den andern zurückgestreckt zu Füßen der Antiochia, die hoch auf ihrem Felsensitze thront (Taf. 39 b). Sonst war für die Plastik nur das Abspringen zum Kopfsprung darstellbar (Taf. 39 a).

Die gründliche Durcharbeitung des Körpers beim Schwimmen, das zugleich kräftiges Atmen verlangt und die Brust ausweitet, verbunden mit der erfrischenden Einwirkung des Wassers auf die Haut und die inneren Organe, läßt uns auch heute den lustigen Sport im Wasser als erwünschte Ergänzung des übrigen bewerten, sowohl wenn er auf Schnelligkeit hin wie als Streckenschwimmen geübt wird, bei dem es hauptsächlich auf Ausdauer und Ökonomie der Kraft ankommt, ganz zu schweigen von dem Springen von hohen Türmen herab, das Entschlußkraft verlangt.

Eine wichtige Hilfe in dem Streben nach harmonischer Ausbildung und in der Vermeidung einseitiger Übertreibung bot sich der Gymnastik ferner durch die Musik in Verbindung mit dem Tanze, der von den Alten durchaus mit zu den gymnastischen wie pädagogischen Elementen gezählt wurde[141]). Der moderne Mensch verbindet mit dem Worte Tanz zunächst den Begriff des Tanzes zu zweien oder des einstudierten Balletts. Dergleichen Dinge müssen hier außer acht bleiben. Zur Vergleichung eignen sich vielmehr unsere durch Heimatkunde und Wandervogel der Vergangenheit entrissenen und wieder in Übung gekommenen alten deutschen Reigen- und Springtänze und die noch heute in Griechenland üblichen Volkstänze. Auch die modernen musikalisch rhythmischen Methoden bieten Verwandtes. Selbst die neuesten Versuche, den Tanz zum Kunstwerk und zur Äußerung innerster Seelenregungen, ja zu einem Gegenstande der Weltanschauung zu machen, wären dem Griechen vermutlich gar nicht unverständlich geblieben. Unübersehbar sind die schriftlichen wie künstlerischen Zeugnisse für die Ausübung des Tanzes im Leben der alten Griechen. Die natürliche jugendliche Daseinsfreude, die sich in munterem Gesang und fröhlichen Springen entlädt, ist von den Griechen eingefangen und ihrem Streben nach festen Formen unterworfen worden (Taf. 42). Daher die vielen Arten des Einzel- und Gruppentanzes, der dann auch von besonders Begabten oder Geschulten zur Schau vorgeführt wird. Solche gesellige Lustbarkeit, die die Jugend zusammenführt und sie gemeinsam singen und die Arme zum Reigentanze verschlingen läßt, hat schließlich dem Theater den dramatischen Chor und dem Gottesdienst die feierlichen Reigen als Hauptbestandteile jedes Festprogramms geliefert. An die eigene Kinderzeit, an Lieder, die irgendeine Tätigkeit schildern und von Gebärden begleitet werden, mag man sich erinnern, wenn man die mimischen Tänze der Griechen sich vorstellen will, zu denen auch die gymnastischen und die im Waffenschmuck ausgeführten Tänze gehören. In diesen wurden Bewegungen, wie sie beim Turnen und bei Waffenübungen vorkamen, rhythmisch und im Zusammenhang mit der Musik wiederholt und so, dieweil der Schweiß der körperlichen Anstrengung fehlte, das Schöne der körperlichen Bewegung zum Gegenstande einer eigenen Disziplin gemacht, die die Mühe in Lust und Augenweide verkehrte. Aber da die Griechen in allem nach einem tieferen Sinne suchten, so rühmten sie am Tanze, daß er der reinen Körperleistung das Rohe, der reinen Musik das Verweichlichende nähme, den Körper biegsam, leicht und gewandt mache und ihn stärke und gesund erhalte, indem er ihn zu mannigfaltigen und allseitigen Bewegungen veranlasse, den Körper also harmonisch bilde und damit sogar für den Kriegsdienst vorbereite. Wie nun schon die Musik allein — Gesang und Spiel auf Flöte, Leier und Kithara — Gegenstand des Unterrichts und des musischen Wettkampfes war, so wurde auch der Tanz gelehrt (Taf. 40 b), die Vorzüglichkeit tänzerischer Leistungen im Wettbewerb entschieden, der Beste mit Preisen ausgezeichnet und sein Bild der Nachwelt durch Kunstwerke erhalten, die im Heiligtume als Stiftung des stolzen Siegers oder der Siegerin aufgestellt wurden. Und wie die Götter dem Menschen ein Dasein mit allen Freuden und Leiden vorlebten, so dachte man sich auch die göttlichen Wesen, zumal solche, die immer in der Mehrzahl auftraten und nicht mit den Sorgen des Weltenregiments beschwert waren, Nymphen, Horen, Nereiden, wie sie ihre Muße mit Tanz und Spiel ausfüllten. Auch die Satyrn und Silene im Gefolge des Dionysos tummeln sich gern in bäuerisch derben Sprüngen, während die Mänaden ihren Enthusiasmus in wilderregten Tänzen austoben (Taf. 41 a). Ja, selbst hohe Götter, wie Apollon und Ares, werden als tüchtige Tänzer gerühmt. Von gymnastischen Tänzen sind uns wenigstens ein paar Namen überliefert, die freilich nichts lehren. In Sparta wurde ein Tanz von Knaben geübt, Gymnopaidike, der in feierlicher Weise, unter rhythmischer Bewegung der Füße mit markierten Griffen und Hieben die Bewegungen des Ringens und Pankrations nachahmte. Als Tänze von Bewaffneten werden Orsites, Epikredios, Telesias u. a. genannt; genauere Nachrichten, durch Darstellungen unterstützt, sind von der Pyrrhiche überliefert, die, angeblich aus Kreta stammend, ihrer ursprünglichen Bedeutung nach — ob Tanz vor der Schlacht oder bei der Siegesfeier — noch nicht ganz erklärt, jedenfalls sowohl beim Götterkult wie zur Übung unter Gesängen ausgeführt worden ist. Platon beschreibt (Gesetze 815a) die Bewegungen bei der Pyrrhiche als Nachahmung des Angreifens mit Bogen, Speer und aller Art Schlägen. Die Abbildungen zeigen nackte oder mit dem Lendenschurz bekleidete Jünglinge oder Mädchen, die mit Schild, Speer und Helm ausgerüstet, einzeln oder zu mehreren schnelle Bewegungen ausführen (Taf. 41 b). Wie die nicht eigentlich gymnastischen oder kriegerischen Tänze auf den Körper wirkten, vermögen uns noch die Darstellungen zu lehren. Von dem Tanze der spartanischen Mädchen, wie er an den Festen der Artemis zu Karyai geübt wurde, geben uns die zahlreichen Bilder eine Vorstellung, die uns Mädchen in kurzem Gewand und mit einem korbartigen Putz auf dem Haupte zeigen (Abb. 18). Gerade aufgerichtet, mit durchgedrückten Knien tanzen die Mädchen, die Arme sind vor- oder hochgestreckt, man meint, sie ruckweis auf und nieder, vor- und seitwärts schnellen zu sehen; in hüpfender oder auch in drehender Bewegung werden die Mädchen den Tanzplatz umkreist haben. Die Hände sind oft im Gelenk scharf umgebogen. Dies alles, das Eckige und Kantige ist offenbar bewußte Absicht und kann aus dem Kultus stammen. Vielleicht aber gehört es nur zum Charakter des Tanzes; es war eben eine Leistung, die Glieder in der Gewalt zu haben, nicht plump herumzulümmeln, sondern in federnder Straffheit alle Gliedmaßen springen zu lassen. Andere Bilder zeigen uns mehr den flüssigen Schwung gelöster, wenn auch rhythmisch bewegter Gliedmaßen, und man versteht wohl, wenn noch Lukianos vom Tanze rühmt: „er verlange einen

Abb. 18. Tänzerin.

ebenmäßig gewachsenen Körper und sei die schönste Leibesübung, indem er den Leib gesund, beweglich und stark mache und zugleich den Zuschauern ein erfreuliches Schauspiel böte".

Aus einfachen ländlichen Verhältnissen, aus Erwerbung des Lebensunterhalts wie aus jugendlichem Kraftgefühl war das Jagdvergnügen erwachsen, das hier gleichfalls eine Stelle finden mag, weil es neben der kunstvoll getriebenen Gymnastik einherging und manche der in ihr besonders ausgebildeten Künste, wie Laufen und den Gebrauch von Schleuderwaffen in sich vereinigte.

Von jeher hat die Jagd im griechischen Leben ihre Bedeutung gehabt[142]; Apollon und Artemis beschirmen sie, Chiron lehrt sie eine Reihe von Helden, mehrere von ihnen kommen als Jäger um ihr Leben, Homer und Pindaros erwähnen die Jagd des öfteren. In der älteren Zeit muß Griechenland voll von jagdbarem Wild gewesen sein. Ausgerüstet ist der Jäger mit Kittel und Mantel, Beinschienen oder hohen Stiefeln, Hut oder Fellkappe; als Waffe dienen Keule, Werfholz und Axt, Überbleibsel aus älterer Kultur, und der Jagdspeer sowie Bogen und Schleuder bei der Vogeljagd; auch kommen Lasso und Jagdmesser und für das Fischestechen der Dreizack vor. Man jagt allein oder in Gesellschaft, der Vornehme reitet und nimmt einen Knappen mit (Taf. 85 b); ständige Begleiter sind die Hunde, deren es einige als Jagdhunde berühmte Arten, zumal lakonische und kretische Hunde gab (Taf. 43, 44).

Schön sagt Solon in einem Epigramm: „Wohl dem, der liebe Kinder hat und einhufige Rosse, Hunde zur Jagd und einen Gastfreund aus der Fremde." Schön ist auch die Schilderung bei Pindaros in der 9. pythischen Ode, wo der Dichter die Heroine Kyrene schildert, wie sie „weder der Webstühle hin- und wiederkehrende Pfade liebt, noch der Mahle Freuden unter den Hausgespielinnen, sondern, mit Speeren aus Erz und dem Schwerte schreitend, zu fällen die wilden Tiere, und so weithin ruhigen Frieden den Rindern des Vaters schafft. Den süßen Freund im Bett jedoch, den Schlaf, den fing sie nur wenig, wenn er gegen das Frührot hin auf die Wimpern sich senkte".

Jagd zu Pferde ist eine Sitte des Ostens. Bei den Spartanern und Kretern gehörte die Jagd mit zu den Erziehungsmitteln, wodurch Schnelligkeit, Geistesgegenwart und Abhärtung erzielt wurden; in seinem „Kynegetikos" betont Xenophon den Wert der Jagd für die Gesundheit und als Vorbereitung auf den Krieg. Größte Beliebtheit genoß die Jagd seit Alexander dem Großen, der ihr sehr huldigte und dabei öfter in Lebensgefahr geriet.

Bei den Italikern diente die Jagd in älterer Zeit nur der Gewinnung von Wildbret, erst unter griechischem Einfluß wurde sie der Lust zuliebe geübt. Unter den jagdfreudigen Kaisern nimmt Hadrian die erste Stelle ein. Als Schauspiel ist die Jagd auf wilde Tiere eine Folge der punischen Kriege. Lebend gefangene Tiere wurden in die Arena gelassen, und es war den Römern eine grausame Wollust, zuzusehen, wie Tiere und Menschen — verurteilte Verbrecher oder Christen — einander umbrachten (Taf. 17). Wenn man liest, daß Kaiser Marcus Aurelius nur widerwillig solchen Vorführungen beiwohnte, begreift man, daß solch Massenmorden keine edlen Gefühle erregte. Unter der Römerherrschaft und ihrer Kulturpropaganda verbreitete sich die Mode über die Welt, und damit auch nach Griechenland. Aber hier gab es schon eine andere Art von athletischem, öffentlich vorgeführtem Jagdsport, eine veredelte oder gymnastisch stilisierte Nachahmung des Jagdvergnügens. Zwar die kretischen Stierbändigungen hatten mit dem Verfall der kretischen Kultur auch ihr Ende gefunden. Aber Herakles bändigt den kretischen, Theseus den marathonischen Stier. Aelianus erzählt von dem Hirten Titormos, er habe den größten Stier an einem Fuß gepackt, so daß er nicht entlaufen konnte, und dazu einen zweiten Stier, der gerade vorbeilief, mit der anderen Hand in derselben Weise festgehalten. Von einem Amesinas, der Ol. 80 in Olympia siegte, wird berichtet, er habe an einem Stier seine Kräfte geübt und ihn zum Training sogar mit nach Pisa genommen. Dergleichen Bravourstücke waren ohne Frage ungewöhnlich, aber auf Vasenbildern sowohl archaischer wie jüngerer Zeit sind Jünglinge dargestellt, die einzeln oder zu mehreren Stiere einfangen und bändigen (Taf. 44); es ist daher nichts grundsätzlich Neues, wenn in hellenistischer Zeit, namentlich in Thessalien und in Kleinasien, Stierjagden öffentlich gezeigt und zum Gegenstande des Agons gemacht werden. Sie hießen Taurokathapsien oder Taurobolien, mit einer Wortbildung, die an die immer gebräuchlich gewesenen Worte elaphebolos, lagobolos und aigobolos anknüpft. Auch Kriobolien, also Widderjagden, werden in einer pergamenischen Inschrift als Veranstaltung eines rührigen Gymnasiarchen erwähnt[143]). Später sind dann die Namen Kriobolien und

Taurobolien in den Mysterienkulten auf die heiligen Bluttaufen angewandt worden. Bei dem wechselseitigen Austausch von Kampfarten ist dann auch diese Stierjagd unter den ersten Kaisern in Rom eingeführt worden. Aus römischer Zeit stammt ein Relief in Oxford, das den Kampf Berittener mit Stieren darstellt; man erkennt, wie es darauf ankommt, von oben her, durch das Gewicht den Stier zu Boden zu zwingen. In Sparta führte das Jagdspiel den Namen Kaththeratorion. Die Zeugnisse dafür stammen aus römischer Zeit, doch ist es gewiß, daß auch hiermit ein alter, halbvergessener Brauch wieder aufgenommen worden ist. Es läßt sich wohl nicht bezweifeln, daß das antike Jagdvergnügen dem Sport näherstand als das moderne Waidwerk, das gewiß seine Reize für das Gemüt und auch gute körperliche Wirkungen hat, aber durch die Verwendung der Feuerwaffen und durch die Entartung in Massenmord wehrloser Tiere dem gymnastischen Ideal ferngerückt ist.

Nicht zum Range eines vornehmen Vergnügens hat sich der Fischfang erhoben, der mit der Angel, dem Netz und dem Dreizack ausgeübt wurde. Für die beiden zuletzt genannten Arten war der Gebrauch eines leichten Ruderbootes notwendig, und es ist unschwer auszumalen, wie in einer Strandbevölkerung, der der Fischfang zum Lebensunterhalt diente und Boote zur Verfügung waren, die Tüchtigkeit im Rudern den Ehrgeiz herausforderte und bei besonderen Gelegenheiten im Wettkampf gemessen wurde[144]). Solche Gelegenheiten boten sich, wie in Athen, wenn Festgesandtschaften in mehreren Booten nach Munychia oder Salamis fuhren; selbst die Flotte, die nach Sizilien in See stach, fuhr bis Aigina zu Streit (Thuk. 5, 32). Lebendig beschreibt Xenophon (Hell. 6, 2, 28), wie Iphikrates seine Flottenmannschaften durch scharfen Dienst auf eine Seeschlacht vorbereitete und vor den Mahlzeiten die Schiffe in Kiellinie aufs Meer fahren, dann einschwenken und auf ein gegebenes Zeichen im Wettstreit dem Lande zufahren ließ. Der Siegerpreis für die zuerst Angekommenen bestand darin, daß sie das Essen in größerer Menge und in Ruhe zu sich nehmen konnten. Ebenso ließ Alexander bei Babylon seine Flotte sich im Rudern üben und um Siegeskränze streiten. Wettrudern von Trieren um einen ausgesetzten Geldpreis, am Sunion ausgefochten, wird einmal von dem Redner Lysias erwähnt (Apologie 21, 5).

In Verbindung mit gymnischen Agonen fanden Wettkämpfe zu Schiff an den Panathenaien im Piräus und zusammen mit einem musischen Agon an dem Fest des Dionysos Melanaigis in Hermione statt, das wir schon für das Wettschwimmen herangezogen haben; sonst werden Regatten noch an den attischen Festen der Diisoteria und Aianteia erwähnt. Die nicht unwahrscheinliche Annahme, daß auch an den Isthmien Ruderboote um den Preis fuhren, beruht auf der sagenhaften Überlieferung von der Stiftung der Isthmien, bei der die Argo gesiegt habe und dann von Jason dem Poseidon gestiftet worden sei. Auch scheinen die dem Apollon heiligen Spiele bei Actium immer einen Bootskampf enthalten zu haben, der dann von Augustus übernommen wurde, als dieser das alte Fest zur Erinnerung an die Seeschlacht bei Actium wieder aufnahm und neu ausstattete. Mit viel Laune schildert Vergilius in der Aeneis 5, 105 ff. eine Regatta unter den Kämpfen zu Ehren des toten Anchises. Am Ufer die Zuschauer und die Preise, Kränze, Palmen, wertvolle Gegenstände und Summen Goldes und Silbers; draußen im Meer eine Klippe, wie in der Rennbahn die meta, der Wendepunkt für die Schiffe; auf den Schiffen am Steuerruder die Steuerleute in Gold und Purpur, auf den Bänken die Ruderer, mit Pappellaub bekränzt und die nackten Schultern von Öl glänzend. Das Zeichen wird gegeben, das Meer schäumt auf, die Gegend hallt vom Geschrei. Gyas, von Cloanthus überholt, wirft wütend seinen Steuermann über Bord; der rettet sich durch Schwimmen auf die Klippe. Das Schiff des Sergestus läuft auf den Felsen auf; ein heftiger Kampf entwickelt sich, die Seegötter selber greifen ein, Cloanthus wird Erster, das aufgelaufene Schiff kommt mühsam, mit verminderten Riemen und mit Hilfe der Segel zurück.

In der bildenden Kunst hat das Wettrudern nur geringe Spuren hinterlassen. Vielleicht gehört hierher eine späte schwarzfigurige Kanne mit dem Bilde eines Schiffsvorderteils, vor dem eine Nike herfliegt[145]). Sichere Zeugnisse, aber dürftig als bildliche Schilderungen, sind athenische Inschriftsteine mit Reliefs, von denen der vollständigste leider auch der Inschrift entbehrt[146]). Oben erkennt man ein großes Gefäß, wohl den Siegespreis, einen nackten Ruderer(?), der sich selbst bekränzt, einen vollbekleideten Bürger, wohl den Agonotheten, der die Kosten getragen hat, und einen mit dem kleinen Mantel angetanen Epheben (?), der jenem einen Kranz aufsetzt; unten ein langgestrecktes Boot mit acht Mann, von denen der vorderste eine Palme hält. Aus später Zeit haben wir noch einige Stellen bei Ärzten, die den Leidenden das Rudern, wie die anderen natürlichen Arbeiten, Graben, Ackern, Mähen, Jagen, Holzspalten, Lastentragen usw. anrieten. Das alles ist wenig, wenn man sich das zum Rudern und Segeln förmlich einladende, selten stark bewegte griechische Meer vorstellt. Wir aber dürfen uns glücklich preisen, daß wir unsere Flüsse und Seen dem Wassersport untertan gemacht haben, daß das Rollen der Rudersitze und das Schäumen des Wassers am Bug schlankgebauter Jachten unseren Ohren Musik ist, und daß das Wort Regatta für uns einen Klang hat, der dem des griechischen Agon nichts nachgibt.

Über das Kinderspiel und die natürlichen Vergnügungen in freier Luft gehen dann einige Übungen hinaus, die nicht in das agonistische System aufgenommen waren, es aber ebenfalls in nützlicher Weise ergänzten.

Zur reinen Übung der Kraft diente das Gewichtstemmen, Kugelstoßen und Hanteln. Das Hochstemmen schwerer Gewichte, das an die Rumpfmuskulatur und an die Widerstandskraft der inneren Organe große Anforderungen stellt, ergibt sich als Übung ganz von selbst, da jeder Feldstein dazu auffordert. Es wird von Euthymos und Titormos berichtet, die gewaltige Lasten heben und tragen konnten. In Lokri wurde ein solcher Stein gezeigt; ein ähnlicher hat sich in Olympia gefunden: ein Klotz von gegen 150 kg Gewicht mit der Inschrift, die nicht vollständig deutlich ist, aber doch besagt, daß Bybon diesen Stein mit einer Hand (über Kopfhöhe?) gehoben habe[147]). Nicht geringer war die Leistung des Eumastas auf Thera, der einen Block von 480 kg vom Boden aufgehoben hat, was denn auch inschriftlich verewigt wurde[148]). An den vierjährigen Stier, den Milon von Kroton um das Stadion von Olympia getragen haben soll, mag hier noch einmal erinnert werden. Ähnliches wurde von einem Argiver Biton erzählt. Sein Standbild mit dem Stier auf den Schultern wird archaischen Werken, wie dem Kalbträger auf der Akropolis ähnlich gewesen sein[149]). Das schöne Motiv dieser Statue entstammt dem Hirtenleben. Auch in der Kleinplastik ist es sehr verbreitet (Taf. 46 b). Eine späte Nachricht meldet von einer Erzkugel auf der Burg von Athen, die zur Prüfung der Leistungsfähigkeit bei den Athleten gedient habe; diese Nachricht wird durch eine Gemme[150]) und Vasenbilder gut erläutert

(Abb. 19). Beim Ringkampf konnte Tüchtigkeit im Lastenheben von großem Nutzen sein. Daran schließt sich unmittelbar das Stoßen von Gewichten, „diese schöne Übung, bei der alles auf die Schnellkraft, auf die augenblickliche Sammlung aller Körperkräfte in dem stoßenden Arme ankommt"[151]). Bei Homer wird dies öfter erwähnt, und schon hier zeigt das Wort Il. 23, 431 katomadon, „von der Schulter her", daß der Solos mit der rechten Hand zur Schulter erhoben und geworfen wurde, wie es für die klassische Zeit eine Statuette in Bologna lehrt (Taf. 46 a). In Olympia hat sich eine Steinkugel mit Resten einer Weihinschrift gefunden[152]), auch wird in späterer Zeit in Siegerlisten unter anderen Agonen das Steinewerfen aufgeführt, und nach dem Zeugnis des Vegetius wurden die römischen Soldaten darin geübt.

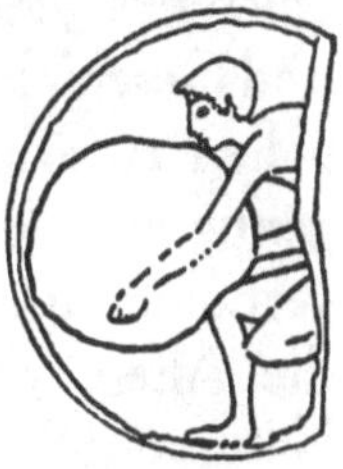

Abb. 19.
Lasten heben.

Auch kleinere Steine in die Ferne zu werfen und dies Werfen noch durch die Schleuder zu verstärken, gehört zu den primitiven Übungen[153]). Die Schleuder ist zwar bereits für die mykenische Zeit bezeugt, durch die Darstellung auf einem Silbertrichter mit dem Bilde einer Stadtbelagerung und durch gefundene Schleuderbleie; sie ist später auch bei den Griechen in Gebrauch gewesen (Taf. 23,5), als eine freilich nicht vornehme Kriegswaffe und auf der Jagd — Herakles bekämpft die stymphalischen Vögel mit der Schleuder —, aber sie galt doch im besonderen als orientalische Erfindung. So trifft David mit dem Stein das Haupt des Goliath, des aus Kreta eingewanderten Philisters.

Als Vorübung zur Kräftigung der Arm- und Brustmuskulatur diente das Hanteln mit den Springgewichten, von denen in dem Abschnitte über das Springen noch die Rede sein wird. Es erfolgte, genau wie bei uns, mit Beugen und Strecken der Arme und Vorbeugen und Aufrichten des Rumpfes und wurde in späterer Zeit von den Ärzten empfohlen[154]).

Es war auch nicht unerkannt geblieben, welchen Vorteil das Umgraben und Auflockern des Bodens mit der Hacke bot, das immerfort zwischen den Übungen ausgeführt werden mußte und ein kräftiges Vornüberbeugen des Körpers und kurze, kräftige Hiebe mit dem Werkzeug verlangte (Taf. 52 b). Es gab zwei verschiedene Arten von

Hacken, mit einer schmalen und einer kurzen breiten Endigung oder mit zwei dünnen, gleich langen Zinken[155]). Zu sehr aufgewühlter Boden mußte wieder glatt gewalzt werden. Auch die Walze war wohl nicht leicht zu regieren[156]). So ergaben sich passende und nützliche Beschäftigungen für die Zwischenpausen.

Ferner darf als Ergänzung der agonistischen Übungen alles angesehen werden, was im häuslichen und gewerblichen Leben einen Freigeborenen veranlassen konnte, von seiner körperlichen Kraft und Geschicklichkeit Gebrauch zu machen. Auch ist an das Spazierengehen zu erinnern, das heute für viele geistig Tätige die einzige, oft genug spärlich zugemessene Körperbewegung ist. In Sparta war es verboten, im übrigen verschieden beurteilt. Bedauern müssen wir die Alten, daß sie die Lust am Wandern und Bergsteigen, mit Naturgenuß verbunden, in unserem Sinne nicht kannten.

Als ein nicht zu dem üblichen sportlichen Programm gehöriger Agon mag hier endlich noch die Hoplomachia, der Kampf mit Waffen, erwähnt werden[157]). Wie der blutige Kampf im Totenkult bis in die Zeit des Hellenismus fortgelebt hat, ist oben angedeutet worden. Aus historischer Zeit wird u. a noch von einem Argiver Eurybates berichtet, der in einem Krieg zwischen Athen und Ägina drei Feinde zum Zweikampf herausgefordert und getötet habe, endlich aber selber dem Attiker Sophanes erlegen sei. Eine von Plutarchos vorgebrachte, sehr unbestimmte Nachricht von Hoplomachien in Olympia wird anscheinend durch einen dort gefundenen Helm mit der Inschrift Hoplomachos bestätigt. Die großen Philosophen empfahlen Übungen in Waffen, in Athen war ein Hoplomachos unter den Ephebenlehrern, nach den Inschriften sind Preise für Waffenkämpfe, sogar für Knaben ausgesetzt worden. Es wurden hierbei Hoplomachien mit rundem Schild und Lanze und Thyreomachien mit langem Schild und Schwert unterschieden. Es fehlt jedoch an bildlichen Zeugnissen für diesen Wettbewerb[158]), der das Eindringen des Gladiatorentums in Griechenland begünstigt haben mag, der in dem mittelalterlichen Turnierwesen wieder aufgelebt ist und in dem modernen studentischen Fechten einen letzten Nachfahren hat.

Das Pentathlon

Der geschichtliche Überblick über die Entwicklung der griechischen Gymnastik hat uns zugleich die Beharrlichkeit des agonistischen Gedankens und seine Wandlungsfähigkeit gezeigt. Durch zwei volle Jahrtausende zieht sich die hohe Wertschätzung der körperlichen Tüchtigkeit und ihre Erprobung im Wettbewerb mit gleichberechtigten Gegnern, und nur die Formen wechseln. Wir sehen zuerst ein adeliges Messen der Kräfte bei besonderen Gelegenheiten, dann ein allgemeines Streben nach dem Ruhm der Vollkommenheit, endlich die Vorführungen der Athleten von Beruf. Es schwankt die Teilnahme der sich übenden Jugend zwischen leidenschaftlichem Eifer und flauer Gleichgültigkeit sowie das Urteil zwischen glühender Begeisterung und scharfem Tadel; der Antrieb ist ideales Verlangen nach dem Ruhmeskranze oder bloße Gier nach dem faßbaren Wertpreise, und ebenso wechselt die Einschätzung des Erfolges: Bald wird dem Sport die Nützlichkeit für den Staatsbürger, bald seine Bedeutung für die gesamte ethische und religiöse Kultur höher angerechnet. Aber gerade darin zeigt die Gymnastik ihr organisches Leben, ähnlich einem Gartenbaum, der volles Laub und köstliche Früchte, wenn aber die sorgende Hand des Gärtners erlahmt, auch wilde Triebe hervorbringt. Wie wir sie immer betrachten, ist die Gymnastik ein getreues Abbild des Griechentums mit all seinen Vorzügen und Schattenseiten. Als ein besonders unterscheidendes Merkmal der Griechen hat man seit langem „jenes Bedürfnis nach einer stilvollen Gestaltung des Stoffes" erkannt, das sich auf allen Gebieten des Lebens, Denkens und Schaffens zeigt. So ist den Alten auch die Gymnastik nicht eine formlose Häufung von verschiedenen Möglichkeiten körperlicher Bewegungen gewesen, sondern schließlich ein wohldurchdachtes System geworden in dem das Eigentümliche jeder einzelnen Übung scharf herausgearbeitet war, so daß sie einander sinnvoll ergänzten und sich schließlich zur allseitigen und harmonischen Ausbildung zusammenschlossen.

Die schulgemäß geübten und im Wettkampf öffentlich vorgeführten Leistungen des Körpers wurden von den Athleten selbst in äußerlicher Weise, wie es noch jetzt geschieht, nach dem Aufwande an Kraft und Schnelligkeit in leichte und schwere eingeteilt. Vom hygienischen Standpunkt ließ sich die Gymnastik ferner einteilen nach den

Körperteilen, die in Tätigkeit gerieten, oder auch nach dem Ort, wo die Übungen stattfanden, also etwa in der Art, wie wir von Freiluftgymnastik und Hallenturnen reden. Die ausgetüftelten Trainiersysteme der Berufsathleten können hier beiseite bleiben. Uns mag das allgemein übliche System genügen. Dies umfaßte außer Wagenrennen und Reiten, die ja nicht jedermann zugänglich waren, folgende Übungen: Springen, Laufen, Werfen von Speer und Diskos, Ringen, Faustkampf, Pankration und Bogenschießen. Davon waren die zuerst genannten fünf Übungen als Fünfkampf oder Pentathlon zusammengefaßt, offenbar als ein engeres System, das schon allein eine allseitige Ausbildung in gymnastischer Hinsicht verbürgte und bei der Vorführung mehr Möglichkeiten des Sieges offenließ als die Meisterschaft in nur einer einseitig ausgebildeten Übung[159]). Was zunächst das Erzieherische anlangt, so kamen im Fünfkampf sowohl die Gliedmaßen einzeln — beim Springen und Laufen die Beine, beim Werfen von Speer und Diskos die Arme — als beim Ringen der ganze Rumpf mitsamt den Gliedern zur Geltung; und dabei wurden die Gliedmaßen in verschiedener Weise angestrengt: die Beine in langdauernder Wiederholung beim Laufen, in kurzem Ruck beim Springen, und ebenso die Arme in langausholendem Schwung beim Diskoswerfen und mit plötzlich zusammengefaßter Kraftanwendung beim Speerwerfen. Die merkwürdige Sitte der Flötenmusik beim Pentathlon darf nicht auf taktmäßiges Üben bezogen werden (Taf. 55 a). Diese sinnvoll ausgedachte Zusammenstellung leichter und schwerer Übungen soll der Sage nach schon in heroischer Zeit von Jason, dem Führer des Argonautenzuges, getroffen worden sein, als die Helden auf Lemnos Wettspiele abhielten und Jason dem tüchtigen Ringer Peleus einen Vorteil zuwenden wollte. Schon im Jahre 708 wurde das Pentathlon in Olympia eingeführt und seit den Perserkriegen auch anderswo an großen und kleinen Festen gezeigt, und zwar in verschiedenen Altersklassen; ein Knabenfünfkampf soll nur einmal 628 in Olympia stattgefunden haben. Die Bestandteile dieses Systems — also Springen, Laufen, Speer- und Diskoswerfen und Ringen — sind zuverlässig bekannt. Ungelöste Fragen sind die nach der Reihenfolge der Übungen und nach der Art, wie der Sieg im Fünfkampf entschieden wurde. Sicher ist, daß das Ringen am Ende der Reihe stand; annehmen darf man wohl nach den Erfahrungen bei modernen Systemen, daß man nicht, müde vom Lauf, sogleich gesprungen und daß man das Speerwerfen vor dem Diskoswerfen ausgeführt hat, um die frische gesammelte Kraft der Arme auszunutzen. Aber das ist schließlich Sache der Gewöhnung, wie die Feststellung des Siegers eine rechnerische Frage ist, die den Sport selbst nicht berührt. Hiervon steht nur das eine fest, daß der Sieg im Ringen unerläßlich und der Sieg in zwei Übungen außer dem Ringen nötig war. Wahrscheinlich fand die Ausrufung des Siegers nach mehreren Ausscheidungen statt.

Die Meinungen der Alten über den Fünfkampf waren geteilt; man lobte an ihm die allseitige, der Gesundheit und Schönheit zuträgliche Ausbildung, und so konnte es von dem vielfältig gebildeten Philosophen Demokritos von Abdera heißen, er sei ein Pentathlos in der Philosophie; auf der anderen Seite tadelte man, daß der Fünfkampf wohl eine allgemeine Tüchtigkeit, aber keine außerordentliche Leistungsfähigkeit in einem Fache verschaffe, weshalb denn Eratosthenes von Kyrene wegen seiner umfassenden Gelehrsamkeit die Bezeichnung Pentathlos als Spitznamen trug. Bei der Preisverteilung wurde der Fünfkampf nicht etwa höher als der Sieg in einem Fach bewertet, wie ja auch im Konkurrenzkampf des täglichen Lebens die konzentrierte Tüchtigkeit mehr Aussicht auf praktischen Erfolg hat als eine allgemeine Ausbildung, die der ganzen Persönlichkeit zugut kommt, aber auch leicht zu flachem Dilettantismus und zur Anmaßung verführt.

Das Laufen

Wer Fritz Reuter gelesen hat, kennt auch die ergötzliche Szene, wie der herzogliche Läufer Halsband sich an einem schönen Morgen auf grünem Anger Bewegung macht, für verrückt gehalten und festgenommen wird. Ältere Zeitgenossen werden sich auch aus ihrer Jugend noch an die Schnelläufer erinnern, die sich früher für Geld sehen ließen, so wie Gorch Fock, Seefahrt ist Not, es im achten Stremel beschreibt. In bunter Tracht, dem Hanswurst des Puppentheaters ähnlich, liefen sie durch die Straßen und sammelten dann bei den verwunderten Einwohnern Geld ein. Und ebenso schnurrig kommen gewiß manchem in Pelz gehüllten Spaziergänger die Läufer vor, die trotz Winterkälte im leichten Trikot, mit blaugefrorenen Gliedern durch die Gegend eilen. Läufer als törichter Luxus barocker Hofhaltungen, als Schaustellung in einer behäbig gewordenen Zeit und als eine freiwillig, zu Lust und Gesundheit getriebene Körperübung — welche Gegensätze! Und doch ein Gemeinsames in dem Ungewöhnlichen und der Leistung, die ohne Übung nicht möglich ist. Gewiß ist das Laufen sehr einfach, indem es weder irgendeine Zurüstung noch einen Gegner, sondern nur einen ebenen Weg oder sonst einen Streifen Landes erfordert. Aber was diese Übung vom Körper verlangt, zeigt sich dem Ungeübten nach den ersten fünfzig Metern: dann bekunden fliegender Atem, langsamere Bewegungen, plötzliches Nachlassen den starken Verbrauch von Kräften. Deshalb ist bei Homer das Beiwort des „schnellfüßigen Achill" nicht bloß schmückende Redensart, sondern es kennzeichnet den jugendlich beweglichen Helden, und so beginnt bei den Hellenen der bewußt betriebene Sport mit dem Laufen[160]). An uralte Sitten erinnern die Sagen vom Wettlaufen bei der Brautwerbung heroischer Zeiten. In Sparta wurde der Übungsplatz immer nur Dromos, d. h. Laufplatz genannt; und auf Samos und in Sestos hieß die monatliche agonistische Veranstaltung noch in hellenistischer Zeit Diadromē, indem hier das Laufen als wichtigster und ältester Bestand gymnastischer Übung dem ganzen agonistischen Programm den Namen gab[161]). So kommt es, daß in Olympia der Wettkampf stets, wie einst bei den Phaiaken (Od. 8, 120f.), mit dem Laufen anhob und die Olympiaden nach den Stadionsiegern mit Koroibos an der Spitze bezeichnet wurden. War doch in Olympia das Laufen dreizehn Olympiaden lang der einzige Agon gewesen, dem sich erst nach und nach die andern anschlossen[162]). So wurde auch der Sieger im Laufen hochgeschätzt, besonders in Athen[163]). Daher des Xenophanes Schelten gegen die Gymnastik, in dem er von der Schnelligkeit der Füße als dem vor andern geehrten Agon spricht; daher auch die von Dromos abgeleiteten Eigennamen Dromeus und Dromios.

Abb. 20. Läufer (Knielaufschema).

Schauplatz des Agons im Laufen war das Stadion, die langgestreckte Sandbahn, die an den Festplätzen von erhöhten, ansteigenden Sitzreihen für die Zuschauer eingefaßt war. In einfachen Verhältnissen, wie noch überall beim kindlichen Wettstreit, bestand die Markierung des Ablaufs in einem Strich am Boden (Grammē); später, bei geordneten Spielen, hatte man dazu eine besondere Vorrichtung (Balbis) (Taf. 47 und 48). Diese bestand zuerst aus einer Reihe von Steinen mit Löchern, in denen hölzerne Pfosten standen, so daß jeder Läufer wie in einer Art Pforte stand[164]). In Olympia, Delphi und Epidauros ist eine Reihe länglicher Steine quer über die Bahn gelegt, in diese sind zwischen den Pfostenlöchern Rillen eingegraben, offenbar, um den Standplatz der Läufer und damit den Beginn der Bahn scharf zu markieren. Hierauf standen die Füße in geringem Abstande, einer dicht vor dem anderen; der Rumpf war vorgebeugt, die Beine in den Knien leicht eingeknickt, einer der Arme oder beide vorgestreckt (Abb. 21 u. 22). Auch eine Art des Startens, ähnlich dem unserigen, mit Berührung des Bodens durch eine Hand ist überliefert (Abb. 23). Später wurde, wie es scheint, ein Seil (Hysplegx) oder auch eine Holzlatte vor den Läufern weggezogen; wie das freilich bewerkstelligt wurde, ist nicht aufgeklärt[165]). In römischer Zeit sind dann in Priene und Milet reichere, torartige Architekturen über dem Ablauf errichtet worden.

Abb. 21. Starten.

Abb. 22. Waffenlauf, Starten.

Die Länge des griechischen Stadions betrug allgemein 164 m, das sind 500 Fuß. Dies war auch in Olympia die Strecke bei dem Wettlauf der elischen Jungfrauen, einer offenbar sehr alten Einrichtung. Später ist das olympische Stadion auf 600 Fuß = 192 m festgesetzt worden. Das griechisch-römische Stadion von 178 m ist in Delphi aufgefunden worden, das römische Stadion betrug als achter Teil der römischen Meile 185 m. Es gab auch noch Stadien von 200 und 210 m. Aber als durchschnittliches Maß hat das ältere griechische Stadion von 164 m zu gelten[166]).

Das Laufen als Agon bildete einen Teil des Fünfkampfes; die Körper waren geölt, in früherer Zeit mit dem Lendenschurz bekleidet, seit dem Siege des Orsippos nackend. Die Läufer waren nach ihrem Alter in die üblichen Klassen der Knaben, Jünglinge und Männer eingeteilt, doch waren nicht überall Knabenläufe üblich; nach der Körperbeschaffenheit unterschieden sich Kurzstrecken- und Dauerläufer. Philostratos, Gymn. 32/3, verlangt für den Sprinter kräftige, nicht übermäßige Muskulatur und keine übermäßige Schlankheit, für den Wettkämpfer im Doppellauf etwas kräftigeren Bau, für den Waffenläufer eine schlanke Taille und eine wohlausgebildete Schulter; der Dauerläufer sollte an Schultern und Nacken stark sein wie ein Fünfkämpfer, aber zarte und leichte Beine haben. Der Sophist drückt auf seine verschnörkelte Weise dasselbe aus, was die Erfahrung auch heute jeden Turnwart lehrt, der seine Zöglinge nach ihren körperlichen Fähigkeiten für kurze oder lange Strecken ansetzt.

Damit sind bereits die verschiedenen Arten des Laufens genannt. An der Spitze steht wie bei Homer der Stadionlauf. Er führte einmal mit gleichmäßig größter Schnelligkeit die Strecke entlang, in der einfachsten und natürlichsten Form, die sich an manchen Plätzen als die einzige gehalten hat. Das Stadion, eine mäßige Strecke, verdoppelte sich im Diaulos. Wie dieser „Doppellauf“ entstanden ist, um ein entferntes Ziel, etwa einen einzelnen Baum herum, oder nur die Bahn hin und zurück, so daß der Ablauf auch das Ziel bedeutete, das läßt sich mit wenig Phantasie ausmalen. Diese doppelte Strecke zweimal genommen, der „Hippios“, der über vier Stadien ging, war nicht allgemein üblich. Dagegen war der Langstreckenlauf, der Dolichos, als Probe auf den geübten Zustand der Beine und inneren Organe, durchweg im Gebrauch. Die Strecke wurde je nach den Verhältnissen des Ortes und wohl auch der Bewerber verschieden bemessen. Besondere Tüchtigkeit hierin wurde den jagdlustigen Kretern nachgerühmt; bei dem Wettkampf der zehntausend Griechen traten mehr als sechzig Kreter zum Laufen an (Xenophon, Anabasis 4, 27). Olympia sah nur Männer in diesem Agon, Delphi auch Jünglinge; Athen hatte auch im Dolichos die üblichen drei Altersklassen. Laufen über sehr lange Strecken im freien Gelände wurde nicht als Sport getrieben, sondern nur bei besonderen Anlässen, eiligen Botschaften u. dgl. von den sog. Hemerodromen (Tageläufer) ausgeführt. So lief Pheidippides in zwei Tagen von Athen nach Sparta, um Hilfe gegen die Perser zu erbitten[167]). Der moderne Name Marathonlauf beruht auf der Nachricht des Plutarchos (De gloria Atheniensium 3), daß nach der Schlacht bei Marathon ein Krieger noch in

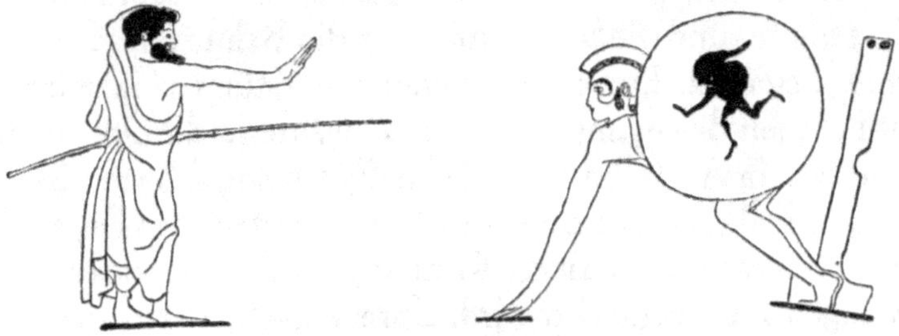

Abb. 23. Starten zum Waffenlauf.

Waffen die Siegesbotschaft nach Athen gebracht habe, gleich danach freilich entseelt zusammengebrochen sei.

Die Nachrichten über Training und Technik des Laufens sind dürftig. Über die Vorübungen erfahren wir nur im Anacharsis des Lukianos durch Solon, daß man die Läufer gewöhnte, lange Strecken ausdauernd und kurze Strecken in größter Schnelligkeit zurückzulegen, und zwar geschehe das Laufen nicht auf festem Boden, sondern auf tiefem Sande, wo der Fuß keinen festen Halt finde. Als Vorübung zum Laufen ist wohl die Schilderung bei Lukianos in demselben Stück Kap. 4 zu verstehen, wenn einige wie laufend in die Höhe springen und mit dem Hacken in die Luft schlagen, aber dabei an Ort und Stelle bleiben. Die öfter angeführte Stelle bei Aristoteles, De gressu animalium Kap. 9, „wie in den Palaistren die auf den Knien sich durch den Sand bewegenden", hat keine Beziehung zum Laufen, bezeichnet aber gewiß nur eine Übung zur allgemeinen Kräftigung, so wie sie heutzutage wieder getrieben wird. Auch die Paraseismáta, Schlenkern mit den Armen zur Vorübung für die Armarbeit beim Stadionlauf, sind durch moderne Praxis beglaubigt[168]). Die Langstreckenläufer liefen nach Philostratos, Kap. 11 zur Übung nur 8—10 Stadien.

Den Verlauf eines Rennens können wir uns aus den Nachrichten zusammendichten. Waren die Bewerber zur Stelle, so wurden die Plätze ausgelost und die Mannschaften (taxeis) zusammengestellt, deren Zahl sich vermutlich nach den verfügbaren Plätzen richtete. Sehr munter schildert Statius (Thebais 6, 587 ff.) das Verhalten der Läufer vor dem Start, wie sie zur Probe rasche Schritte machen, sich in die Hocke niederlassen, sich klatschend auf die geölte Brust schlagen und ein kurzes Ende rennen und innehalten, ehe man sich dessen versieht. Dann traten sie auf die Balbis, das Kommando, wohl „ápite", ertönte, und die Schar stob über die Bahn, vom Geschrei der Zuschauer begleitet. Die Stadionläufer unterstützten ihre Schnelligkeit mit heftigen Bewegungen der Arme, während die Dolichodromen die Arme wie in Ausfallstellung beim Faustkampf hoch hielten und erst vor dem Ziel damit in der Luft herumruderten. Auf Darstellungen jüngerer Preisvasen haben sie die Arme angewinkelt, so wie es bei uns im schulmäßigen Turnen gelehrt wird. Unregelmäßigkeiten wie zu frühes Weglaufen beim Start und Behinderung der Mitbewerber beim Laufen wurden bestraft. Das Passieren der Ziellinie wurde durch den Augenschein, ohne Hilfsmittel wie unser Zielband, festgestellt. Hatten mehrere Mannschaften gelaufen, so mußte ein Entscheidungsrennen zwischen den Siegern gelaufen werden. Unter den Läufern, deren Namen uns überliefert sind, wird Ladas, ein Argiver[169]), besonders oft als sprichwörtliches Beispiel für große Schnelligkeit genannt. Eine außerordentliche Leistung war auch die des Leonidas von Rhodos, der in vier Olympiaden hintereinander im Stadion, Doppellauf und Waffenlauf siegte und zwölf Kränze gewann.

Für Hürdenlaufen, wie es heute getrieben wird, haben wir aus dem Altertum keine schriftlichen Zeugnisse. Lukianos im Anacharsis 27 spricht nur vom Springen über Gräben „oder sonst ein Hindernis", und noch dazu mit Bleigewichten, d. h. „Halteren" in den Händen. Es gibt aber ein bildliches Zeugnis, die jetzt verschwundenen Nebenseiten des Sarkophags im Louvre Clarac 187, von denen eine zwar stillose, aber hinreichend deutliche alte Zeichnung in Windsor erhalten ist (Abb. 24 u. 25). Hier sehen wir deutlich halbhohe Hürden und Knaben ohne Springgewichte, also Läufer, die im Laufe darüber hinwegsetzen. Auf der rechten Seite ist ein Knabe zu sehen, der beide Arme hoch in die Luft wirft, ähnlich unseren

Läufern am Zielbande. Wie diese Figur zu erklären sein mag, ist zweifelhaft.

Zu den vier klassischen Kategorien kam, wie es scheint, bald nach der Mitte des 6. Jahrhunderts aus nicht mehr genau bekannten Ursachen[170]) das Laufen in Waffenrüstung; es stand in deutlichem Zusammenhang mit dem Kriegswesen und wurde daher von Platon gebilligt. Gewöhnlich war der Waffenlauf ein Diaulos, aber die Länge der Strecke war so wenig festgelegt wie die Art der Bewaffnung, die zuerst in Helm, Schild und Beinschienen, zuletzt nur in einem Schild bestand. In Olympia wurden fünfundzwanzig solcher Schilde bereit-

Abb. 24. Hürdenrennen.

Abb. 25. Hürdenrennen.

gehalten, die natürlich eine gleichmäßige Belastung der Läufer verbürgen sollten. Die Darstellungen lassen es zweifelhaft, ob die aufgemalten Schildzeichen den einzelnen Läufer oder die zusammengehörige Mannschaft kenntlich machten (Taf. 49 b). Die Rüstung hatte gewiß eine beträchtliche Schwere, so daß ein Sieg in diesem Agon eine gute Kraftprobe bedeutete. Wie für den Waffenlauf der Krieg, so war der Kultus die Ursache für den Fackellauf, bei dem es ursprünglich darauf ankam, das Herdfeuer von einem Heiligtum zum anderen zu übertragen, so wie einstmals nach der Schlacht bei Plataiai der Plataier Euchidas in schnellem Laufe Feuer von Delphi in die Heimat gebracht hatte[171]). Das brennende Scheit durfte nicht ausgehen, darum war Schnelligkeit geboten. War die Strecke zu lang für einen Läufer, so mußten mehrere Läufer auf die Strecke verteilt werden, die die Fackel einer dem andern weitergaben (Taf. 50). Und wenn mehrere solcher Mannschaften zugleich den Lauf vollführten, so war für sie, als Griechen, der Wettlauf gegeben, und Belohnung der siegreichen Mannschaft war unvermeidliche Folge. Über den Fackellauf als Bestandteil des Kultus haben wir genauere Nachrichten aus Athen, wo er im Totenkult[172]), an den Panathenaien, Hephaistaien, Prometheien und anderen Festen abgehalten wurde, und wo die zu durchlaufende Strecke zwischen der Akademie und der Stadt lag. Die konkurrierenden Mannschaften wurden von den Phylen gestellt. Den Preis bekam die Mannschaft, deren letzter Läufer den Altar angezündet hatte (Taf. 22a und 51b). Auch von berittenen Mannschaften ist der Fackellauf abgehalten worden, wobei das Weitergeben der brennenden Fackel gewiß sehr schwierig war. Die Läufer trugen als typischen Kop fschmuck einen Kranz von schmalen hochstehenden Blättern; die Fackel hatte in der klassischen Zeit die Form einer dicken Kerze mit einem Teller zum Schutze über dem Handgriff (Taf. 23,3. 24,2). Die Sieger haben oft ihre Fackeln in dem Heiligtum als Weihung hinterlassen. Ein Widmungsgedicht ist uns z. B. in der Anthologia Palatina 6, 100 erhalten, in freier Übertragung: „Da er im heiligen Streit der Jünglinge die Fackel schnell einhergetragen hatte — es war wie eine Erinnerung an des Prometheus Feuerraub — hat er sie noch brennend aus der Hand gelegt und dem Hermes dargebracht, Antiphanes, seines Vaters gleichgenannter Sohn". Bald aber hat sich der gewiß sehr hübsche Wettlauf vom Kulte gelöst und zur sportlichen Belustigung verallgemeinert, wobei die Kosten als Leiturgie des Lampadarchen von den Gymnasiarchen getragen wurden. Nach der häufigen Erwähnung auf den Ehreninschriften der Gymnasiarchen müssen die Fackelläufe in hellenistischer Zeit überaus beliebt gewesen sein. Der Kleinkunst haben sie ein gefälliges Motiv geboten, indem Fackelhalter gern als Fackelläufer, in Gestalt von Knaben oder Eroten, die dicke Kerze in der weit vorgestreckten Hand, gebildet wurden (Taf. 51a).

In anderem Zusammenhange ist oben schon der Wettläufe spartanischer und elischer Jungfrauen gedacht worden. Daß auch bei den andern Völkern des Altertums, also auch in Rom das Laufen getrieben wurde und ein vornehmer Römer, Papirius, daher seinen Beinamen Cursor führte, mag noch kurz erwähnt werden. Über die guten Folgen des Laufens in gesundheitlicher und kriegerischen Hinsicht sind anscheinend keine ernsthaften Zweifel erhoben worden. Nur Sokrates tadelt einmal das Dauerlaufen, weil es nur die Beine ausbilde, wie umgekehrt die Boxer dünne Beine hätten (Xenophon, Symposion 2, 17). Natürlich wurde in späterer Zeit das Laufen auch unter die diätetischen Heilmittel aufgenommen und aus rein gesundheitlichen Gründen auch von älteren Leuten, wie dem Philosophen Krates, getrieben[173]).

In der bildenden Kunst gibt es eine Menge Darstellungen des Laufens, und zwar haben die Griechen erst mit der Zeit gelernt, die schnelle Bewegung in überzeugendem Bilde festzuhalten. In der altertümlichen Kunst ist ein Schema üblich, bei dem der Laufende auf ein Knie gesunken erscheint, das sog. Knielaufschema (Abb. 20). Dann, noch in der schwarzfigurigen Malerei wird das Gewicht des Körpers auf das hinten stehende Bein gelegt, so daß die Beine stark gespreizt sind und das gehobene Bein seltsam vorzuspringen scheint (Taf. 49 b). Doch ist auch das nur zeichnerischer Notbehelf und nicht als „Stillaufen" aufzufassen, dem es sehr ähnelt, und man darf in diesem Stilmittel keine besonders scharfe Beobachtung wittern; denn wenn uns jetzt dieser „Spreizlauf" nicht mehr befremdet, so kommt das von der Gewöhnung an moderne Augenblicksaufnahmen, die uns das hochgerissene vordere Bein sehen gelehrt haben. Erst die späteren Malereien des rotfigurigen Stils und jüngere Reliefs zeigen unserer gewöhnlichen Auffassung gemäß die Last des Körpers auf das vorgesetzte Bein geworfen und das andere hinten frei ausschlagend (Taf. 49 a). In der freien Plastik ist das Laufen lange als schnelles Gehen mit weit ausschreitenden Beinen dargestellt worden, z. B. noch in der Hypnosstatue in Madrid[174]). Die Statue des Stadionläufers Ladas, die nach einem Gedicht der Anthologia Palatina (16, 54) von Myron angefertigt sein sollte, kann nach den Beschreibungen nur dem jüngeren der beiden gleichnamigen Läufer, Ladas von Aigai, dem Sieger vom Jahre 280 und dem jüngeren der beiden gleichnamigen Künstler, Myron von Theben, angehören, vorausgesetzt, daß das Gedicht wirklich ein vorhandenes Kunstwerk beschreibt[175]). Das 5. Jahrhundert, die Lebenszeit des älteren Myron, war noch nicht imstande, in einem frei plastischen Werke eine so hastige Bewegung und geistige Erregung wiederzugeben, wie das Gedicht sie beschreibt[176]). Statt dessen eignete sich der Augenblick des Ablaufs vortrefflich zu einer statuarischen Darstellung. Da war der Körper noch in Ruhe und doch zeigte die Stellung deutlich die künftige Bewegung an (vgl. Abb. 21 u. 22)[177]). Sonst wurden Statuen von Läufern im 5. Jahrhundert in allgemein gültigen Motiven, wie Ölung, Bekränzung oder Gebet, gebildet. In hellenistischer und römischer Zeit häufen sich die Darstellungen, besonders in Gestalt von Kindern und Eroten, namentlich in der Kleinplastik. Als Beispiel mag auch hierfür der Fackelläufer auf Taf. 51a dienen. Das schönste Bild eines Langstreckenläufers in seinem typischen Körperbau ist die Statue des sitzenden Hermes aus Herculaneum (Taf. 30). Zwar rastet der Gott, aber es bedarf nicht der Flügelschuhe, um uns zu überzeugen, daß diese langen, schlanken Beine wohl geeignet sind, den Jüngling in schnellstem Lauf über Meere und Länder zu tragen.

Das Springen

Der Abschnitt über das Springen könnte kurz gefaßt werden, wenn nicht zwei Fragen zu behandeln wären, deren Erörterung schon viel Mühe gemacht hat: die Anwendung der Springgewichte und der außerordentlich weite Sprung des Phayllos[178]). Alles übrige ist einfach, jedoch ganz verschieden von den Gewohnheiten unserer turnerisch oder leichtathletisch gebildeten Springer. Man hatte im Altertum weder Springbretter noch Schnüre, sondern nur eine Art Schwelle für das Aufsetzen des Fußes beim Abspringen (Batēr) und aufgelockerten Boden für das Aufsetzen (Skamma, Taf. 52b). Es gab weder Hoch- noch Tiefspringen. Erst Lukianos im Anacharsis 27 spricht vom Springen auch über Gräben und andere Hindernisse hinweg (s. oben S. 106). Die Länge des Sprunges (Kanon) wurde im Verhältnis zu den Sprüngen der Mitbewerber gemessen und durch Furchen im Boden bezeichnet. Das Weitspringen wurde beim Wettbewerb in älterer Zeit als einzelner Agon ausgeübt, so bei Homer in der Odyssee bei den Spielen der Phaiaken (Od. 8, 103, 128), später nur innerhalb des Pentathlons, mit Begleitung von Flötenmusik und unter Anwendung von Springgewichten, den sog. Haltēren.

Diese Haltēre hatten nicht immer dieselbe Form[179]). Ein sehr altes Beispiel aus Eleusis ist viereckig-länglich, mit etwas eingezogenen Langseiten. Vom 6. Jahrhundert an finden sich zwei bequemere

Formen; die eine ist unseren Hanteln ähnlich, nur daß die Enden nicht beide gleich groß und kugelig sind, sondern das eine Ende kräftiger auslädt und spitz zuläuft (Taf. 52 a). Der andere Typus ist länglich-halbkreisförmig oder linsenförmig mit Einarbeitungen für die Finger zum Durchfassen oder Hineingreifen (Taf. 53 und 54). Die kurzen, walzenförmigen Gegenstände, die in römischer Zeit in den Händen von Athleten und unter palaistrischem Geräterscheinen[180]),

Abb. 26. Diskoswerfer, Speerwerfer, Springer.

sind keine Springgewichte, sondern sie haben beim Faustkampf gedient. Darüber wird unten zu reden sein.

Was der Sinn war bei diesem Springen mit Gewichten in der Hand, ist nicht klar. Zwar versichert Philostratos, Kap. 55, sie erleichterten das Springen, dienten als Führer für die Hände und gäben dem Springer einen festen und gut erkennbaren Niedersprung, aber die vielen Versuche in letzterer Zeit, mit unseren Hanteln die antike Gewohnheit nachzuprüfen oder gar nachzuahmen, haben nicht zu unbestrittenen Erfolgen geführt. Springen mit Anlauf bei beschwerten Händen ist ganz unglaubhaft. Am ehesten wäre das Springen mit Haltēren aus dem Stande zu verstehen, wenn die Hände mit den Gewichten etwa mehrmals vor- und zurückgeschwungen wurden und endlich Vorschwung und Absprung zugleich erfolgten. Eine solche Übung würde auch der künstlerischen Wiedergabe gute und leicht erfaßbare Motive geboten haben, aber gerade sie werden in unserem

Bestande von Darstellungen des Springens vermißt. Denn man würde erwarten, die Übungen in diesen Stellungen so zu sehen: Füße dicht nebeneinander, Rumpf zurückgelehnt, Arme vorgestreckt oder: Rumpf vorgebeugt und Arme kräftig nach hinten geschwungen. Statt dessen erscheint, unverkennbar als Beginn der Übung, folgender Typus: Der Jüngling steht aufgerichtet, ein Bein vorgesetzt, den Oberkörper zurückgelehnt, die Arme wagerecht vorgestreckt (Taf. 53b). So die guten Darstellungen[181]). Flüchtige Zeichnungen zeigen die Arme über den Kopf erhoben[182]) oder etwas unter Schulterhöhe gesenkt[183]).

So sehr uns die gespreizte Stellung der Beine und die mäßige Erhebung der Arme befremden muß, so ist doch offenbar der Augenblick dargestellt, wo der Athlet die Arme mit den Hanteln erhoben hat, um sie nun zurückzuschwingen. Der Augenblick der Ruhe zwischen Rück- und Vorschwung ist merkwürdigerweise nicht dargestellt. Dann aber folgen Darstellungen des Schwebens durch die Luft. Beine und Arme sind weit gespreizt[184]), oder die Beine sind geschlossen vorgeworfen und der Oberkörper liegt entweder rückwärts, wie es bei zu geringem Schwung geschieht, oder er beugt sich mit gekrümmtem Rücken vor, wie es der gewöhnliche Sprung verlangt (Taf. 54). Dann sehen wir den Augenblick des Landens, wobei das eine Bein den Boden eben berührt (Abb. 26); es folgt der erste Schritt nach dem Aufsetzen, der die Vorwärtsbewegung auffängt. Daran schließt sich der oft dargestellte Typus des Jünglings, der vorgebeugt, mit beiden Füßen am Boden dasteht und die beiden Arme schräg vor- und abwärts streckt[185]). Es geht nicht an, hierin die Bewegung des Ausholens mit den Gewichten zu erkennen; denn dabei müßten die Gewichte notwendig hinter den Körper zurückgeschwungen werden. Vielleicht ist ein Moment gleich nach dem Landen auch in der typischen Stellung gemeint, die den Jüngling aufrecht zeigt, ein Bein vorgesetzt, die Arme ohne Anstrengung gesenkt[186]) (Taf. 53a).

Der Darstellung des Schritts nach dem Aufsetzen auf den Boden ähnelt nun der Typus des Jünglings, der sich, mit Gewichten in den Händen, stark vorbeugt (Abb. 27), entweder allein[187]) oder mit einem Kameraden im Gegensinne gepaart, so daß man an gemeinsame Übungen auf Kommando, und zwar an Hantelübungen gedacht hat[188]), bei denen die Haltēre genau wie unsere Hanteln geschwungen werden zur Stärkung der Muskulatur, zugleich mit kräftigem Auf- und Abwärtsbeugen des Körpers[154]).

Stabspringen wird bei uns zur Übung als Hochsprung über das Seil oder in täglicher Notwendigkeit in den nordwestdeutschen Marschen zum Überspringen der vielen Wassergräben ausgeführt. Die Griechen kannten die Hilfsmittel des Stabes, d. h. der Lanze, nur beim Springen auf das Pferd, was seltsam klingt, aber durch Bildwerke (Taf. 83 a) und durch eine Stelle in Xenophons Buch über die Reitkunst (7, 1) sicher bezeugt ist.

Zu all dem Wunderlichen, das die Betrachtung des antiken Springens schon gelehrt hat — Flötenspiel, Springgewichte, Stabspringen aufs Pferd — kommt nun noch die Nachricht von dem Sprung des Phayllos über beinahe 16 1/2 m. Diese Leistung ist nach menschlichen Körperverhältnissen auch mit Hilfe von Springgewichten unmöglich[189]). Nun ist die Überlieferung über diesen Rekord äußerst verdächtig. Man kennt einen Phayllos von Kroton zur Zeit der Perserkriege, der in Delphi im Stadionlauf und Pentathlon gesiegt hat, noch dem Aristophanes als guter Läufer bekannt war, und dessen Statue in Delphi noch zur Zeit des Pausanias stand. Dann haben wir in der Anthologia Palatina 3,28 das zweizeilige Epigramm, worin es heißt, Phayllos sei 55 Fuß weit gesprungen und habe 95 Fuß mit dem Diskos geworfen, und dies Epigramm wird von Scholiasten und Lexikographen später Zeit benutzt, um den Ausdruck „über die aufgelockerte Erde hinausspringen", d. h. eine unerwartete Leistung zu erklären. Suidas meint, das Epigramm habe auf der Statue des Phayllos gestanden. Das ist aber durch den Befund widerlegt[190]) und an sich ganz unwahrscheinlich, da der Name des Vaters und die Angabe der Heimat und des Agons fehlen, und da Pausanias sie nicht erwähnt, der sich eine solche Curiosität gewiß nicht hätte entgehen lassen. Das Zeugnis ist indessen einmal da und verlangt eine Erklärung.

Abb. 27. Hantelübung.

Zu diesem Zwecke ist die Behauptung aufgestellt worden, die Griechen hätten nach moderner Turnerart, die auch noch in Nord-Griechenland vorkommen soll, einen dreifachen Sprung geübt. Doch ist davon sonst in der antiken Überlieferung keine Spur erhalten und die Sache selbst nicht sehr sinnvoll. Denn wozu der Dreisprung, wenn der Springer doch den Boden zwischen Springbrett und Lohe (modern ausgedrückt) berühren darf? Es gibt nur eine einzige Stelle (Bekker, Anecdota 224), die dafür herangezogen werden könnte: „Batēr: Der Anfang des aufgelockerten Bodens für die Fünfkämpfer, von wo sie zuerst abspringen. (So) Seleukos. Symmachos (erklärt das Wort als) die Mitte, von wo sie dann nach dem Sprunge wieder aufspringen. Wie Seleukos (sagt, ist es) besser. Batēr bezeichnet auch die Türschwelle usw.“ Diese Stelle ist früher falsch erklärt worden. Es handelt sich nicht um mehrere „Sprungschritte“, sondern um den Irrtum des Symmachos, der Batēr als Ort des Niedersprungs erklärte, von dem die Springer nach dem Sprung (*ἀλόμενοι*) wieder aufsprängen (*πάλιν ἐξάλλονται*). Richtig ist dagegen die Deutung des Seleukos. Bāter ist die Stelle des Abspringens; die Erklärung mit dem vermeintlichen Dreisprung fällt also weg.

Nun kennen wir die Legende von dem gewaltigen Appetit des Milon und haben bereits zahlreiche Epigramme der Anthologie kennen gelernt, in denen Athleten verspottet werden[191]). Eine Übertreibung könnte auch hier vorliegen, nur würde man dann auch in der zweiten Zeile entweder einen ungeheuer weiten oder lächerlich kurzen Diskoswurf erwarten. Die 95 Fuß, d. h. gegen 30 m, sind aber gerade eine durchschnittliche Leistung. Die Erklärung liegt gewiß in der Spielerei mit den Zahlen 50 + 5 und 100 — 5 Fuß, und es hat gar keinen Sinn, sich über eine solche müßige Erfindung eines unbekannten und ungenannten Verseschmiedes den Kopf zu zerbrechen, zumal da auch die vereinzelte Nachricht von den 52 Fuß, die der Lakonier Chionis gesprungen sein sollte, höchstwahrscheinlich verderbt ist. Scheiden wir also diese übertriebenen Nachrichten aus, so bleibt von dem antiken Springen nicht viel Vorbildliches für die Gegenwart übrig; es ist vielmehr anzunehmen, daß die modernen Rekorde im Hochsprung mit und ohne Stab den Griechen ganz unfaßbar erschienen sein würden. Trotzdem ist der erzieherische Wert auch des antiken Springens nicht zu bezweifeln. Es gehörte zwar nur zu den leichten Übungen und verlangte keine Muskelpanzer, sondern vielmehr lange Beine und biegsame, bewegliche Lenden aber es zwang zu plötzlicher Zusammenfassung der Kräfte namentlich der Beine, und die Haltēre mochten auch zur Stärkung von Armen und Schultern beitragen.

Für die bildende Kunst ist das Springen nicht sehr ergiebig gewesen, da es nur die zeichnende Wiedergabe erträgt und die Schnelligkeit der Handlung eine genaue Beobachtung verbietet. Doch haben moderne Photographien auch hier die außerordentlich richtige Zeichnung namentlich auf der oft abgebildeten Schale Taf. 54b erwiesen. Der Sieger im Springen konnte nicht in plastischer Darstellung seines Agons aufgestellt werden, sondern mußte sich begnügen, ruhig stehend oder als Beter, den Haltēr in der Hand, verewigt zu werden[192]).

Das Speerwerfen

Gerwerfen hieß es in unserem Schulturnen, wenn wir einen runden, für uns Knaben reichlich schweren Schaft nach einer Holzkugel werfen sollten, die auf einem mannshohen Pfahl aufruhte. Man kann verstehen, daß die heutige Jugend mehr Vergnügen daran findet, leichte, schlanke Speere zu werfen, die an die Jagdwaffen wilder Völker erinnern und daher natürlicher erscheinen als das ungefüge Turngerät. Wir geben unseren Speeren eine eiserne Spitze und eine Umschnürung, damit die Hand sie fester und immer im Schwerpunkt anpacken kann. Der griechische palaistrische Speer war dagegen mit einer Schlinge versehen, die zwar auch von barbarischen Völkern schon erfunden war, aber doch gegen den schlichten Lanzenschaft eine technische Verbesserung bedeutete, indem sie die Schleuderwirkung beträchtlich verstärkte[193]). Im übrigen gehörte auch das griechische Speerwerfen zu den leichteren Übungen, die allein nur unbedeutend und einseitig waren und erst durch die Zusammenstellung mit anderen im Pentathlon ihren vollen erzieherischen Wert erweisen konnten. Daher wurde das Speerwerfen nur bei kleineren Festen als einzelner Agon ausgeübt[194]).

Das einzig nötige Gerät war eine gerade leichte Stange aus Holz, etwa von Manneslänge (Akontion), zum Schutz oder zur Beschwerung mit einem verdickten Ende, oder auch wie eine Waffe mit einer Spitze versehen, die unter Umständen das Leben unvorsichtiger Kameraden gefährden konnte. Die dünne Stange konnte sich leicht verbiegen und mußte deswegen, wie der Pfeil, vor dem Werfen gerade gebogen werden. Geworfen wurde dann der Speer mit Hilfe der schon erwähnten Schlinge (Ankyle), die, einen guten Finger lang, das Ende eines Lederriemens oder einer Schnur bildete und erst vor dem Gebrauch befestigt wurde. Dies geschah so, daß man den Riemen um den Schwerpunkt des Speers wickelte und fest knotete und die Schlinge frei hängen ließ. In diese Schlinge steckte der Werfende einen oder zwei Finger der rechten Hand, drückte mit der linken Hand so gegen die Spitze, daß die Schlinge straff gespannt wurde, und der Schaft vor der Schlinge, in der Richtung auf die Spitze zu, leicht zwischen Daumen und Zeigefinger eingeklemmt wurde. Nun holte der rechte Arm aus; dabei kann der Speer über oder unter der Hand zu liegen kommen; der Körper biegt sich zurück, ein kräftiger Schritt kann den Schwung verstärken, bevor der Körper sich vorbeugt und zugleich der Arm vorwärts geschleudert wird, wobei die Finger der rechten Hand den Schaft an der Schlinge vorreißen, so daß er aus der Klammer von Daumen und Zeigefinger fliegt. Der linke Arm ist währenddem frei ausgestreckt gewesen. Viele Abbildungen zeigen den Kopf des Werfenden scharf zurückgedreht, wie man es tut, um die Lage des Speers zu prüfen, aber in vielen Fällen ist diese Wendung gewiß nicht wörtlich zu verstehen. Beim Werfen mit Anlauf konnte der Speer in Kopfhöhe gehalten werden (Taf. 55 a). Da die Ansatzstelle der Schlinge beim Ausholen oben, beim Loslassen unten lag, geriet die Stange in eine drehende Bewegung, was gewiß die Richtung des Schusses einhalten half. Das Werfen konnte entweder möglichst weit im Bogen hoch durch die Luft, oder geradeaus auf ein Ziel zu geschehen. Für die Beschaffenheit des Ziels haben wir keine schriftlichen oder bildlichen Zeugnisse. Nur von Athen wissen wir, daß dort an den Panathenaien und Theseien ein Wettspiel üblich war, bei dem berittene Jünglinge mit Werfspeeren einen an einem Pfahl aufgehängten Schild zu treffen und zu durchbohren suchten[195]). Am sinnvollsten war es, wenn die Entsendung des Speeres, wie im Kriege und auf der Jagd, einem Ziele galt. Denn das palaistrische Speerwerfen hat seinen Beruf nicht in sich selbst gehabt, sondern es ist aus der Notwendigkeit primitiven Lebens hervorgegangen und als Übung für die Anwendung als Waffe getrieben worden. Homer kennt die schwere Lanze zum Stechen und Werfen bei den Heerführern, den leichten

Speer dagegen beim Fußvolk und im Wettkampf. Und so ist, nach den Abbildungen zu schließen, der Speer neben der Lanze immer im Gebrauch gewesen, bis im peloponnesischen Krieg die Bedeutung der leichtbewaffneten Truppen erkannt und das Akontion zur Hauptwaffe größerer Truppenmassen erhoben wurde. Daher fand denn auch das palaistrische Speerwerfen als Vorübung für den Krieg Gnade in den Augen Platons, der sogar empfahl, beide Arme im Werfen zu üben. In Athen waren für dies kriegerische Speerwerfen besondere Lehrer angestellt.

Ebenso ist auf der Jagd der Werfspeer neben dem Bogen und dem Jagdspieß, der dem Nahkampf diente, im Gebrauch gewesen. Es hat auch die besondere Form eines auf die halbe Länge verkürzten Speeres gegeben, der mit einer Spitze versehen war und ganz am Ende gefaßt wurde[196]) (Abb. 28). Daher konnten sich die Griechen auf dem Rückzug durch Kleinasien Speere aus den langen Pfeilen der Feinde machen, indem sie Schlingen daran befestigten (Xenophon, Anabasis 4, 2, 28). Noch mehr verkürzt erscheint das Werfgeschoß in der Hand des Apollon Sauroktonos, der, wie es noch heute im Süden Unsitte der Knaben ist, der Eidechse mit dem Werfpfeil auflauert. Ein anderes ländliches Werfgerät, das Lagobolon der Hirten und Satyrn, ist nicht in den palaistrischen Gebrauch übergegangen. Der Gymnast verlangte für den Speerwerfer lange Beine und eine biegsame und bewegliche Lende, wegen des Rückschwungs. Kräftige Arm- und Brustmuskeln, geeignet, sich mit plötzlichem Ruck zusammenzuziehen, sind jedoch erste Bedingung[197]).

Abb. 28. Kurzer Speer.

Sicher gehört das Speerwerfen zu den ältesten Einrichtungen in Agon und Palaistra, wie es auch, zumal ohne den bei uns gebräuchlichen langen Anlauf, zu den schönsten Übungen zählt. Der künstlerischen Darstellung bot der Speerwerfer reichliche Auswahl von Motiven im Geradebiegen der Stange, Ausholen, Anlaufen usw.[198]), allerdings nur für die Darstellung auf der Fläche. Der statuarischen Plastik war mehr der Speerwerfer in Ruhe angemessen, etwa auf den Schaft gestützt, wie die Jünglingsfiguren, die als Schmuck eines Grabmals auf einer Bostoner Lekythos abgebildet sind[199]), oder auch als Beter, wie der Jüngling von Helenenberge, der in der linken Hand ehemals einen Speer gehalten hat[200]). Nur in altertümlicher Kleinplastik hat man Jünglinge, den Speer in der ausholenden Rechten, dargestellt[201]).

Das Diskoswerfen

Nicht vom Ausland eingeführt, nicht aus natürlicher Anwendung tatenlustiger Kräfte oder aus kriegerischer Waffenübung erwachsen, sondern eine rein griechische und rein gymnastische Erfindung ist das Diskoswerfen[202]). Das künstlich erdachte Gerät dafür ist die Scheibe, rund, flach, zuweilen in der Mitte etwas dicker, aus Stein, später immer nur aus Erz gehämmert oder gegossen, von verschiedener Größe je nach Bedürfnis der Körperkraft und Altersklasse, ohne Vorbild in der Natur und höchstens in allmählicher Verfeinerung glattgeschliffenen Steinen, wie man sie am Seestrande findet, nachgebildet. Oft ist die Oberfläche mit eingravierten Mustern geschmückt. Zum Schutz und zum bequemeren Tragen diente eine halbmondförmige Ledertasche, die sich um den Rand der Scheibe legte, ihren oberen Teil sehen ließ, und in zwei dünnere Enden auslief, die oben zusammengeknotet wurden (Taf. 56 u. 109). Das Unterscheidende an dieser Übung ist, daß die Scheibe nicht wie der Speer oder das schwere Gewicht mit einem plötzlichen Ruck geschleudert wurde, sondern daß der ganze Körper mitschwang; für diese Übung waren daher lange Beine und biegsame Lenden und, um die Scheibe hohler fassen zu können, lange Hände und Finger von Nutzen. Hatte man das glatte Metall mit Sand gerauht[203]) (Taf. 61 a), faßte man die Scheibe mit der rechten Hand so, daß der Rand auf der einen Seite nur mit den Fingerspitzen ergriffen wurde und auf der anderen Seite gegen den Unterarm gedrückt wurde. Dann konnte das Werfen auf verschiedene Arten geschehen, denen es gemeinsam ist, daß es darauf ankam, die Scheibe nicht nach einem Ziel, sondern nur möglichst hoch und weit über den freien Platz hin zu werfen. Drei Methoden heben sich vor allen heraus:

1. Am einfachsten und elegantesten ist die Art, daß der Athlet, mit der linken Seite der Bahn zugewendet, den Diskos mit beiden

Händen hoch über die linke Schulter erhebt[204]), nach rechts hin ausholt und in der Richtung der linken Schulter abwirft. Mit diesem Ausholen läßt sich vor dem Abwerfen eine Drehung des ganzen Körpers verbinden[205]).

2. Die zweite Art stimmt mit der heute durchweg geübten überein. Der Athlet steht breitbeinig da, den rechten Fuß etwas vorgesetzt, der Diskos ruht flach auf der etwas vorgestreckten rechten Hand; der linke Arm ist seitwärts abgestreckt, die linke Hand offen oder zur Faust geballt. Der rechte Arm holt nun mehrmals mit immer sich verstärkendem Schwung von links nach rechts aus, wobei der Arm sich um die eigene Achse dreht, so daß der Diskos beim Rückschwung dem Körper zugekehrt ist. Dann kann das Abwerfen wie bei 1. vom Stande aus erfolgen, doch ergibt sich bei größerer Übung ganz von selbst die volle Drehung des Körpers an Ort und Stelle (Abb. 59 u. 60b). Eine Abart hiervon ist auf Tafel 57b dargestellt. Der Athlet, den rechten Fuß vorgestellt, hält den Diskos mit beiden Händen hoch, so daß die rechte Hand sich unter der Scheibe befindet. Er wird ihn von rechts oben nach links unten führen und dann wie bei der zweiten Methode mit Schwingung um die eigene Körperachse ausholen.

3. Der Athlet steht dem Werfplatz mit der linken Schulter zugewendet, mit dem rechten Fuß aufstehend, den linken leicht vorgesetzt; beide Arme mit der Scheibe in den Händen sind vor- und hochgestreckt, die Rechte packt den Diskos am Rande und drückt ihn leicht gegen den Unterarm, die Linke unterstützt ihn (Taf. 57a). Dann schwingt der Arm mit der Scheibe nach hinten hoch, zugleich krümmt der Körper sich zusammen und zugleich tritt auch das rechte Bein vor. Dabei sinkt die linke Hand bis in die Gegend des rechten Knies und der Kopf wird mit herumgerissen, so daß die Augen dem rechten Arm zugewendet sind. Darauf schwingt der rechte Arm wieder nach vorn, das linke Bein tritt seitlich vor, und der Diskos fliegt nach links hin über den Platz. Diese Art ist durch die Gleichzeitigkeit verschiedener einander entgegengesetzter Bewegungen von Ober- und Unterkörper nicht ganz leicht und verlangt fleißige Übung, wenn man sie nachmachen will. Sie ist uns nur in wenigen Zeugnissen und Bildwerken, darunter den zum Teil unzuverlässigen Nachbildungen des Diskobolos des Myron überliefert[206]).

Dies geniale Werk stellt mit unerhörter Kühnheit den Augenblick dar, wo der Athlet mit der zurückgeschwungenen Scheibe eben den höchsten Punkt erreicht hat und nun sich wieder aufrichten und den Diskos nach seiner linken Seite hin fortschleudern wird. Das Original der Bronzestatue ist leider verloren, doch haben wir eine Anzahl von Nachbildungen auf geschnittenen Steinen, in Relief und in Marmorkopien in natürlicher Größe und Verkleinerung. Diese stimmen im allgemeinen überein, unterscheiden sich aber in der Bildung des linken Fußes darin, daß die einen, meistens auch stilistisch getreueren, den Fuß auf dem Ballen aufstehen, die anderen ihn mit umgeknickten Zehen und den Nägeln am Boden nachschleifen lassen. Man hat dies Schleifen des Fußes, solange man nur die schlechten großen Kopien beachtete, als eine besondere Feinheit des Künstlers gedeutet. Doch kann ein solches Umknicken des Fußes und Schleifen der Nägel auf dem Boden nie und unter keinen Umständen stattfinden. Es war auch für Myron gar kein künstlerischer Grund vorhanden, von der Wirklichkeit abzuweichen. Vielmehr sind die besseren Nachbildungen, darunter die große Kopie von Castelporziano als entscheidende Zeugnisse zu betrachten (Taf. 58 und Abb. 29). Aus ihnen geht mit Sicherheit hervor, daß in der originalen Schöpfung der linke Fuß auf dem Ballen aufgestanden hat, wie es die sportliche Technik, die natürliche Beschaffenheit des menschlichen Fußes und die künstlerische Schönheit verlangen. Der schleifende Fuß ist als eine Verderbnis durch die Kopisten zu verwerfen. Wir bilden daher auf Taf. 58 die richtige Ergänzung des Diskobolos von Castelporziano durch die Bildhauerin Marie Dihl ab.

Abb. 29. Diskoswerfer.

Hat dann die Werfscheibe den Boden wieder erreicht, so konnte, wenn das Werfen im Wettstreit stattfand, die Stelle mit einem eingesteckten Pflock im Boden bezeichnet werden (Taf. 60). In griechischen Sagen kommt es öfter vor, daß ein unglücklich geworfener Diskos einen Menschen trifft und tötet[207]), was durchaus im Bereich der

Möglichkeit liegt. Als weitester Wurf ist, leider unzuverlässig, der des Phayllos mit 95 Fuß überliefert[208]).

Das Diskoswerfen hat in der Literatur nur geringe Spuren hinterlassen. Am ausführlichsten, doch nicht recht anschaulich ist die Schilderung des Statius in der Thebais 6, 670 ff., wo die Wettkämpfe der Helden beschrieben werden. Auch die bildlichen Zeugnisse sind mit Vorsicht zu benutzen, da die schnelle Bewegung und die mannigfachen Drehungen der Körperteile gegeneinander und die Umdrehung des ganzen Körpers auf der Stelle eine genaue Beobachtung sehr erschweren. Da das Scheibenwerfen den Körper nach allen Richtungen hin beansprucht, die Bewegungen aber fließend und ohne Gewaltsamkeit erfolgen, da man auch der Scheibe immer wieder nachlaufen und sie vom Boden aufheben[209]) und sich auch bücken muß, wenn man die Pflöcke als Marken der einzelnen Würfe in den Boden steckt, so ergibt sich eine gesunde und erfreuende Übung, und es ist mit Genugtuung anzuerkennen, daß der moderne Sport die schöne, kunstvolle Übung wieder aufgenommen und das Verständnis der antiken Zeugnisse erst ermöglicht hat.

Der Ringkampf

Eine Jahrmarktsbude mit einem stimmgewaltigen Ausrufer; zwei Männer in schwarzem Trikot, an Hals und Schultern weit ausgeschnitten, so daß die Muskelmassen förmlich aus der Hülle herausquellen, zierlich durchbrochene, hoch hinaufreichende Schnürstiefel, aufgedrehte Schnurrbärte und in die Stirn herabgekämmte, fest angeklebte Locken — und dann ein feierliches Händeschütteln und ein unverständliches Quetschen, Zerren und Würgen am Boden — das wird für viele der älteren Zeitgenossen die Vorstellung sein, die sich mit dem Worte „griechisch-römischer Ringkampf" verbindet. Nun hat sich hierin manches geändert. Was lange nur Schaustellung war, beginnt zu einem Bestandteil des Volkssportes zu werden, und die äußere Erscheinung der Ringer hat sich antiker Form genähert[210]). Daß viele Stellungen, Griffe und Bewegungen im modernen und antiken Stil übereinstimmen, liegt zum Teil in der Natur des waffenlosen Kampfes Mann gegen Mann, bei dem in absichtlicher Beschränkung alles Stoßen und Schlagen verpönt ist. Zum Teil wirkt vielleicht die, wie es scheint, in Frankreich erhalten gebliebene und auf Umwegen wieder zu uns gedrungene antike Überlieferung nach[211]). Bedenkt man die große Mannigfaltigkeit der Stile, in der bei den verschiedenen Völkern gerungen wird, so wird man wieder die Griechen bewundern müssen, die das Ringen von Anfang an auf die einfachste Formel gebracht, es bewußt stilisiert und dem Gebiete roher Balgerei entzogen haben[212]). Der Ringkampf galt als göttliche Erfindung und als bewunderte Kunst verschiedener Heroen, wie des Herakles und Theseus, und hat sogar die Bildung des göttlichen Wesens Palaistra als Tochter oder Geliebte des Hermes Enagonios verursacht. Er gehört zu den schweren Übungen und wird noch dadurch erschwert, daß Angriff und Verteidigung auf bestimmte Griffe beschränkt sind, ohne daß dem natürlichen Verlangen, von allen verfügbaren Kampfmitteln Gebrauch zu machen, nachgegeben werden darf; auch ist der Gegner „nicht ein Gerät, bei dem Widerstandskraft und Schwere zu bewältigen ist, sondern ein durch Intelligenz beherrschtes Wesen, dessen entgegengesetzter Wille durch unvermuteten Angriff und Verteidigung schnelle Entschlüsse fordert"[213]). Indem so Kraft und Gewandtheit, Mut und Ruhe, Vorsicht und Geistesgegenwart in gleicher Weise geschult und zur Erlangung des nötigen Könnens große Ausdauer und Entsagung verlangt werden, ist das Ringen zur Erziehung männlicher, sowohl körperlicher wie moralischer Eigenschaften besonders geeignet; es hat daher seinen Platz mit Recht als Bekrönung des Pentathlon, und man begreift, daß Platon in den Gesetzen 7, 96 A, B das Ringen mit aufrechten Körpern für Gesundheit und Kraft nützlich erachtete und Lehrern und Schülern empfohlen wissen wollte, während er allerdings den Faustkampf und das Pankration als für die kriegerische Erziehung untauglich ablehnte. Es paßte dagegen ganz zu der Sinnesart der Spartaner, wenn sie das kunstvolle Ringen nicht hoch schätzten und deshalb keine Ringlehrer anstellten. Ein ergötzliches Zeugnis dafür ist das Epigramm eines spartanischen Knaben in der Anthologia Palatina 16, 1: „Die andern sind Kunstringer. Ich siege durch Kraft, wie es sich für lakonische Jungen gehört".

Über die körperliche Befähigung zum Ringen spricht sich Philostratos in der Gymnastik Kap. 35 aus. Er verlangt durchaus ebenmäßige Bildung, auch einen schönen, aufgerichteten Nacken, obgleich ein kurzer Hals zweckdienlich sei. Der nackte Leib wurde mit Öl eingerieben und mit Sand wieder rauh gemacht, um sowohl dem Griff des Gegners leichter entschlüpfen wie festeren Griff fassen zu können. An Stelle der modernen Ringmatte diente im Altertum ein aufgegrabener, geebneter, mit Sand bedeckter Platz, das Skamma unter freiem Himmel inmitten der Ringschule, der Palaistra; von ihr hatte der Schüler den Namen Palaistrites, der schließlich, wie unser Wort Turner, für den Körperübungen treibenden jungen Mann schlechthin galt. Erschwert konnte das Ringen noch werden, wenn es auf feuchtem Schlamm stattfand. In älterer Zeit wurde unter Flötenmusik geübt. Beim Wettkampf wurden die Paare durch Lose bestimmt, die mit den gleichen Buchstaben bezeichnet waren; bei ungerader Bewerberzahl war der Überzählige im Vorteil. Der Sieg wurde durch dreimaliges Hinwerfen und Berührung des Bodens mit den rückwärtigen Körperteilen entschieden. Der Knabenringkampf wurde in Olympia im Jahre 632 eingeführt; Hipposthenes war der erste Sieger. Über die gesundheitliche Wirkung, vom ärztlichen Standpunkt aus betrachtet, sind Geschwätz und Binsenweisheiten, wie gewöhnlich, überliefert. Einer der älteren Ärzte empfahl gymnastische Massage und Ringen am frühen Morgen zur Heilung von Hämorrhoiden. Eine körperliche Schädigung trat dadurch ein, daß die Ohrknorpeln bei dem engen Pressen und Ziehen gebrochen wurden, so daß sie anschwollen und den Ringer wie den Faustkämpfer schon äußerlich kenntlich machten.

Die Schrift des Sophisten Protagoras von Abdera über die Ringkunst ist leider verloren. Es muß auch zahlreiche Anleitungen von Paidotriben u. dgl. Lehrern für das Ringen gegeben haben, wie wir für das deutsche Altertum Dürers Fechtbuch haben, mit Zeichnungen von Ringern zu jeder einzelnen Vorschrift[214]), oder wie die zahlreichen Handbücher, in denen die Regeln des modernen Ringens gelehrt und durch photographische Aufnahmen anschaulich gemacht werden. Der einzige in einem Papyrus aus dem 2. Jahrhundert n. Chr. erhaltene Rest (J. Phil. 26) und die erotische Anwendung der Ringerausdrücke bei Lukianos (Asinus 9) und in dem Gedicht der Anthologia Palatina 12, 206 helfen nicht viel weiter, und die einzeln überlieferten Benennungen der Griffe und Schwünge sind für uns ebenso schwer zu verstehen, wie für einen modernen Laien solche Ausdrücke wie Armfallgriff, Schleuder mit Armhakenfessel oder Hüftgürtelzug. Wir können nur mit Sicherheit annehmen, daß ebenso wie heute die immer wiederkehrenden, typischen Griffe einzeln gelehrt wurden, und daß man allmählich zu ihrer Verbindung in Angriff und Verteidigung und zu einem durchgeführten Kampfe fortschritt.

Drei Darstellungen des Unterrichts im Ringen sind erhalten, bei denen es deutlich ist, wie der eine den Griff ausführt, während der andere wehrlos die Arme ausstreckt. Auf einer Berliner Amphora zeigt der Maler Andokides zwei Männer noch im Beginn des Kampfes (Taf. 61a). Der links gezeichnete hat mit der Rechten das linke Handgelenk des Gegners erfaßt, dieser ist seitwärts an jenem vorbeigeschlüpft und faßt ihn von hinten am rechten Unterarm, um ihn zu sich herumzudrehen und von hinten eine Umschlingung zu gewinnen („Herumreißer"). Ein Lehrer steht mit dem Stab dabei und führt, wohl nicht ohne Grund, eine Blume an die Nase. Auf einem Psykter des Euthymides sind zwei Jünglinge dargestellt, und zwar ist in altertümlicher Weise die von vorn gesehene Gruppe nach den Seiten auseinandergefaltet (Taf. 61b). Der links stehende hat den Gegner durch Genickzug nach unten gebracht und ihm von hinten und oben her den linken Oberarm um Nacken und Brust gelegt, den Unterarm unter der Achsel durchgeschlagen und, indem er seine linke Hand mit der rechten erfaßt — hier wie immer werden die Hände ineinander gehakt, nicht gefaltet —, reißt er ihn mit dieser festen Umschlingung zu Boden. Der Psykter der Sammlung Bourguignon zeigt, wie der Jüngling links den aufrecht, mit ausgestreckten Armen stehenden Gegner unter der Achsel um den Leib packt, wohl zu einem seitlichen Ausheber (Abb. 30). Solche einzelnen Griffe hießen Palaismata. Mit etwas gekünstelter Allegorie hat, wie schon erwähnt worden, ein später Maler die Göttin Palaistra dargestellt, umgeben von Kindern, die die Palaismata verkörpern sollten.

Abb. 30. Ringschule.

Im übrigen sind wir für die Kenntnis des eigentlichen Kampfes auf verstreute Nachrichten und Denkmäler angewiesen. In der Literatur haben wir außer zahlreichen kurzen Erwähnungen, die das Ansehen und die allgemeine Kenntnis des beliebten Sports bezeugen, mehrere vollständige Schilderungen mythischer Agone, allen voran den schweren Kampf zwischen Aias und Odysseus im 23. Buch der Ilias. Danach sind in der Hauptsache zwei Arten des Kampfes, im Stehen und am Boden, zu unterscheiden, die aber von selber ineinander übergingen, indem der Kampf immer im Stehen begann und am Boden fortgesetzt wurde, wenn es nicht gelungen war, den Gegner aus dem Stande entscheidend zu werfen. Es waren offenbar, wie im modernen Ringen, nur Griffe oberhalb des Gürtels erlaubt, im Gegensatz zum Pankration, bei dem auch die Beine mit Stoßen und Treten kräftig mitarbeiteten und in der Abwehr erfaßt werden durften; doch war das Einhaken mit den Beinen gestattet. Schlagen mit der Faust war verboten, dagegen Stoßen, um dem Griff mehr Wirkung zu geben, Gliederverdrehen und Würgen zulässig.

Im Beginn des Kampfes traten die beiden Kämpfer einander gegenüber, mit gekrümmtem Rücken, den Kopf eingezogen, das eine Bein vorgestellt, wie es die Autoren oft beschreiben und Bildwerke zeigen[215]). Zuweilen hebt der eine Ringer den linken Arm, der andere den rechten, so daß die Fingerspitzen zusammenstoßen (Taf. 62a u. 63), oder die beiden Arme werden miteinander verschränkt, so wie es noch jetzt bei den Türken üblich ist[216]). Die freien Arme hängen herab, um Untergriff zu erlangen[217]), oder die freien Hände greifen auch an den Kopf, wohl um vorzeitiges Zugreifen zu verhindern (Taf. 62b). Diese Stellung ist in geschickter Weise benutzt worden, um Gruppen solcher Ringer als Griffe von Cistendeckeln anzubringen (Taf. 64a). Sonst, wenn die Kämpfer nur vorwärtsgebeugt aufeinander zugingen, konnte es leicht kommen, daß die Köpfe zusammenprallten, in jener Stellung, die von Ovidius in den Metamorphosen 9, 46ff. und von Lukianos im Anacharsis 1 mit der von kämpfenden Stieren oder Widdern verglichen wird (Taf. 64).

Dann beginnen die Kämpfer, einander zu fassen. Es kann lange währen, wie bei Quintus Smyrnaeus 4, 215ff., bis es gelingt, die Hände[218]), die Handgelenke[219]), die Oberarme[220]) zu ergreifen oder dem anderen unter die Achsel zu fassen[221]). Es folgt im systematischen Weitergehen die gegenseitige Nackenmassage[222]), der Nackenzug[223]) und das Niederdrücken des Kopfes vom Hinterkopfe her[224]), sowie die Umarmung über beide Schultern[225]). Der Zwiegriff oder Kreuzgriff, also die Umarmung, bei der jeder der Kämpfer einen Arm über der Schulter und den anderen unter der Achsel des Gegners hat und die Hände auf dem Rücken des Gegners verschränkt werden, ist auf antiken Bildwerken nicht sicher zu erkennen, ist aber von Homer in der Ilias 23, 712 gemeint, wo Aias und Odysseus einander umschlungen halten und gegeneinander wie Dachsparren eines Hauses stehen[226]).

Aus den bisher betrachteten Griffen ergeben sich nun einige weitere, bei denen der angreifende Athlet den Körper des Gegners wie einen Hebel behandelt. Der erste ist der Zug über den Oberschenkel. Der Angreifer kehrt dem Gegner die Seite zu und schiebt und zieht ihn über sein dem Gegner zugewandtes, vorgesetztes Bein (Taf. 65 a). Es ist in Dürers Fechtbuch die 105. Übung, heutzutage verboten. — Die folgenden Schwünge ergeben sich dadurch, daß der eine Ringer sich in der Umklammerung um seine Achse dreht, dem Gegner also den Rücken zuwendet, sich stark vornüber wirft, jenen so auf seine Hüfte oder seinen Rücken lädt und ihn rücklings auf den Boden fallen läßt. Dies schnelle Sichumdrehen war gewiß das „Hédran stréphein“, das Gesäß umdrehen, von dem die Argiver bei Theokritos 24, 111 den Beinamen „Steißdreher“ führen (Taf. 65 b). Hat aber der eine Kämpfer mit beiden Händen einen Arm des Gegners gepackt, so kann er ihn bei der schnellen Umdrehung über seine Schulter ziehen, sich so den Gegner auf den Rücken laden („Schulterzug“) und ihn über seinen Kopf weg zu Boden werfen[227]).

Abb. 31. Ringen.

Weiter folgt der Untergriff von vorn, von der Seite[228]) und, oft abgebildet, von hinten (Taf. 66). Die Abwehr hiergegen besteht in starkem Vorwerfen des Oberkörpers und Wegdrücken des Angreifenden[229]). Sonst faßt der Angreifer den Gegner von hinten um den Leib, hebt ihn hoch und sucht ihn nach einigen Pendelschwüngen zu werfen. Dies ist der Griff, mit dem die mythischen Brauträuber ihre Opfer zu packen pflegen, und womit Herakles den Antaios von der mütterlichen Erde emporhebt[230]). Hierbei wehrt sich der Emporgehobene dadurch, daß er mit den freien Händen die Umklammerung zu lösen sucht (oft dargestellt), jenem einen Arm um den Hals schlingt[231]), die Füße gegen die Knie des Angreifers stemmt[232]) oder einen Fuß hinter das Bein des anderen einhakt[233]). Der Eleer Aristodemos ließ sich beim Ringen nicht um die Mitte fassen; er war Sieger in der Olympiade 98[234]).

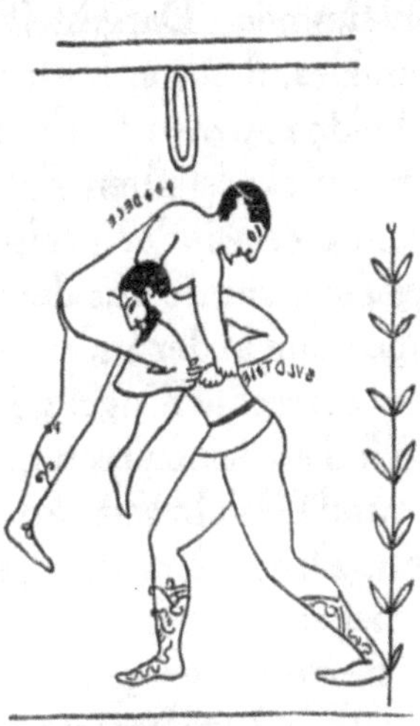

Abb. 32. Ringen.

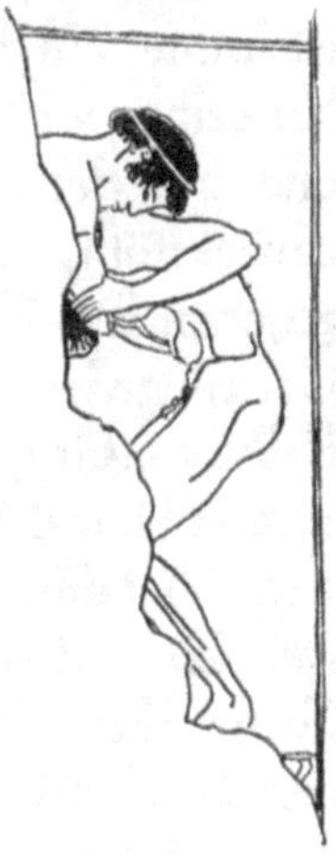

Abb. 33. Ringen.

Den Genickhebelschwung sehen wir (allerdings mit einem Pankratiastengriff um das Bein) dargestellt auf einem etruskischen Wandgemälde[235]) (Abb. 32), und weiter können wir den Ausheber in verschiedenen Phasen verfolgen. Hat der Angreifer den Gegner durch Niederzerren an den Armen[236]) oder durch doppelten Nackenzug unter sich gebracht, so gilt es, ihn von oben her um den Hals[237]) (Abb. 33), oder — was einen schnelleren Erfolg verbürgt — um den Leib zu fassen[238]) (Taf. 68 a), zu heben und so zu Boden zu bringen[239]). Dem sucht der Unterliegende durch einen Griff um den Leib des Gegners zu entgehen[240]) (Abb. 34).

Abb. 34. Ringen.

Als Abschluß der im Stehen ausgeführten Ringkämpfe sind zwei Reihen von Bronzegruppen anzuführen, deren Motiv schon hart an das Pankration grenzt. Die eine Reihe besteht aus 6 Beispielen[241]) (Taf. 67), die in der künstlerischen Fassung voneinander etwas verschieden sind, im Motiv aber fast völlig übereinstimmen. Dargestellt ist immer ein Mann im Typus des bärtigen Herakles, der von hinten her seinen weit vornübergebeugten Gegner an beiden Armen festhält und mit der linken Ferse dessen rechten, weit zurückgestellten Fuß zurückstößt, so daß jener völlig wehrlos seinem Überwinder preisgegeben ist. Eine Bewegung — und sein linker Arm würde aus dem Gelenk gedreht werden[242]). Ähnlich ist die Komposition in der anderen Reihe von Gruppen[243]) (Taf. 94c), nur steht hier der aufrechte Ringer gespreizt über dem Knienden und biegt mit seinem linken dessen rechten Arm über die Schulter zurück, so daß jener Brust und Gesicht seitwärts wenden und den linken Arm aufstemmen kann. Dadurch wirkt die Gruppe künstlerisch geschlossener; nur wie der Sieger dem Bezwungenen die Hand auf den Kopf legt, ist etwas matt. Beide Typen gehören der Ausführung nach in die römische provinziale Kunst, gehen aber wahrscheinlich auf statuarische Werke hellenistischer Erfindung zurück[244]).

Wenn nun der zu Boden Geworfene wie in diesen zuletzt betrachteten Gruppen nicht hilflos kniet, sondern wenn es ihm gelingt, den Angreifer mitzureißen, oder wenn dieser selber hat mit zu Boden fallen müssen, so geht der Kampf an der Erde weiter. Halindesis oder Kylisis hieß solch ein „Wälzringen" auf griechisch. Ein paar Anspielungen bei Schriftstellern sind leicht verständlich, so bei Aristophanes im Frieden 895, „am Boden ringen, vierfüßig dastehen, (den Gegner) auf die Seite werfen, mit dem Kopf vornüber knien ..." und bei Philostratos, Gymn. 36: „ebenso fest auf dem Kopf stehen wie auf den Füßen". Damit kann die „Brücke" gemeint sein, die freilich in Ringkampfszenen nicht dargestellt ist (Taf. 70b), sowie das Aufstemmen des Kopfes zur Abwehr gegen das Hochreißen[245]). An Bildern des Ringkampfes zwischen Herakles und Antaios lassen sich die verschiedenen Phasen verfolgen, wie der Gegner tief vornübergebeugt[246]), in die Knie[247]), zum Sitzen (Taf. 69) und endlich in die Rückenlage[248]) gezwungen wird. Späte Darstellungen von Kindern und Eroten geben auch für dieses Kapitel manche Belehrung; so zeigt eine Paste den Untergriff von hinten und Ausheber und einen Würgegriff um den Hals (Taf. 68) und ein Sarkophag im Louvre einen Überstürzer aus der Bank (Abb. 35).

Abb. 35. Kinderagone.

Der Ringkampf ist wegen der schnellen, einander überkreuzenden Bewegungen außerordentlich schwer zu beobachten und enthält die Möglichkeit zu ungezählten Stellungen und Gruppierungen, von denen die oben angeführten typischen Fälle nur eine dürftige Auswahl bieten. Der Malerei sowohl mit schwarzen wie mit roten Figuren war es hinderlich, daß die beiden eng verschlungenen Männer sich in der Silhouette schlecht voneinander loslösen, und der Plastik stand im Wege, daß der einzelne Ringer außer dem ersten Vorgehen kein in die Augen fallendes Motiv bot, und daß der Sieger keinen Anlaß hatte, seinen Gegner mit verewigen zu lassen. Auch war die Gruppierung mit den beiden nach außen gekehrten Rückseiten ebenso ungünstig, wie die der beiden stehenden Gruppen mit derselben Frontrichtung der beiden Gegner. Doch sind manche Motive aus den Darstellungen des Ringkampfes zwischen Herakles und dem Löwen zu entnehmen, und trotz allen Schwierigkeiten hat die Kunst eine große Menge von Bildern des Ringkampfes geschaffen, ein deutliches Zeichen, in welchem Ansehen dieser schwere Agon bei den Griechen stand.

Die hippischen Agone

Das Wagenrennen

Eine hübsche Erzählung eines neueren Dichters schildert eine Begebenheit aus dem dörflichen Leben im Posenschen. Die Bauern, alle zu Wagen, sind zur Kirche versammelt; nun soll es, wie üblich, zum Krug gehen. Dabei pflegt jeder die Kunst seines Fahrens und die Schnelligkeit seiner Pferde zu zeigen. Der eine der jungen Bauern nimmt seine Traute zu sich auf den Wagen, heißt sie, sich an ihm festzuhalten, und fort geht die sausende Fahrt zum Krug, allen anderen voran. Und der Siegespreis für dies kühne Fahren ist die Huld des Mädchens. Es versteht sich ohne weiteres, wie mehrere Wagen, die demselben Ziel zustreben, einander zu überholen trachten; wie Landbewohner, die aus irgendeinem feierlichen oder profanen Anlaß, Kirchenfest, Hochzeit, Leichenbegängnis zusammengekommen sind, die Tüchtigkeit ihrer Gespanne im Wetteifer messen, und wie solches, bei bestimmter Gelegenheit geübt, zur Sitte wird. Man braucht also für die Entstehung der griechischen Wagenrennen die Religion nicht zu bemühen und in dem Hin- und Wiederfahren etwa ein Gleichnis des Sonnenlaufs zu sehen[249]). Jedenfalls geht die Sitte des Wettfahrens in Griechenland in alte Zeiten hinauf[250]). Für die achaiische Zeit ist sie sowohl durch das Wettfahren der homerischen Helden bei den Spielen zu Ehren des Patroklos bezeugt als durch die Erzählung des Nestor von seiner Niederlage bei der Leichenfeier für Amarynkeus. Die Denkmäler bestätigen die Berichte Homers von der Verwendung des leichten zweiräderigen Wagens im Kriege, und so wird auch in dem Wettfahren der Helden historische Treue zu vermuten sein[251]). Daneben wurde der Wagen auf der Jagd gebraucht, ein Grund mehr, um die Fertigkeit im Fahren zu üben und bei Gelegenheit im Wettstreit zu erproben. In der frühhellenischen Zeit, deren künstlerische Erzeugnisse den „geometrischen Stil" zeigen, erscheinen auf den Vasenbildern oft Züge von Zweigespannen mit je einem Lenker, die mit Wahrscheinlichkeit auf Wettfahrten gedeutet werden (Taf. 5). Es haben sich zahlreiche kleine Modelle von Wagen in verschiedenen Heiligtümern gefunden, so auch in Olympia. Ob sie freilich notwendig als Siegerweihungen zu erklären sind, ist unsicher. Gegenüber dem älteren, aus dem Orient übernommenen tritt jetzt der neue Typus des Wagens mit viereckigem Kasten und Bügelgeländer auf. Dieser bleibt dann in der griechischen Zeit üblich, aus der uns das Wagenrennen als vornehmster Sport durch schriftliche wie bildliche Überlieferung wohl bekannt ist[252]).

Die Rossezucht, in den Ebenen mit ihren Weideflächen heimisch, an den Wohlstand ländlicher Besitzer gebunden, fand im Wettfahren den glänzendsten Ausdruck ihrer adeligen Art, wie die schärfste Prüfung ihrer Tüchtigkeit. Gelegenheit hierzu gab es an allen größeren Spielen; den Schauplatz bot der Hippodromos, der entweder beständige Einrichtung wie an den großen Festorten oder auf einem freien Felde leicht herzurichten war. Denn es war an Zurüstungen nichts weiter nötig als ein Paar von Säulen, um Anfang und Ende der Bahn zu bezeichnen.

Die zweiräderigen Wagen waren leichte Gefährte. Es gab zwei Arten. Die eine war ein hinten offener Kasten, eigentlich nur ein Trittbrett über der Achse, vorn und an den Seiten mit einer Brüstung, die nach hinten zu mit geschweiften Bügeln zum Anfassen versehen war. Die andere Art war mit einem Sitzbrett für den Fahrer versehen, ähnlich den Wagen unserer Traberrennen (Taf. 23, 14). Die Deichsel saß fest unter dem niedrigen Trittbrett an und ging nach vorn stark in die Höhe; hier, am vorderen Ende, war das Joch angebunden[253]). Dieses lag auf den Widerristen der zwei Pferde, die damit eigentlich den Wagen zogen. Beim Viergespann liefen außerhalb der Jochpferde noch zwei Pferde mit, die nur mittels langer Riemen mit dem Wagenkasten verbunden waren. Da diese nicht eigentlich zogen, so dienten sie, nach heutigem Sprachgebrauch, als „Schrittmacher" für die Jochpferde und erhöhten die Pracht des Aussehens, namentlich an der Kurve um die Zielsäule, wo die innen laufenden Pferde zurückgehalten, die äußeren dagegen angetrieben werden mußten (Taf. 71). Die Rennen waren nach Alter und Zahl der Pferde in solche für ausgewachsene Pferde und Fohlen, Vierspänner und Zweispänner geschieden. Die Zahl der Bewerber war, wie es scheint, durch keine Vorschrift begrenzt. Die Wagenlenker, selten die Besitzer selber, meistens bezahlte Angestellte, nach alter ionischer Sitte mit dem langen festlichen Gewand bekleidet[254]), standen vornübergebeugt in dem Wagenkasten, in der linken Hand die Leinen, in der Rechten Peitsche oder Stachel (Taf. 73a).

Leider fehlt es an genauen Nachrichten über den Verlauf der Rennen, besonders über den Start. In Olympia war eine von einem Kleioitas gebaute, von einem Aristides verbesserte besondere Anlage vorhanden. Sie bestand aus einer Reihe von Boxen, wie wir sagen würden, Ställchen, die im Winkel, in Form eines Schiffsvorderteils angeordnet waren, und aus denen die Wagen nacheinander, mit dem äußersten angefangen, losgelassen wurden. Das Zeichen zur Abfahrt gab ein Adler, der mit einer Maschinerie hochgezogen wurde, während zugleich ein Delphin an einer Säule herabfiel. Danach wurden die Taue von den Boxen weggezogen. Diese ganze Einrichtung stammt gewiß erst aus römischer Zeit. In der griechischen Zeit wurde das Zeichen zur Abfahrt durch einen Trompetenstoß gegeben.

Ursprünglich, wie es noch bei Homer beschrieben wird, ging das Rennen nur einmal die Bahn entlang. Bei den Spielen der historischen Zeit ging die Fahrt wenigstens einmal um die Zielsäule und zurück; für gewöhnlich ward die Bahn hin und zurück in langgestreckter Ellipse mehrmals, in Olympia zwölfmal durchmessen, und dabei das Ziel stets nach links herum umfahren. Bei der Fahrt mußte es das Bestreben der Fahrer sein, möglichst kurz um die Säule zu biegen, wobei jedesmal die Gefahr bestand, mit dem Rade das Ziel zu streifen, den Wagen zu zertrümmern, zu Fall zu kommen und die Herrschaft über die Rosse zu verlieren. Endlich wurden gar die nachfolgenden Wagen, die dem Hindernis nicht mehr ausweichen konnten, mit in das Verderben gerissen. Wer die gefährliche Säule vermeiden wollte, mußte einen weiteren Bogen machen und wurde um so leichter überholt. Da die Fahrt nicht auf glatter Aschenbahn vor sich ging und die Deichsel an dem einen Ende fest mit dem Wagen, an dem anderen Ende mit dem Joch der galoppierenden Pferde verbunden war, so wird schon allein das feste Stehen eine Leistung gewesen sein. Die Wagen, die der Mittellinie der Bahn von Anfang an am nächsten fuhren, waren im Vorteil, und um Begünstigung zu vermeiden, wurde die Reihenfolge der Plätze bei der Abfahrt ausgelost. Von einem Annikeris aus Kyrene wird berichtet, er habe verstanden, bei jedem Umfahren immer dieselbe Spur einzuhalten; freilich habe Platon, als Zuschauer anwesend, solche übertriebene Sorgfalt getadelt, da sie verhindere, Fleiß auf etwas Großes zu verwenden. War nun der Sieg unter den Wagenlenkern entschieden, die ihre Gespanne durch alle Gefahren glücklich hindurchgesteuert hatten, so wurde der Preis dem Besitzer der Pferde oder auch der Besitzerin zugesprochen; denn es stand Frauen — in diesem Falle Angehörigen begüterter Häuser — frei, ihre Gespanne im Wettkampf fahren zu lassen und so die Ehren des Siegers in einem so überaus männlichen Agon zu gewinnen. Der Sieger aber konnte seinen Erfolg im Wagenrennen zu den großen Ereignissen seines Lebens zählen, und mehr als in den anderen Agonen war der Wunsch berechtigt, ein solches Erlebnis durch eine Siegesode, eine Weihung, etwa des ganzen Wagens, wie es Arkesilaos von Kyrene tat, oder durch ein Relief mit Inschrift, wie das des Damonon in Sparta mit den Mitteln der Kunst zu verewigen, wobei denn auch der Wagenlenker zu seinem verdienten Ruhm kam. Der Siegesgesang — wenn möglich von einem Pindaros oder Bakchylides verfaßt —, blieb ja erhalten, auch wenn die Aufführung selbst lange verklungen war, und der bildenden Kunst standen mancherlei Möglichkeiten offen. Von einer plastischen Darstellung des ganzen Wagens mit Pferden und Menschen stammt das griechische Vorbild zu der Statue des sog. Wagenlenkers vom Palatin, der mit den vorgestreckten Händen die Zügel packt und den einen Fuß auf das Trittbrett des Wagens setzt. Vasenbilder mit der Anschirrung von Rennwagen lehren uns, daß in diesem nackten Jüngling nicht der Wagenlenker, sondern ein Knecht zu erkennen ist, der während der Anschirrung die Zügel hält[255]). Einem Bilde des Wagens mit dem Lenker fügte Kyniska, die Schwester des Königs Agesilaos von Sparta, nach einem Wagensieg in Olympia ihr eigenes Bildnis bei[256]). Von einer noch ausführlicheren Gruppe stammt der im Original enthaltene Wagenlenker aus Delphi, ein Jüngling in dem langen Gewande, ruhig stehend, die Blicke ein wenig seitwärts gerichtet[257]) (Taf. 74). Auch Nike konnte auf solchen Kunstwerken anwesend sein, wie auf dem Denkmal des Kratisthenes von Kyrene in Olympia, einem Werke des Pythagoras von Rhegion[258]). Für Reliefs war die Darstellung des lang in die Fläche gestreckten Gespanns besonders geeignet, nicht bloß auf Weihungen[259]), sondern nicht minder auf Münzen, die von den siegreichen Herren geschlagen wurden und mit dem Bilde des Viergespanns den Ruhm des Siegers in alle Welt trugen. Die schönsten Münzen der Art sind von den sizilischen Herren ausgegeben worden[260]) (Taf. 23).

Aber selbst ohne Beziehung auf einen bestimmten Sieg war die Darstellung des Rennens mit der Reihe der fahrenden Wagen ein erwünschtes Motiv zur Füllung eines lang gezogenen Frieses. So auf Vasen, wie auf der Berliner Amphiaraos-Vase, auf der auch die prachtvollen Siegespreise mit dargestellt sind (Taf. 72), und an Gebäuden, wie am Maussoleion zu Halikarnassos; von diesem ist ein Rest erhalten, der uns den Verlust des übrigen um so mehr bedauern läßt[261]). Das Außerordentliche eines solchen Schauspiels, die Pracht des Aufzugs, die Schönheit und der rasende Lauf der Rosse, die Erregung der Fahrer und Zuschauer, Lärm und Staub, Zurufe und Geschrei, zumal wenn die Wagen an der Zielsäule stürzten und ineinander gerieten —, das alles hat notwendig auch zu dichterischer Schilderung mächtig angeregt. Das Preisfahren zu Ehren des Patroklos ist oben schon besprochen worden. Ein Prachtstück der Poesie ist die Erzählung in Euripides Elektra 680 ff., wo das Rennen in Delphi mit dem erdichteten Ende des Orestes geschildert wird, und offenbar eigene Erlebnisse des Dichters mit der ganzen Frische stärkster Empfindung wiedergegeben werden.

Bei all dieser Begeisterung der Griechen für das Wagenrennen ist doch zu bemerken, daß es aus der kriegerischen Sitte stammt und immer nur als Schauspiel genossen wird. Die Freude am Kutschieren ist den Griechen auf ihren steinigen Wegen offenbar nie gekommen; ein eleganter Sport zu eigenem Vergnügen ist das Fahren im Altertum nicht gewesen.

Eine besondere Art des griechischen Wagenrennens und ebenfalls kriegerischen Ursprungs war das Rennen der Apobaten[262]). Hierbei standen auf dem Gefährt, so wie einst auf dem Kriegswagen in homerischer Zeit, zwei Männer, der Lenker und ein mit Helm und Schild kriegerisch gerüsteter Athlet. Dieser hatte am Ende der Bahn von dem fahrenden Wagen abzuspringen und zu Fuß die Bahn zurückzulaufen. Er war dabei vor den Mitbewerbern im Vorteil, wenn sein Lenker geschickt und schnell gefahren war; das ganze

Rennen war also eine Verbindung von Wagenrennen und Waffenlauf, und in Siegerinschriften werden beide, der Lenker und der Apobat, mit Ruhm genannt. Diese Art von Agon mag sehr wohl in hohes Altertum zurückgehen; bezeugt ist sie erst aus klassischer Zeit, besonders für Athen und Oropos, hat sich aber später ausgebreitet und bis ans Ende des Altertums gehalten. Die Darstellungen zeigen meistens den charakteristischen Augenblick, wenn der Athlet die Wagenbrüstung noch festhält oder eben losgelassen hat und sich nun hintenüber fallen läßt, um abzuspringen (Taf. 22 b) und zurückzulaufen (Taf. 73 b). Dieser Typus wird auch in Schlachtenbildern für den absteigenden Kämpfer benutzt, und selbst im Parthenonfries kommt er etliche Male vor, wohl mehr aus künstlerischen Gründen, weil er die unvorteilhafte Gruppe der zwei nebeneinander stehenden Männer auseinanderlegt[263]). Die Begeisterung für das Wagenrennen ist dann von den Römern über die Welt verbreitet worden, und die römischen Circusse gehören mit den Amphitheatern zu den auffälligsten Zeugnissen, womit das Römertum den Siegeszug der italischen Kultur belegte, ähnlich den Straßen, Wasserleitungen und Befestigungen, die die Ausbreitung der römischen Weltherrschaft bekunden[264]).

Wir verbinden mit dem Worte Circus die Vorstellung des Rundbaus und den Geruch des Pferdestalles; in der römischen Zeit waren diese Dinge getrennt. Wir wissen ja aus Erfahrung, wie unzweckmäßig es ist, wenn in einem Stadion oder auf einem langgestreckten Sportplatz Ringkämpfe oder Einzelleistungen vorgeführt werden. Ein großer Teil der Zuschauer sieht nichts davon. Die Römer waren klüger: Der lange Circus mit seiner doppelten Bahn zu beiden Seiten der aufgemauerten Achse (spina) und den ringsum geführten, ansteigenden Sitzreihen diente allein dem Wettfahren und den Reiterkunststücken; die Gladiatorenkämpfe, Tierhetzen und Wasserschlachten fanden in den runden Amphitheatern statt. Vorbilder für alle Bauten der Art, die sich im ganzen Imperium Romanum erhoben, waren der Circus Maximus und das Colosseum in der Hauptstadt des Reichs, beides gewaltige, mit Prunk ausgestattete Anlagen. Das Colosseum steht noch als Ruine da, durch Wegschleppen der Steine und Ausgrabungen entstellt (Taf. 79). Der Circus im Südwesten der Stadt zwischen Palatin und Aventin, ist fast verschwunden, aber Bilder und Schriftstellen führen uns noch vor Augen, wie es einstmals dort zugegangen ist. Schon seit Augustus war die Spina des Circus in Rom mit einem Obelisken geschmückt; Constantinus fügte später einen zweiten, größeren hinzu. Sie stehen jetzt auf der Piazza del Popolo und auf dem Platze des Lateran. Gerüste mit abnehmbaren Delphinen und eiförmigen Gebilden zeigten die Zahl der erfolgten Umfahrten an. Je drei kegelförmige Spitzsäulen[265]) bezeichneten die Enden der Spina, die außerdem mit Bildwerken und kleinen Heiligtümern geschmückt war (Taf. 75 u. 77).

Schon in der Frühe vor Sonnenaufgang versammelten sich die Zuschauer, Männer und Frauen. Das ging nicht lautlos vor sich. Einmal erwachte der Kaiser Caligula von dem Lärm; er ließ die Menge auseinandertreiben. Tausende kamen dabei ums Leben. Eingeleitet wurden die Spiele durch eine feierliche Prozession; der Magistrat, der die Spiele veranstaltete, ging voran; Götterbilder wurden im Zuge einhergetragen; Priester zogen mit, Musik ertönte dazu. Die Plätze der Fahrer waren durch das Los bestimmt[266]). Dann warf der Vorsitzende, der über dem Haupteingange seinen Platz hatte, ein Tuch in die Bahn als Zeichen zum Beginn des Spiels (Taf. 78); nun fuhren die Wagen, gewöhnlich vier zugleich, durch die Pforten am Ende der Bahn und jagten in siebenmal wiederholtem Lauf die Bahn hin und zurück. Die Wagenlenker trugen eine kurze Tunica mit einem breiten Ledergürtel und einer Umschnürung gedrehter Binden um den ganzen Oberkörper[267]) und auf dem Kopf eine Kappe; die Hände hielten die Peitsche und die Leinen. In dem Gürtel steckte auch ein Dolch zum Durchschneiden der Leinen, für den Fall der Not, wenn der Wagen gestürzt war und der Fahrer geschleift wurde (Taf. 77). Die Tunika des Fahrers hatte eine der Farben weiß, rot, blau oder grün, denn dies — albata, russata, veneta und prasina — waren die Farben und Namen der Parteien, die dem ganzen römischen Circuswesen im Gegensatz zu den griechischen Festspielen das Gepräge gaben (Taf. 76 a). Factiones nannte man die Gesellschaften von Kapitalisten, die das Zubehör für die Spiele, Pferde, Wagen, Fahrer und das zahlreiche Hilfspersonal immer bereit hielten und den Veranstaltern der Spiele vermieteten. Mit einer Leidenschaftlichkeit, die uns unbegreiflich ist, weil kein Wettgewinn dabei mitspielte, nahm nun das Publikum für die verschiedenen Farben Partei; es begleitete die Fahrt der Wagen mit lauten Zurufen, Aufspringen und Ausstrecken der Hände und erging sich nach der Entscheidung in tobendem Jubel und wilden Ausbrüchen der Wut, je nachdem die Parteifarben gesiegt hatten oder unterlegen waren. Der siegreiche Fahrer aber erhielt fürstliche Gehälter, Belohnungen und Auszeichnungen, sein Ruhm war in aller Munde, künstlerische Darstellungen hielten sein Andenken fest[268]) Hat sich diese Art Wettfahren bis auf den zahmen Nachklang in unseren Traberrennen verloren, so haben die Vorführungen, die in den Pausen zwischen den Wagenrennen stattfanden, noch heute im Circus ihre Geltung; da zeigten Kunstreiter ihre Fertigkeit im Auf- und Abspringen, sie ritten im Liegen, sprangen über Viergespanne weg u. dgl.; auch Reiten in künstlichen Verschlingungen, unserem Karussellreiten vergleichbar, wurde gezeigt. Aber die Hauptsache war immer das Fahren, das die nach Rom aus aller Welt zusammengeströmten Müßiggänger mit einer unsinnigen Begeisterung erfüllte. „Panem et circenses", Brot und Circusspiele, hieß die beständige Forderung des Pöbels; immer gesteigerter Aufwand bei den Spielen war daher eins der beliebtesten Mittel für ehrgeizige Beamte, die Gunst der Massen und damit höhere Ehrenstellen zu gewinnen. Der Circus diente aber auch dem Volk, nachdem die Alleinherrschaft ihm seine Rechte genommen hatte, als Freistatt, wo es ungestraft den Regierenden sein Mißfallen ausdrücken und Forderungen erheben, ihnen aber auch durch Zuruf und Händeklatschen Beifall entbieten konnte. Kein Wunder, wenn es in der von Leidenschaften überhitzten Circusatmosphäre oft zu blutigen Händeln kam, wie in Byzantion im Jahr 532 n. Chr.; ein Wunder nur, wie die Circusspiele sich bis an das letzte Ende des Altertums gehalten haben und erst der allgemeinen Verödung und Verarmung und dem Einbruch neuer Kulturkräfte erlegen sind.

Das Reiten

„Wie der Mensch sich körperlich niemals freier, erhabener, begünstigter fühlt als zu Pferde, wo er, ein verständiger Reiter, die mächtigen Glieder eines so herrlichen Tieres, eben als wären es die eigenen, seinem Willen unterwirft, und so über die Erde hin als höheres Wesen zu wallen vermag", das ist auch den Griechen nicht verborgen geblieben[269]).

Früh von auswärts eingeführt hat das Pferd auf der Balkanhalbinsel, namentlich in den Ebenen Thessaliens, Boiotiens und der Argolis Pflege gefunden. Zwar in der ältesten Zeit hat es nur zum Fahren gedient, und die homerischen Helden fahren wie die orientalischen Herrscher in die Schlacht. Aber von der späteren achaiischen Zeit an sehen wir auf den Denkmälern das Pferd auch zum Reiten benutzt, und seitdem ist das Reiten aus dem Leben und der Kunst der Griechen nicht wieder verschwunden. Die Kunst, das Tier zu bändigen, wird den Zeussöhnen, den Dioskuren zugeschrieben, und bald war die Erfahrung groß genug, um Reiterei im Heere zu verwenden und das reiterliche Können im Wettkampf zu messen, ja Schriften über Pferdepflege, Reiten und Kavallerie im Heere zu verfassen. Leider sind die Schriften des Simon, eines Zeitgenossen des Pindaros, verloren, doch haben sich zwei Werke von Xenophon, „Über das Reiten" und „Das Buch vom Reiterführer" erhalten, aus denen wir mit Bewunderung die reiche Erfahrung über das Wesen des Pferdes sowie den hohen Stand der reiterlichen Ausbildung im 4. Jahrhundert v. Chr. kennen lernen. Diese unterschied sich in einigen wesentlichen Punkten von der heutigen. Es wurde allgemein ohne Sattel, höchstens mit einer oder zwei Decken (Taf. 80 a) und nur mit einem Zügel, ohne Kandare geritten[270]). Die Aufzäumung war daher einfach. Sie bestand in der Regel nur aus dem Riemen, der in der Richtung des Kopfes, hinter den Ohren herumgeht und die Trense in der richtigen Höhe festhält, ferner aus den Riemen, die über die Stirn und um die Ganaschen, sowie dem, der vorn über der Nase und unter dem Maul herumführt. Doch war die Trense für gewöhnlich nicht glatt, sondern mit verschiedenen Vorrichtungen versehen, die das Pferd zwangen, nachzugeben (Taf. 82). Auch waren außen Vorrichtungen angebracht, die das Durchziehen der Trense verhinderten[271]). Sporen waren bekannt, aber bei den Griechen nicht allgemein gebräuchlich (Abb. 36). Doch konnte der Reiter, wenn er sich nicht der kurzen Peitsche bediente, auch den Stachel, wie der Wagenlenker, anwenden[272]). Mit dem Sattel fehlten dem Altertum die Steigbügel. Das Aufsitzen erforderte also besondere Gewandtheit. Plutarchos erzählt in der Apophthegmata regum et imperatorum die hübsche Geschichte von einem Gelage, bei dem jeder Gast

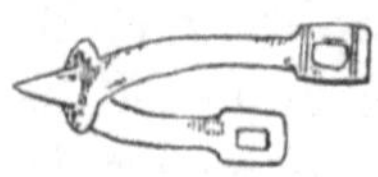
Abb. 36. Sporn.

zur Leier singen sollte. Gelon aber, der Tyrann, ließ sein Pferd hereinführen und zeigte, wie leicht er hinaufspringen könne. Das Aufsitzen aber geschah meistens so, wie man es heute zu Beginn des Reitunterrichts lernt, indem man mit der Linken in die Mähne faßte, die Rechte auf den Widerrist aufstützte und sich so mit einem Sprung auf den Rücken schwang. Der Krieger, der die Lanze führte, konnte sie zu Hilfe nehmen (Taf. 83 a), auch konnte man bequem von irgendeiner Erhöhung, einem Stein oder dgl. aufsteigen, wenn man sich nicht, wie es namentlich ältere Leute taten, hinaufheben ließ. Ein Dressurkunststück war es, wenn man das Tier veranlaßte, sich mit dem Vorderteil niederzulassen oder gar niederzuknien, um so in aller Gemächlichkeit aufzusitzen[273]) (Taf. 83 b). Einen Unterschied von heutiger Gepflogenheit bedeutet es sodann, daß die Hufe der Pferde nicht beschlagen waren, und daß zwar nicht die kunstvollen Gangarten der hohen Schule, aber der sog. Paßgang geübt wurde, bei dem das Tier gleichzeitig die beiden rechten und dann die beiden linken Füße vorsetzte, also in der Art, wie das Kamel von Natur zu gehen pflegt[274]) (Taf. 85 a). Endlich muß man sich den modernen Jockeysitz mit hochgezogenen Knien wegdenken. Aber im übrigen unterschied sich das antike Reiten nicht wesentlich von dem heutigen. Denn alles, was in der Natur der Sache liegt, stimmte überein: die Gangarten Schritt und Galopp und die Mittel, mit denen der Mensch dem Tier seinen Willen mitteilt, nämlich Gewichtverlegung und Hilfen vermittels der Zügel und Schenkel. Auch das Ideal der reiterlichen Erscheinung war dasselbe wie jetzt, mit dem aufrechten, aber geschmeidigen Oberkörper, den anliegenden Armen, dem festen Schluß der Oberschenkel und den lockeren Unterschenkeln. Selbst eine Äußerlichkeit läßt sich vergleichen. Wir sehen die athenischen Jünglinge beim Reiten mit Vorliebe die Tracht der Thraker tragen, eines in der Rossezucht besonders tüchtigen Volkes. Ebenso trugen die deutschen Studenten im Anfang des vorigen Jahrhunderts beim Reiten gern die Kleidung der östlichen Reitervölker, den ungarischen Schnürenrock und verschiedene Mützenformen, die sich seitdem in der studentischen Tracht seltsam genug gehalten haben; und wer sonst heute mit Pferden und Reitkunst zu tun hat, gibt sich gern ein englisches Aussehen.

Es war auch den Alten bekannt, daß das Pferd nicht zwischen reich und arm, sondern nur zwischen guten und schlechten Reitern unterscheidet, daß also das Reiten ein gutes Erziehungsmittel gerade für die Reichen und Vornehmen ist, denen gefällige Lehrer sonst leicht sportliche Tüchtigkeit vortäuschen[275]). Und auf Reiche und Vornehme war das Reiten als Zweig der Gymnastik schon durch die Kostspieligkeit der Vorbedingungen beschränkt; es hatte daher seine Stelle unter den körperlichen Übungen hauptsächlich als Vorübung zum Kriege und wurde aus diesem Grunde von Platon anerkannt. Der Reitunterricht wurde von besonderen Lehrern erteilt, auch als die Absicht, zum Heeresdienst vorzubereiten, in den friedlichen Zeiten nach Alexander weggefallen war. Denn wie es der Parthenonfries so herrlich schildert, wurde, zumal in Athen, die berittene Jugend zu den festlichen Umzügen an den Götterfesten bestellt, was den Glanz des Schauspiels nicht wenig erhöhte. So sehr aber im 5. Jahrhundert die überhandnehmende Leidenschaft für Pferdehalten und Reiten getadelt wurde, so sehr beklagten in römischer Zeit die Vertreter der guten alten Sitte das Nachlassen der Reitkunst bei der Jugend als ein Zeichen des Verfalls.

Abb. 37. Speerwerfen zu Pferd.

Bei den Kampfspielen ist das Reiten nicht von Anfang an üblich gewesen. Es ist in Olympia im Jahre 680 eingeführt und allmählich auch an den anderen Festen aufgenommen worden[276]) (Taf. 84). Doch ist hier, wie beim Wagenfahren, nicht erforderlich, daß Reiter und Besitzer des Pferdes eins sind. Der Preis fällt dem Eigentümer zu, genau wie heutzutage bei den großen Wettrennen. Besondere Schauspiele waren der Fackellauf zu Pferde, in Athen zur Zeit des Sokrates eingeführt[277]), das Schildstechen, bei dem die Jünglinge im Vorbeireiten einen aufgehängten Schild mit dem Werfspeer zu durchbohren suchten[278]) (Abb. 37), und die Parade, die in Art des modernen Karussellreitens in mannigfachen Verschlingungen berittener Geschwader vor sich ging[279]).

An moderne Schilderungen der früher bei uns beliebten Bauernrennen erinnert die köstliche Episode aus Xenophons Anabasis 4, 8,

28. Wie da die Griechen nach den Anstrengungen des Zugs über das Gebirge sich erholt haben und nun ein großes Sportfest anstellen, wird auch zu Streit geritten, und zwar nicht auf ebenem Gelände, sondern einen Hügel hinab bis ins Meer, und von dort zurück bis zu dem Altar auf dem Hügel. „Abwärts nun kamen die meisten ins Rollen; aufwärts steil hinauf konnten die Pferde sich kaum im Schritt bewegen. Da erhob sich viel Geschrei, Gelächter und ermunterndes Rufen."

War der Kampf entschieden, so erhielt der Sieger als Preis einen Gegenstand von Wert, etwa eine Amphora voll attischen Öls, oder als ideale Auszeichnung eine Tänie oder einen Kranz[280]). Wenn die Kunstwerke das so darstellen, als wenn das Roß bekränzt wird[281]), so ist es gewiß in der Sitte begründet, denn wie Plutarchos einmal sagt, hat von den Tieren nur das Roß Anteil am Kranz und Wettkampf; ist es doch allein geschaffen und geübt, den Kämpfern beizustehen und mit in den Krieg zu ziehen. So erklärt in der Erzählung des Dion von Prusa sich auch der Hohn des Diogenes, wenn er in Korinth einem Gaul, der einen anderen mit Hufschlägen in die Flucht geschlagen hat, einen Fichtenkranz aufsetzt. Nach dem Siege aber regte sich auch sogleich der Wunsch, sich der Gottheit erkenntlich zu erweisen. Wie man sonst das siegreiche Gerät, Disken, Haltere oder nach dem Wagenfahren das ganze Gefährt in das Heiligtum stiftete, so konnte der Sieger im Pferderennen das Zaumzeug des erfolgreichen Rosses darbringen[282]), oder die Kunst wurde in Dienst genommen, die seit alter Zeit dem reiterlichen Leben eine Menge der schönsten Motive entlehnt hatte[283]).

Unter den Bruchstücken des Anakreon findet sich das hübsche Gedicht, in dem ein Mädchen mit dem Füllen verglichen wird:

„Du thrakisch Füllen, warum blickst mit scheelen Augen her zu mir? Läufst ohn Erbarmen von dannen und meinst, ich wisse nichts Gescheites? Warte, dich werd' ich zäumen und, in den Händen die Zügel, fein um die Säulen in der Reitbahn dich herumlenken. Jetzt frißt du noch auf der Wiese und spielst in leichten Sprüngen herum, denn dir fehlt der rechte Reiter, der fest dich im Zügel hält". Mancher erinnert sich wohl auch der prächtigen Schilderung des Plutarchos, wie der junge Alexander den störrischen Bukephalos beruhigt, besteigt und nach seinem Willen zügelt.

An solche Stellen erinnern manche griechische Bildwerke. Auf einem Silbergefäß aus Süd-Rußland sehen wir weidende Rosse; andere werden von Skythen eingefangen und angeschirrt[284]). Oft werden widerspenstige Tiere, die sich auf die Hinterhand setzen und steigen wollen, von Jünglingen gebändigt[285]). Kurz unterm Maul gefaßt oder an der langen Halfter wird das Tier auf Vasenbildern und Reliefs[286]) geführt. Auch wie die Tiere gefüttert und gepflegt werden, ist gern dargestellt worden[287]). In der Wiedergabe der Gangarten zeigt sich früh manche gute Beobachtung, zumal beim Schritt und kurzen Galopp, während für den gestreckten Galopp noch lange die Formel angewandt wird, bei der die ausgreifenden Vorderfüße und die weit hinten stehenden Hinterfüße in einem Bilde vereinigt werden, entgegen der Wirklichkeit, deren Erscheinungsbild wohl von der Momentphotographie, aber nicht vom menschlichen Auge aufgenommen werden kann[288]).

Oft kehrt in der Kunst der Typus wieder, wie der Reiter dem aufgeregten Pferde die rechte Hand beruhigend auf dem Kopf zwischen die Ohren legt oder schlägt[289]) (Taf. 81 u. 85). Diese Bewegung gibt dem Künstler die Möglichkeit, Pferd und Reiter noch enger zu verbinden, ist aber schwerlich als eine „im Galopp sich beinahe von selbst einstellende Balancebewegung" zu deuten[290]). Bisweilen erscheint auch der Arm weit nach hinten ausgestreckt[291]).

Endlich ist noch der häufige Typus zu erwähnen, wie der Reiter nach Frauenart reitet oder sich seitlich vom Pferd gleiten läßt[292]) (Taf. 23, 11).

Seit alters war auch die statuarische Plastik geübt, Reiter in ruhigem Stande, Schritt und schneller Bewegung darzustellen[293]). So war es der Kunst ein leichtes, den Anforderungen zu genügen, wenn Bildwerke zur Erinnerung an Wettkämpfe im Reiten verlangt wurden. Die Inschrift zu dem Denkmal eines Rosses in Olympia ist unter dem Namen des Anakreon erhalten: „Dies ist das Roß des Pheidolas aus dem geräumigen Korinth, dem Kroniden dargebracht, ein Denkmal für seiner Füße Tüchtigkeit."

Pferde mit Zügelhaltern daneben, Männer und Knaben zu Pferd[294]), Reliefs[295]), einzeln und an Basen von Weihgeschenken[296]), sind bezeugt oder erhalten. Gemälde[297]) oder Reliefs dieser Art scheinen auf Vasen[298]) und Münzen[299]) nachgeahmt zu sein.

Endlich sei mit wenigen Worten der Kunstreiter gedacht. Auf einer s. f. Vase aus Camirus in Paris[300]) erscheint ein Reiter mit einem Handpferd zur Seite und ein Mann, mit Helm und zwei Schilden versehen, der hinter seinem Rücken, wie es scheint, von einem Pferd aufs andere springt. Dann haben wir bei Platon im Menon die Nachricht von Kleophantos, dem Sohn des Themistokles, der aufrecht auf dem Pferde stehen und mit dem Bogen schießen konnte. Einen Jüngling, der auf dem Rücken des Rosses kniet, zeigt ein r. f. Vasenbild in Turin[301]). Wie im römischen Circus dergleichen Vorführungen zwischen den Wagenrennen erfolgten, haben wir schon gesehen. Der Rest einer Vorstellung solcher Dinge ist in Wien erhalten (Taf. 86b).

Aus all den vielen Nachrichten und Denkmälern geht die große Freude der Griechen am reiterlichen Wesen hervor; und in der Tat ist kaum eine körperliche Übung so geeignet, sowohl den Zuschauer zu erfreuen als den Ausführenden zu beglücken, man müßte denn den modernen Fliegern glauben, die auch hierin ihren Sport über alles stellen. Denn nirgends wird so wie beim Reiten Kraft und Gewandtheit, Mut und Geistesgegenwart, Talent und Erfahrung verlangt, nirgends so das harmonische Zusammenwirken aller Körperteile zugleich mit seelischem Verständnis für ein zweites Lebewesen vorausgesetzt, das doch nicht, wie der Gegner beim Ringen oder Boxen, menschlicher Art ist. „Reiten ist kein Sport; es ist eine Kunst"[302]).

Auch wir dürfen uns mit rückschauender Phantasie um so mehr des antiken Reitens freuen, als die Formen, in denen es stattfand, soviel einfacher und naturgemäßer waren als die heutigen mit den vielen Riemen des Zaumzeuges und der modischen Tracht der Reiter; und auch ein antikes Pferderennen werden wir uns um so lieber vor die Seele führen, als ihm die Züge fehlten, die das moderne Wettrennen mit seinen Buchmachern und dem Totalisator so unerfreulich gemacht haben.

Die übrigen Agone

Der Faustkampf

Es ist noch nicht lange her, daß bei uns öffentliche Vorführungen des Boxkampfes erlaubt worden sind, und in Laienkreisen ist auch jetzt noch das Vorurteil lebendig, der Faustkampf sei ein rohes Schauspiel. Wer die strengen Regeln des modernen Boxens und die hohen Anforderungen kennt, die es an die Ausdauer, Willenskraft, Geistesgegenwart und Erfahrung der Kämpfer stellt, wird mit seinem Urteil zurückhalten. Gewiß, edle Gefühle werden — mit Ausnahme der Forderung fairer und unpersönlicher, rein sportlicher Kampfesweise — bei Ausübenden und Zuschauern nicht erregt, aber auch keine unedlen. Es ist eben ein Kampf, der Sphäre ästhetischer Feinheiten entrückt. Und doch fehlt es nicht an Erregungen, die über den bloßen Nervenkitzel und die Erwartung des Niederschlages hinausgehen: Nach Körperbeschaffenheit und Temperament sind die Kämpfer voneinander so verschieden, daß sich keine Wiederholungen einstellen und der Zuschauer sich in fortwährender Spannung befindet, wohlangebrachten Schlägen Beifall spendet und bei Mängeln der Kampfesführung — schlaffem Angriff, ungeschickter Verteidigung u. ä. — Unzufriedenheit äußert. Zudem kommt auch die künstlerische Betrachtungsweise zu ihrem Recht. Das Spiel der Muskeln auf den fast entkleideten Körpern, die geschmeidigen Bewegungen der leichteren Gewichtsklassen, das rasche Stoßen und Schlagen der mittleren Gewichte und die Kraftentladung der Schwergewichtler geben immer neuen Anlaß zu Beobachtungen und zur Freude am rüstigen, ausgebildeten und mit allem Aufgebot der Stärke bewegten Menschenleibe.

Nicht anders werden die Griechen empfunden haben, wenn sie dem Faustkampf in ihren Leibesübungen eine so ausgezeichnete Stellung einräumten[303]). Verglichen etwa mit unserem studentischen Fechten mutet das moderne Boxen primitiv an, indem es zwar mit Fausthandschuhen, sonst aber ohne Bandagen und Secundanten ausgeübt wird. Es erscheint überfeinert im Vergleich mit dem antiken Faustkampf. Wir haben den abgegrenzten Kampfplatz, die nach bestimmten Minuten abgezählten Runden und die Runden in bestimmter Anzahl, mit zeitlich begrenzten Ruhepausen dazwischen, die verschiedenen Gewichtsklassen und Meisterschaften, wir haben den Ringrichter, Punktzähler, Zeitnehmer und die Helfer, die den Kämpfern in den Pausen Luft und Kühlung verschaffen. Der ganze Körper vom Gürtel aufwärts mit Bevorzugung besonders empfindlicher Stellen wie Kinn und Herzgrube bildet das Ziel für die Schläge, und die Kämpfer rücken einander möglichst nahe auf den Leib; der niedergeschlagene muß sich wieder erheben, ehe bis zehn gezählt ist, oder er ist besiegt. Es werden auch photographische Aufnahmen gemacht und ausführliche Berichte in die Zeitungen gesetzt. Im Altertum vollzog sich der Faustkampf in viel einfacheren Formen. Die Griechen waren übrigens nicht die Erfinder dieses Sports. Schon auf einem babylonischen Relief (Taf. 1a) sehen wir zwei Männer mit erhobenen Fäusten einander gegenüber stehen, was keine einfache Prügelei bedeuten kann, und für die kretische Kultur gibt uns der Trichter von Hagia Triada (Taf. 3) mit seinen überaus lebendigen Reliefs den Beweis, daß die Kreter geboxt haben, und zwar bis zum Niederschlag, wie es scheint ohne Bewehrung der Fäuste; merkwürdigerweise sind aber auf zwei Streifen des Trichters die Kämpfer mit Helmen versehen.

Jedenfalls haben die Griechen schon in frühhellenischer Zeit den Boxkampf getrieben (Taf. 5b). Sie hielten einen Gott wie Apollon nicht für zu edel für den Faustkampf und verehrten ihn in Delphi auch in der Eigenschaft als Pyktes. Auch schrieben sie ihm den Sieg über den Faustkämpfer Phorbas zu. Die Erfindung wurde dem Theseus, eine besondere Fertigkeit darin Polydeukes, dem spartanischen Heroen zugeschrieben; die Spartaner galten als besondere Freunde des Boxens, das sie bei jeder Gelegenheit ausführten und auch als gute Vorübung für den Krieg schätzten; nur war ihnen verboten, sich darin in öffentlichem Agon zu zeigen, um nicht in die schimpfliche Verlegenheit zu kommen, eine Niederlage einzugestehen. Onomastos von Smyrna soll Regeln für den Boxsport aufgestellt haben. Daraus scheint hervorzugehen, daß der Faustkampf in Ionien früh kunstvoll ausgebildet war. Leider sind uns solche Regeln nicht überliefert; es wird auch nicht allzu viele gegeben haben. Wir hören nur einmal, es sei den Boxern verboten gewesen, einander zu umfassen, und aus einigen überlieferten Ereignissen ist zu entnehmen, daß Totschlag bestraft wurde. Sonst erfahren wir aus der Literatur nur Einzelheiten, die sich jedoch mit den Denkmälern zu einem Gesamtbilde vereinigen lassen.

Das unterscheidende Kennzeichen des Faustkämpfers ist die Bewehrung der Hand[304]); diese bestand zuerst aus Riemen von weichem Leder, die ursprünglich wohl nur zum Schutze der Knöchel um Hand und Unterarm gewickelt wurden (Abb. 38). Schon im 4. Jahrh. kamen daneben Riemen aus hartem Leder auf, die über eine Art Handschuh gewickelt wurden; bald darauf wurde die Schlagkraft durch einen Schlagring aus festem Leder verstärkt, durch den die Finger hindurchgriffen, und der mit dem übrigen Riemenwerk verknotet war (Taf. 87).

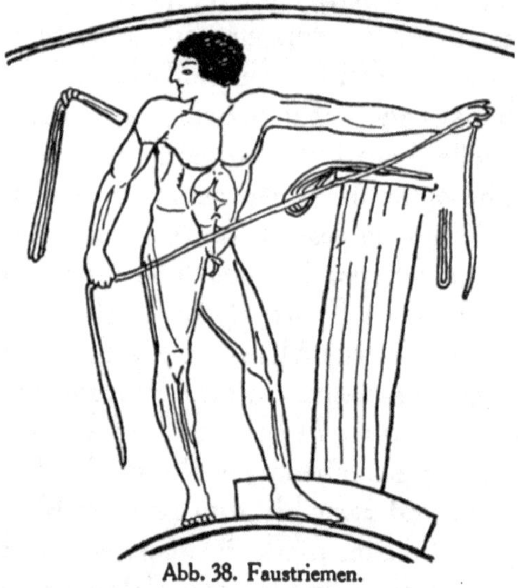

Abb. 38. Faustriemen.

In römischer Zeit wurde dieser ein für allemal zum Überziehen fertige Handschuh (caestus) durch Metallstücke verstärkt und bis zur Schulter verlängert, um den Arm gegen die schweren Schläge zu schützen (Taf. 96). Erst in der jüngeren Kaiserzeit wurde die Faustwehr durch metallene Zinken zu einem Mordinstrument ausgebildet[305]) (Taf. 88a). Daneben scheint bei palaistrischen Übungen eine Art kurzer Walzen im Gebrauch gewesen zu sein, die von der mit einem Handschuh geschützten Faust ganz umschlossen werden konnten und wohl nur dazu dienten, das Schlagen mit der offenen Hand zu verhindern, ähnlich etwa den Korkgriffen, die früher bei uns von den Läufern in den Händen gehalten wurden[306]) (Taf. 88b und Abb. 39). Sie wurden Myrmekes genannt. Ohrenschützer sind literarisch überliefert, ein plastisches Zeugnis ist verschollen; sie werden wenig benutzt worden sein.

So ausgerüstet traten die Kämpfer auf einem freien, nicht besonders eingehegten Platz einander gegenüber, aufrecht, mit weiter Schrittstellung, den Kopf zurückgebogen, in älterer Zeit noch mit dem Lendenschurz bekleidet, später wie alle übrigen Agonisten nackt und eingeölt. Beide Kämpfer halten nun die Arme hoch erhoben; der linke ist zur Abwehr ausgestreckt, der rechte wird zum Stoß und Schlag in kräftiger Bewegung angewinkelt und vorgeschnellt, aber ebenso wird mit dem linken geschlagen und rechts pariert. Die Schläge galten im Unterschiede von der heutigen Kampfesweise allein dem Kopfe. Hochgewachsene Männer mit großer Reichweite der Arme werden daher sehr im Vorteil gewesen sein. Auf den Denkmälern sind die wenigen Möglichkeiten dieser Kampfesweise in Deckung und Angriff wohl zu erkennen. Wie es scheint, war es erlaubt, Stöße mit der offenen Hand aufzufangen, und wenn Nachrichten und Abbildungen nicht trügen, durfte man, zumal gegen Ende des Kampfes, den Gegner mit den Beinen treten[307]) (Taf. 89). Die Folgen dieser Angriffe auf den Kopf waren Nasenbluten, eingetriebene Nasenbeine, verquollene Ohren, ausgeschlagene Zähne und blutige Striemen im Gesicht. Die guten Folgen der Übung waren Abhärtung gegen Schmerzen, Kräftigung der Muskulatur, zumal der Arme und des Rückens und ihre Übung in einer kurzen, sehr heftigen Kraftentladung. Dazu kam als seelischer Erfolg Schulung der Ausdauer und Geistesgegenwart in Angriff und Ausweichen, Abwehr und Decken, doch stellte sich auch herausforderndes, hochfahrendes Wesen ein. Der Kampf dauerte bis zur Kampfunfähigkeit oder bis zur freiwilligen Einstellung des Kampfes, die durch Erheben der Hand mit ausgestrecktem Zeigefinger angezeigt wurde (Taf. 90 b). Waren beide Gegner erschöpft, so konnten Ruhepausen eingeschaltet werden. Lehrreich ist die Geschichte von Plutarchos und Hermias, die in der Mittagsglut kämpfend der Erschöpfung nahe sind, der eine vor Durst, der andere

Abb. 39. Faustkampf mit Myrmekes.

wegen der empfangenen Wunden. Da kommt ein Wolkenbruch, Plutarchos saugt das Wasser aus den Fellen seiner Handschuhe, erhält neue Kraft und gewinnt den Sieg.

Der Faustkampf zählte zu den schweren Übungen, wurde daher von praktisch denkenden Männern als Vorübung für den Nahkampf im Kriege empfohlen; doch waren die Griechen sich bewußt, ihn im Gegensatz zu der rohen Kraftübung barbarischer Kämpen, wie des

Abb. 40. Übung am Korykos.

Amykos, kunstvoll auszuüben. Dazu gehörten, so wie heute, Übungen im Schlagen frei in die Luft (Skiamachia) und gegen einen mit leichten Stoffen (Sand, Feigen oder Korn) gefüllten Sack, den Korykos, der — wenn möglich in einem besonderen Raum, dem Korykeion — in Kopf- und Schulterhöhe aufgehängt war und die Fausthiebe auffing[308]). Die sog. Ficoronische Ciste, ein etruskischer Behälter für Toilettengerät, gibt in der gravierten Zeichnung der Außenfläche ein kostbares Bild vom Wesen des griechischen Faustkampfes (Abb. 40). Dargestellt ist die Szene des Argonautenzuges, wie Polydeukes einen rohen Naturboxer, den Bebrykerhäuptling Amykos besiegt hat und nun an einen Baumstamm fesselt. Athena und die Helden des Zuges sehen dem Schauspiel zu, andere holen Wasser und laben sich an der Quelle, zu der Amykos den Fremden den Zugang verwehrt hatte. Aber einer der Jünglinge, von dem gewaltigen Kampfe angefeuert, hat sogleich einen Korykos an einen Baum gehängt und übt sich an ihm — eine Verewigung jenes beschämenden Gefühls, das den sportlich bisher Untätigen auf dem Sportplatz beim Anblick der sich Übenden überfällt, so daß er in sich geht und seinen Eintritt in den Sportklub anmeldet. Neben dem Jüngling sitzt aber auch der verständnislose Spötter, ein dicker Silen, der das Schlagen auf den Sack nachäfft, indem er mit beiden Fäusten auf seinen Wanst trommelt.

Berühmte Boxer waren u. a. Glaukos von Karystos, der als Knabe durch seinen Vater vom Felde weg zum Wettkampf geführt worden war, als er mit einem Schlag der Faust die gelockerte Pflugschar gerichtet hatte, und Melankomas, der angeblich durch bloße Verteidigung, ohne zu schlagen oder einen Schlag zu empfangen, zu siegen pflegte, und der legendenhafte Euthymos von Lokri, der einen bösartigen Dämon besiegt haben sollte und endlich zum Heros erhoben wurde.

In der Literatur sind einige ausführliche Schilderungen von Faustkämpfen erhalten, die eine genaue Sachkenntnis der Autoren verraten. Gleich bei Homer im 23. Buch der Ilias, bei den Leichenspielen für Patroklos der Kampf zwischen Epeios und Euryalos. Diesem hilft es nichts, daß Diomedes ihm Mut zuspricht, indem er ihn für den Kampf rüstet, denn Epeios mit seiner Zimmermannsfaust gibt ihm eins auf die Wange, daß er, wie ein Fisch am Strande zappelnd, am Boden liegt. Epeios richtet ihn großmütig auf, und die Freunde führen ihn ab; dickes Blut speit er aus, die Beine schleppen ihm nach, und der Kopf schwankt hin und her. Dann in der Odyssee das Zusammentreffen von Odysseus und Iros, dem Bettler: Der Bettler wird vor Angst schlotternd in den Kreis geführt, und Odysseus überlegt, ob er ihn zu Tode schlagen oder nur durch leichten Hieb zu Boden strecken solle; beide erheben dann die Arme, und Iros versetzt dem Odysseus einen unnützen Schlag auf die rechte Schulter; jener aber landet dem Gegner einen Haken unter dem Ohr, so daß er Blut speiend und zähneklappend am Boden liegt, mit dem Nacken die Erde schlägt, und die Freier vor Lachen sterben. Dann gibt Theokritos im 22. Eidyllion eine lebendige Beschreibung des Kampfes zwischen Polydeukes und Amykos. Der Wirklichkeit wird es entnommen sein, wenn die beiden Kämpfer sich bemühen, die Sonne im Rücken zu haben, so wie wir heute beim Tennisspielen die Plätze wechseln, um nicht die eine Partei immerzu gegen die Sonne spielen zu lassen; wie dann Pollux herumspringt und mit beiden Händen auf den Barbaren losdrischt und ihn am Angriff hindert, so daß er wie trunken dasteht und Blut spuckt; später, nach einem schweren Niederschlag wieder aufgestanden, zeigt er sein regelloses Arbeiten in Hieben auf die Brust und außerhalb des Halses des Pollux, während dieser seinem Gegner immer nur das Gesicht bearbeitet und Stirn und Schläfen mit furchtbaren Jabs blutig schlägt. Endlich faßt Amykos die linke Hand des Griechen, aber dieser weicht aufwärts seitlich aus — das griechische Wort hypexanedy malt diesen Vorgang in unübertrefflicher Kürze und Anschaulichkeit — und bearbeitet jenen, bis er schließlich am Boden liegt und beide Hände zugleich zum Zeichen der Unterwerfung hochstreckt. Denselben Kampf schildert Apollonios in den Argonautika 2, 25 ff., ebenfalls mit Einzelheiten, die nur aus der lebendigen Anschauung gewonnen sein können. Gleich im Beginn, wenn er die beiden Kämpfer schildert, den einen als wildes Ungeheuer, den anderen in strahlender Jugendschönheit, nimmt der Leser schon Partei, genau wie heute sich die Sympathie der Zuschauer schon vor dem Kampfe dem wohlgebauten, durchgebildeten, jugendfrischen Kämpfer zuwendet. Dann schüttelt Pollux die Fäuste und probiert, ob sie nach der ermüdenden Ruderarbeit noch beweglich sind — in dem griechischen eutrochaloi klingen die Worte „laufen" und „Rad" an —, und läßt sich die Handschuhe von zwei Gefährten anbinden, die ihm dabei Mut zureden. Beide erheben die beschwerten Hände vors Gesicht und gehen aufeinander los, und die erste Runde erfolgt unter Keuchen und Zähneknirschen, bis beide der Atemnot erliegen. Eine Pause tritt ein, sie wischen sich den Schweiß ab und holen mit Mühe Luft. In der zweiten Runde schlägt Amykos, sich auf den Zehenspitzen aufrichtend, wie ein Schlachter, von oben herab, aber Pollux weicht mit dem Kopfe aus und fängt den Schlag mit der Schulter auf; dann aber tritt er selber vor und haut nachspringend dem Unhold über dem Ohr den Schädelknochen ein, so daß der vor Schmerz in die Knie fällt. Von lateinischen Dichtern mag Vergilius angeführt werden, der in den Wettspielen zu Ehren des Anchises (Aeneis 5, 391 ff.) den Homer nachahmt, aber auch eigene Anschauung verrät. Dares, der Troer tritt zum Wettkampf an, einst Besieger des Butes, eines Nachkommen des Amykos; er macht einige Lufthiebe, aber keiner wagt, ihm zu begegnen. Da läßt sich der alte Entellus aufhetzen — hier fügt der Dichter unhistorisch eine Schilderung der unmäßig schweren Handschuhe ein —, und der Kampf beginnt mit leichteren Waffen nach troischem Muster. Sie erheben sich auf die Zehen, biegen die Köpfe zurück, der jüngere durch Fußarbeit, der andere durch sein Schwergewicht im Vorteil, und schnaufen sehr; Entellus paßt scharf auf und deckt sich, der andere springt herum wie einer, der eine Stadt belagert und überall Eingang zu finden versucht. Dann versucht Entellus einen gewaltigen Schlag, aber, da jener flink ausweicht, stürzt er wie ein alter Bergstamm zu Boden; er rafft sich wütend auf, und seine Hiebe hageln auf den Dares nieder. Aeneas trennt die Kämpfenden und — hier übersetzt Vergilius den Homer fast wörtlich — die Freunde führen den Dares ab, der wie Euryalos Blut und Zähne speit, die Beine schleppt und mit dem Kopfe wackelt. Entellus aber schlägt den Stier, den er als Kampfpreis gewonnen hat, mit einem Hieb zwischen die Hörner zu Boden; man hört ihn förmlich hinstürzen: tremens procumbit humi bos. Endlich ist der Faustkampf bei den Kampfspielen in der Thebais des Statius (6, 728 ff.) anzuführen. Kapaneus und Alkidamas sind hier die Kämpen. Anschaulich wird beschrieben, wie sie einander abwartend und vorsichtig umlauern, wie der eine seine Kraft spart und der andere stürmisch angreift, und wie jener dann wieder sich deckt, ausweicht, Finten schlägt und endlich bei dem anderen mitten auf der Stirn einen Blutigen landet. Kapaneus streicht mit der Hand über das Gesicht, bemerkt das Blut, gerät in Wut und treibt wie ein Löwe den Alkidamas auf dem Platze herum; der aber, hart bedrängt, weicht, doch immer mit der Brust zum Gegner, und verteidigt sich im Rückzug. Endlich ruhen beide kniend aus, gehen von neuem los und nach einigen schweren Hieben wird der Kampf abgebrochen.

Leider haben die Odendichter keine Einzelheiten überliefert. Pindaros z. B. in seinem Loblied auf den als Faustkämpfer berühmten Diagoras von Rhodos begnügt sich mit allgemeinen Wendungen. Die bildende Kunst jedoch hat sich das ergiebige Thema nicht entgehen lassen.

Die Darstellungen des Boxkampfes auf den Vasenbildern begleiten den ganzen Vorgang vom Langziehen und Umwickeln des Riemens[309]), über das probierende Schlagen und Parieren aus einigem Abstande[310]) bis zu hitzigem Andrängen[311]), wohlgezielten Treffern[312]) und zum Niederschlagen mit Verzicht des Geschlagenen auf weiteren Kampf[313]). Auf einer Münchener Schale sind gar alle diese typischen Szenen zu einem durchgehenden Friese vereinigt (Taf. 89). Oft hat man auch aus der Nase rinnendes Blut und rote Striemen im Gesicht farbig dargestellt[314]). Für die statuarische Kunst war die Ausfallstellung mit vorgestrecktem linken und ausholendem rechten Arm das gegebene Motiv, wenn ein Sieger in der Kampfhandlung, natürlich ohne seinen Gegner, also als Skiamachon wie der Glaukos in Olympia (Paus. 6, 10, 3) dargestellt werden sollte. Eine Ahnung von diesem verlorenen Werke vermag der Dresdener Faustkämpfer[315]) zu vermitteln. Sonst genügten bei der ruhigstehenden Statue die Handschuhe, um den Sieger als Pyktes zu kennzeichnen[316]) (Taf. 87). Von einer originalen Bronzestatue der Art stammt der mit dem Caestus bewehrte Arm aus Antikythera in Athen[317]). Die Roheit des Berufsboxers aber kommt in der berühmten sitzenden Erzstatue des Thermenmuseums am vollkommensten zum Ausdruck (Taf. 91). Der muskelstarke Mann sitzt massig auf einem tiefen Sitz, vornübergebeugt, die Arme mit den schweren Caesten auf den Knieen, den bärtigen Kopf mit der narbigen Haut scharf nach rechts und aufwärts gerichtet, als ob er durch die gequetschte Nase nur mit Mühe Luft holte — ein Anblick, der uns ja freilich auch bei unseren Boxkämpfen nicht erspart bleibt.

Das Pankration

Hatten Überlegung und Erfahrung die Kampfarten des Ringens und Faustkampfes sauber voneinander geschieden, so wurden beide im Pankration wieder durcheinander geworfen[318]). Diese Kampfesweise erlaubte jedes Mittel, um den Gegner zu überwinden, Griffe und Umschlingungen, Schläge und Tritte, Gewalt und List, und es wurde sowohl im Stehen wie am Boden im Wälzen ausgeübt. Gerade das Treten mit den Füßen war das auffälligste Unterscheidungsmerkmal vom Faustkampf und ebenso die Abwehr dagegen, indem das hochstoßende Bein ergriffen und der auf einem Bein unsicher stehende Gegner zu Fall gebracht wurde. Auch zu würgen und die Gelenke zu verdrehen war zulässig, wie im japanischen Ringkampf, und ebenso, wie es heute beim Erlernen des Jiu-Jitsu geschieht, schlug der Gewürgte, um nicht zu ersticken, dem Gegner auf die Schulter, als Zeichen, aufzuhören (Lukianos, Anacharsis 1); selbst Beißen und Augenausdrücken waren in Sparta erlaubt, sonst freilich verpönt. Eine Besonderheit war es, wenn Sostratos, der den Beinamen Akrochersites führte, gleich von Anfang an die Hände des Gegners faßte, sie umbog oder brach und nicht eher losließ, als bis jener den Kampf aufgab (Paus. 6, 4, 2). Dieser „Allkampf" kann daher als eine Art ausgebildeter Rauferei bezeichnet werden; er galt als schwere Übung, war aber, mit unbewehrten Händen ausgeübt, minder schwer als der Faustkampf, und, wenn auch gefährlicher, doch für den Enderfolg des Sieges leichter als Ringen, weil die anderen Kampfmittel die Möglichkeit gaben, sich den Umschlingungen zu entziehen. Im Pentathlon hatte das Pankration keine Stelle, doch war ihm hohes Ansehen — Philostratos nennt es einmal „das Schönste von ganz Olympia" — und dichterische Verherrlichung nicht versagt. Die kunstvolle Regelung der Kampfesweise wurde dem Akarnanen Leukaros zugeschrieben; der Rest eines Lehrbuchs scheint in einem Papyrus erhalten, da hier von Schlägen auf Schulter und Brust die Rede ist, die ja im Faustkampf nicht vorzukommen scheinen[319]). Das Pankration wurde auch von Knaben ausgeübt, ist jedoch erst spät in Delphi und noch später in Olympia eingeführt worden. Der feinere Sportgeist wird sich gegen das stillose Durcheinander beim Pankration gesträubt haben, wie sich der moderne Sport, wenigstens in Deutschland, gegen die Einführung des freien Ringens ablehnend verhält. Die bildende Kunst hat gewisse Kampfmittel des Pankrations wie das Beißen und Würgen daher mit Bedacht in solchen Kampfdarstellungen angebracht, wo Griechen mit wilden Naturmenschen oder halbtierischen Wesen, wie Kentauren, ringen. Das Ende des Kampfes wurde — wenn nicht durch den Tod des einen Kämpfers — durch Niederschlagen oder freiwilliges Aufgeben herbeigeführt, das durch Erhebung einer Hand mit ausgestrecktem Zeigefinger angezeigt wurde. Es war ein Zeichen großen Selbstvertrauens, wenn einer hintereinander im Ringen und im Pankration auftrat. Die Sieger in diesen beiden Kampfarten wurden in Olympia in einer besonderen, mit Herakles anhebenden Liste gezählt.

Das Pankration ist in römischer Zeit besonders beliebt gewesen, eine Erinnerung daran lebt noch in dem Namen des Kalenderheiligen

Pankratius fort. Mehrere ausführliche Schilderungen des Pankrations sind in der Literatur erhalten. Die beste bei Heliodoros in den Aithiopika 10, 31, der den Kampf des Theagenes mit einem Aithiopen am Hofe des Hystaspes beschreibt. Köstlich ist schon die Schilderung, wie der Aithiope mit schwerfälligen Schritten antritt, hochmütig um sich blickt und abwechselnd die Arme einstemmt. Dagegen nimmt Theagenes, kunsterfahren, die schulgemäße Ringerstellung ein, mit krummem Rücken, die Hände vorgestreckt; er erhält zwei kräftige Hiebe von dem Aithiopen, weicht aber dem dritten Hieb aus, unterläuft jenen und umschlingt ihm von hinten den Bauch, schlägt ihm gegen die Füße, daß er in die Knie fällt, stößt ihm schließlich auch die Hände weg, mit denen er sich aufstützt, reißt ihm den Kopf hoch und zwingt ihn so platt mit dem Bauch auf den Boden. Philostratos, Imagines 2, 6, beschreibt das Ende des Kampfes des Arrhichion mit einem Gegner[320]). Dieser hat den Arrhichion von hinten umklammert und würgt ihn; jener aber, schon halb bewußtlos, läßt sich auf die Seite nieder und verrenkt dem Gegner den in seine Kniekehle eingeklemmten Fuß, so daß er sich für besiegt erklären muß. Arrhichion soll dann, wie Pausanias 8, 40, 2 berichtet, gestorben sein und als Toter den Kranz erhalten haben. Ovidius, Metamorphosen 9, 32ff. (Kampf zwischen Herakles und Acheloos), Statius, Thebais 6, 813ff. (Tydeus und Agylleus), Lucanus, Pharsalia 4 ,617ff. (Herakles und Antaios) schildern das Fassen um den Nacken, das Einhaken von Füßen und Fingern und das Schlagen mit den Fäusten. Besonders lebendige Schilderungen sind die bei Lukianos im Anacharsis 1, wo der Skythe sein Befremden über das ihm ganz unverständliche Treiben in der Palaistra ausdrückt, und Eikones 2, 6, wo die Gefährlichkeit des Pankrations betont wird.

Die bildlichen Darstellungen haben namentlich einige typische Gruppen festgehalten, erstens den Beginn des Kampfes, wenn beide Kämpfer einander aufrecht gegenüberstehen, leicht mit den Beinen tänzelnd, die Arme mit geöffneten, nicht bewehrten Händen hoch vorgestreckt[321]) (Taf. 93 und Abb. 41), dann wenn die erste Annäherung stattfindet und die Kämpfer einander fassen[322]) (Taf. 96), wenn einer dem anderen ein Bein unterm Leib wegzureißen sucht[323]) und sie sich gegenseitig mit Fußtritten und Kniestößen zuleibe gehen[324]) (Taf. 94. 95 a). Das „clinchen", Festklemmen, ist gut zu erkennen auf zwei panathenäischen Vasen[325]), das Wälzen am Boden unf das Greifen und Zuschlagen zu gleicher Zeit auf einer Vase in Neapel[326]). Die bekannte Ringergruppe in Florenz ist stark ergänzt und daher schwer zu deuten[327]). Bei Pausanias 3, 14, 10 wird geschildert, wie die spartanischen Jungen um den Platanistas streiten und bei dieser großartigen Prügelei mit Händen, Füßen und Zähnen kämpfen und einander die Augen ausdrücken. An diese Stelle erinnert ein Bruchstück in Hannover, das wohl aus einer Pankratiastengruppe stammt. Erhalten ist der schmerzverzerrte Kopf des einen Burschen. Sein Gegner greift ihm mit einem Finger in die Augenhöhle, und der Angegriffene sucht sich von diesem Griff zu befreien (Taf. 95 a). Auch der entscheidende Schlag[328]) und das Zusammensinken des Getroffenen[329]) sowie das hilflose Aufgeben des Kampfes durch den blutbesudelten Unterliegenden[330]) ist mit großer Lebendigkeit von Vasenmalern dargestellt worden.

Abb. 41. Pankration. Beginn.

Das Bogenschießen

Eine Kriegs- und Jagdwaffe ist wie der Werfspeer auch der Bogen, „ein Ergebnis primitiver Schlauheit", mit seiner „ersten Verwendung einer elastischen Kraft zum tückischen Stechen in die Ferne", die „erste freie Maschine", die Feinheit der Sinne und Übung der Nerven voraussetzt[331]). Und auch diese Übung nimmt in der Gymnastik der Griechen eine wenn auch bescheidene Stelle ein[332]). Wie Bogen und Pfeil bei den Völkern Asiens und Afrikas allgemein geführt wurden (Taf. 1, 2), so dienten sie auch bei den Achaiern als Waffe der Gemeinen wie einzelner Führer, die sich in ihrem Gebrauche auszeichneten. Bei den Leichenspielen zu Ehren des Patroklos wird sogar ein Preis für die Meisterschaft ausgesetzt, und Meriones gewinnt ihn, der Kreter, ein Sproß des Volks, das auch später noch als besonders tüchtig im Bogenschießen galt und es palaistrisch trieb. Auch die Erzählung vom Freiermorde in der Odyssee läßt erkennen, daß die

Geschicklichkeit im Bogenschießen und die Kraft zum Bespannen, d. h. zum Einhängen der Sehne nicht jedem gegeben war und daß die Fähigkeit des Odysseus, durch die Stielösen von zwölf Äxten zu schießen[333]), durch Übung erworben war. In der hellenischen Zeit ist das Ansehen von Bogen und Pfeil gesunken, obschon große Götter wie Apollon, Artemis und Herakles stets mit dem Bogen in der Hand gedacht wurden. Schon bei Homer und bei den großen Tragikern finden wir Stellen, die den Bogenschützen verächtlich machen, da er aus der Ferne und nicht in offenem Kampfe sein Opfer trifft. Doch zwang die kriegerische Erfahrung seit den Perserkriegen wenigstens die Athener, neben den Schwerbewaffneten auch Bogenschützen, Bürgersöhne wie Söldner, zu verwenden. Demgemäß finden sich auf den Vasenbildern viele Darstellungen von Bogenschützen, Heroen oder Kriegern, von denen die Asiaten und die athenischen Bogenschützen, Fremde wie Einheimische, die orientalische Tracht mit Hosen, Ärmeln und Mütze tragen. Platon empfahl die Übung im Bogenschießen, selbst Alexander der Große trieb es zu seinem Vergnügen, und, obwohl an den großen Festspielen das Bogenschießen nicht geübt wurde, nicht einmal zu Delphi im Heiligtum des „fernhintreffenden Apollon", so wurde doch vom Ende des 3. Jahrhunderts an das Bogenschießen nach dem Zeugnis der Inschriften an vielen Orten auch außerhalb Kretas sportlich geübt und an kleineren Festspielen mit Preisen bedacht. Wenigstens in Larissa in Thessalien wurden drei Arten zu schießen geübt: zu Pferd, im Lauf und im ruhigen Stehen. Aus römischer Zeit ist die Tüchtigkeit der Kaiser Domitian und Commodus überliefert. Auch einige Rekorde sind bekannt, einmal die Strecke von 501 m, ein anderes Mal die eines Stadions und ein wenig darüber. Wenn auch über die verschiedenen Arten, wie der griechische Bogen gebaut war, wie er mit der Sehne bespannt und wie die Sehne beim Spannen gefaßt wurde, hinreichende Zeugnisse vorliegen[334]), so gibt es doch nicht viele bildliche Zeugnisse für die Form des sportlichen Bogens und seine Anwendung. Ein archaisches Vasenbild zeigt den Wettkampf im Bogenschießen zwischen Herakles und Eurytos; als Ziel erscheint in Kopfhöhe eine nicht genau kenntliche rundliche Masse, in der bereits mehrere Pfeile stecken[335]). Auf einem s. f. Vasenbilde in Rom finden wir unter verschiedenen

Palaistriten, Boxern, Läufern, Flötenspielern und Paidotriben auch einen Bogenschützen, der am Boden sitzend den Bogen unter den Beinen durch krümmt, um die Sehne einzuhängen[336]). Ähnlich sind auf Münzen Jünglinge abgebildet, wie sie den Bogen bespannen, indem sie das eine Ende mit den Beinen festhalten und an dem anderen die Sehne einhaken (Taf. 23, 8 u. 9). Ein immer wieder abgebildetes r. f. Vasenbild in Neapel zeigt zwei Jünglinge, einen im Stehen, einen im Knieen nach einem Hahn schießend, der auf einer Säule steht; der dritte Jüngling stemmt das Knie gegen den Bogen, um die Sehne einzuhängen[337]). Die Darstellung auf dem Grabstein des Metrodoros in Berlin (Taf. 97) ist leider sehr zerstört. Doch ist der kleine Diener deutlich, der neben seinem Herrn steht und mehrere Pfeile in der Hand bereit hält, so wie in neuerer Zeit der Büchsenspanner fürstlichen Jägern die geladenen Gewehre reichte. Metrodoros steht aufrecht und schießt nach einem Ziel, das wohl auch hoch, auf einer Säule zu denken ist. Der Bogen hat hier deutlicher als auf dem Vasenbilde die geschweifte Form des ursprünglich asiatischen Bogens, der auf den griechischen Darstellungen, außer denen des Apollon und der Artemis, üblich und daher auch für den sportlichen Bogen der jüngeren Zeit anzunehmen ist. Lukianos endlich schildert Anfänger in dieser Übung, wie sie ein Heubündel auf eine Stange stecken, aus geringer Entfernung danach schießen und, wenn es einer getroffen hat, ein Geschrei erheben, als hätten sie Wunder was verrichtet. Die Stellungen und Verrichtungen des Körpers bei den verschiedenen Phasen des Bogensports, beim Prüfen des Pfeils, beim Einspannen und Anziehen der Sehne sind sehr mannigfach, zumal da das leichte Gerät dem Körper volle Bewegungsfreiheit ließ und im Knieen, Stehen usw., von Gauklerinnen sogar mit den Füßen abgeschossen werden konnte (Taf. 120).

Wir verbinden mit der Vorstellung eines Bogenschützen den seitwärts ausgestreckten linken Arm und den scharf in derselben Richtung gewendeten Kopf und denken uns die Sehne an der Brust vorbeigezogen. So wird ja auch im modernen Bogensport geschossen. Die alten Völker aber schossen in der Richtung des Körpers (Taf. 98). So wird man den modernen, sehr effektvollen Typus in der antiken Kunst vergeblich suchen[338]). Er würde auch dem plastischen Gefühl der Griechen in der klassischen Zeit widerstrebt haben, da das Schießen aus dem Körpervolumen heraus strebt, wobei der Umriß des Menschen durch den weggestreckten Arm unschön durchbrochen wird. Dem Apoll vom Belvedere dient der Bogen nur als Attribut; dies Kunstwerk gehört also nicht hierher. Dagegen ist der bekannte bogenspannende Eros mit seiner auf dem Platz sich abspielenden Handlung und der übersichtlichen Stellung des Körpers ein echt plastisches Werk[339]).

Körperpflege

Bad, Salbe, Ruhe

Wenn man heute als Fremder die Wohnhäuser berühmter Männer früherer Zeit oder fürstliche Schlösser besucht, in denen die alten Einrichtungen noch erhalten sind, so wundert man sich über die winzigen Waschgeschirre und den Mangel an Badezimmern, der nach dem regen Leben in den öffentlichen Badstuben noch des 16. Jahrh. einen auffälligen Rückschritt in der Zivilisation bedeutet. Mit ähnlichem Gefühl mag ein Römer der Kaiserzeit, an weitläufige Thermen gewöhnt, Schilderungen von der Einfachheit altrömischer und griechischer Badesitten gelesen haben. Doch hat das Baden in der antiken Kultur nie gefehlt[340]). Kalte Bäder in der See und in fließenden Gewässern sind bei den Griechen zu allen Zeiten üblich gewesen, und das Schwimmen galt, wie oben erwähnt, als notwendiger Bestandteil der Erziehung. Warme Bäder, schon bei Homer wohl bekannt, waren ebenso gebräuchlich und sonderlich als Erquickung nach der Anstrengung geschätzt, als tägliche Gewohnheit freilich in Griechenland selbst noch lange von strenger Denkenden gemieden. Männer wie Frauen bedienten sich in gleicher Weise öffentlicher wie privater Badeanstalten, wo man sich das Wasser aus Röhren über den Leib laufen ließ, in größeren Bassins schwamm oder sich in erhöhten Becken wusch. In den Gymnasien war die Reinigung und Erfrischung nach der Mühe und Besudelung durch Schweiß und Staub einfache Notwendigkeit, und wir haben schon gesehen, wie die Versorgung der Gymnasien mit Wasser zu den Pflichten der Gemeinwesen und Gymnasiarchen gehörte. In der älteren Zeit genügte eine Wasserleitung in Röhren, unter deren Ausfluß man treten und sich das Naß unter kräftigem Reiben über den Leib laufen lassen konnte. Ein Vasenbild in Leiden zeigt eine Art Häuschen, ganz in der Art der öffentlichen Laufbrunnen, mit hoch angebrachten Tierköpfen, aus deren Mäulern das Wasser fließt. Ein Paar von Jünglingen steht unter der Dusche, andere sind beschäftigt, sich mit Oel einzusalben. Die Kleider hängen in den Zweigen benachbarter Bäume (Taf. 99). Später wurde für das Bad in den planmäßig angelegten Gymnasien schon im Grundriß vorgesorgt[341]). Vom 5. Jahrhundert an häufen sich die Darstellungen, wo Männer und Frauen der Reinigung an großen runden Waschbecken obliegen, die auf ziemlich hohen Füßen — bald sind es drei Füße, bald nur einer in der Mitte — stehen und aus denen man das Wasser mit dem Schwamm auf den Körper brachte[342]) (Taf. 100 a). Auch runde Becken auf drei niedrigen Füßen, die zum Fußbade dienten, sind oft abgebildet[343]). Waschbecken waren besonders da am Platze, wo es an fließendem Wasser mangelte, wo das Wasser also mit Eimern aus dem Brunnen heraufgeholt werden mußte (Taf. 100 b). Eine Vereinigung des fließenden Wassers mit Trögen für Körper- und Fußbäder findet sich in Pergamon und Priene (Taf. 102). In römischer Zeit verbreitete sich dann der reichliche Gebrauch der warmen Bäder immer mehr (Taf. 103); es wurden nicht nur Badeanstalten mit Räumen für körperliche Übungen neu gebaut, sondern auch die Gymnasien mit Thermen versehen wie in Pergamon. Außer dem Schwamm hatte man auch in Griechenland schon ein Gemisch von Laugen, Aschen oder Erden, die die Stelle unserer Seife vertraten und nötig waren, um die Schmutzkruste von der Haut zu entfernen. Denn die griechische Gymnastik pflegte, wie öfters schon angedeutet, den Gebrauch des Öls zur Einreibung der Haut mit seinen verschiedenen Folgeerscheinungen, eine Eigentümlichkeit, die bei uns erst langsam anfängt, nachgeahmt zu werden. Wenn in den modernen Großstädten Ringkämpfe von Vertretern verschiedener Nationen ausgetragen werden, so fallen die Türken dadurch auf, daß sie — nicht zur Annehmlichkeit für europäische Gegner — mit eingeöltem Körper antreten. Genau so war es in der antiken Gymnastik, und nicht bloß beim Ringen üblich[344]). Homer kennt den Gebrauch des Öls in diesem Sinne noch nicht. Aber in hellenischer Zeit ist es von der Nacktheit der Turner unzertrennlich, ursprünglich nur angewandt, um die übermäßige Austrocknung der Haut in der glühenden Sonne zu verhindern, dann aber in Verbindung mit Massage und Staub ein wichtiges sporthygienisches Mittel[345]). Das Öl wurde in besonderen Ölfläschchen, meistens runden, kugelförmigen Gefäßen aus verschiedenen Stoffen mit in die Palaistra gebracht[346]) (Taf. 104), in geringen Mengen auf die offene Hand getropft und auf den ganzen Körper verrieben (Abb. 42). Mit der Zeit wurde das Einölen auch von den Turnlehrern besorgt, die dann den Namen Aleipten, d. h. Salber bekamen; mit dem Öl wurde eine unglaubliche Verschwendung getrieben, und die Lieferung dieser kostbaren Flüssigkeit war den Gymnasiarchen ein beliebter Anlaß, ihre Freigebigkeit zu zeigen, die denn auch in den Ehreninschriften nicht vergessen wird. Ja, ein Künstler konnte auf den Einfall kommen, die Siegesgöttin selbst bei einem Faustkämpfer den Liebesdienst des Einölens verrichten zu lassen[347]).

Abb. 42. Einölen.

Wenn nun die Körper, zumal beim Ringen, in Berührung mit dem Boden kamen, setzte sich Staub und Sand auf das Öl, und da die glatte Haut sich schlecht fassen ließ, so bestreute man den Gegner absichtlich mit Sand, um ihn besser anpacken zu können. Was zuerst Kampfmittel war, wurde dann von vornherein vorgenommen, und so wurden für beide Gegner dieselben Bedingungen geschaffen. Hierzu war der zerstampfte, besudelte Sand vom Boden her nicht sehr einladend. Man schaffte also feinen Sand heran und hatte schließlich nichts Besseres zu tun, als die Wirkung der verschiedenen Sandarten auf den Körper mit Scharfsinn und Geschwätzigkeit zu erörtern, wie denn auch der Gebrauch des Öls und der verschiedenen Arten der Massage — im Freien oder im Zimmer mit oder ohne Öl, mit gemischtem oder reinem Öl usw. — eine ganze Literatur entfesselt hat, die uns gottlob bis auf geringe Spuren verloren ist[348]). Wie für das Bad, so wurden auch für die Aufbewahrung des Öls und für das Einsalben und Bestäuben des Körpers mit der Zeit besondere Zimmer hergerichtet, denen sich noch die Kleiderablage zur Aufbewahrung von Hemd, Mantel, Schuhen und Badegerät zugesellte.

Ein Athlet, so mit Öl und Schmutz bedeckt, wird keinen angenehmen Anblick gewährt haben, und die Anwendung von Schutzkappen für den Kopf und das Haar hatte gewiß ihre guten Gründe[349]).

Es wäre für die Wasserkanäle eine starke Belastung gewesen, wenn sie all diesen Schmutz hätten aufnehmen und wegleiten sollen. Dem Bade nach den Übungen ging daher der Gebrauch der Striegel voraus, eines langen, gebogenen, löffelartig ausgehöhlten Geräts, womit die Schmutzkruste aus Öl, Sand und Schweiß erst mechanisch zum größten Teil abgekratzt wurde[350]) (Abb. 43). Solcher Striegeln sind unzählige erhalten, sie gehörten zum täglichen unentbehrlichen Gebrauch und sind mit dem Ölfläschchen und dem Schwamm das äußerliche Kennzeichen des Gymnasionbesuchers (Taf. 101. Abb. 1). Jeder hatte sein eigenes Badegerät; man trug es selbst in der Hand oder am Handgelenk oder ließ es sich von seinem kleinen Diener nachtragen. Die Begleitung

Abb. 43. Abschaben.

eines solchen kleinen Sklavenjungen hatte den Vorteil, daß man ihm während der Turnstunden dies Gerät und auch die Kleidung zur Aufbewahrung übergeben konnte (Taf. 106). Nicht ohne Grund steht auf einer Strigilis in Berlin[351]) in Volkslatein „Fur nattiga me“: „Spitzbube, rühre mich nicht an“. Denn Diebstahl von Badegerät und Kleidung wurde mit Vorliebe geübt, und selbst hohe Strafen konnten diese peinliche Begleiterscheinung der Gymnastik nicht verhindern.

Auch ins Feld nahm man sein Badegerät mit. In Athen im Zentral-Museum ist ein Teil des Massengrabes von Chaironeia mit den Skeletten ausgestellt, und es hat etwas Ergreifendes, zu sehen, wie jeder der jugendlichen Kämpfer seine Striegel neben sich liegen hat.

Erst nach der mechanischen Reinigung durch die Striegel folgte die Waschung im Baderaum, und danach wurde die Haut von neuem mit Öl gesalbt, in dessen Parfümierung die Verweichlichung der jüngeren Zeit einen besonderen Luxus treiben konnte. Man wundert sich nicht, zu lesen, daß man auf dem vom Öl glitschigen Boden des Baderaums hinschlagen und sich Schaden tun konnte[352]), wie denn Verwundungen,

Verrenkungen u. dgl. in den Gymnasien nichts Seltenes gewesen sein müssen[353]). Auf einem r. f. att. Krater in Athen ist gleich eine Anzahl Athleten zu sehen, die an den verschiedensten Körperteilen zu leiden scheinen (Taf. 105). Seit der späteren hellenistischen Zeit finden wir besondere Ärzte für die Gymnasien angestellt[354]).

Daß dann nach all den Mühen Ruhe und Zuschauen wohlverdiente Ausspannung brachten, versteht sich von selbst, aber auch über die Erholung haben die Gymnasten und Ärzte des Altertums theoretisiert und sowohl die Ursachen der Ermüdung mit ihren unvollkommenen Erfahrungen zu ergründen gesucht, als auch, zumal bei Überanstrengung, Massage, mäßige Bewegung, warme Bäder, Fortsetzung der Übungen mit Abwechslung als Gegenmittel empfohlen[355]). Für das gewöhnliche Ausruhen zwischen den Übungen waren keine besonderen Zurüstungen nötig. Man setzte sich in den Sand, auf Stufen, Bänke und Walzen, lehnte sich gegen Wände und Säulen oder an die zahlreichen halbhohen Pfeiler, und an Unterhaltung wird es dabei nicht gefehlt haben (Taf. 108).

All diese Verrichtungen, die neben dem eigentlichen Turnen hergehen, boten den Augen der Künstler unerschöpflichen Stoff zur Beobachtung. Wie die jungen Leute die Kleidung ablegten und sorgsam zusammenfalteten (Taf. 99 a), wie sie das Öl aus dem Fläschchen auf die Hand tropfen ließen, wie sie mit der Striegel am ganzen Körper herumfuhren, Wasser herbeischafften, sich selbst und einander übergossen, und endlich der Ruhe pflegten, das bot die mannigfachsten Stellungen, die sich sowohl zur zeichnenden wie zur plastischen Wiedergabe eigneten, und wir nennen nur den Münchener Öleingießer, den Apoxyómenos (Schaber) des Lysippos und den ausruhenden Knaben von Tralles (Taf. 107), um anzudeuten, wie die große Kunst gerade auch in den Nebenräumen der Palaistra die schönsten Anregungen gefunden hat.

Frauensport

Nach all dem, was die Griechen selbst über den erzieherischen und gesundheitlichen Wert der Gymnastik geäußert haben, sollte man annehmen, daß sie überall und zu allen Zeiten die Wohltat dieser Art von Jugendbildung nicht nur Knaben und Jünglingen, sondern auch den Mädchen gegönnt hätten. Dem ist aber nicht so. In der kretischen Kultur freilich haben wir die Beteiligung von Frauen an den festlichen Kampfspielen kennengelernt und auf griechischem Boden die achaischen Damen als Genossinnen der Männer bei der Jagd aus den Denkmälern erschlossen. Aber in der griechischen Zeit hat dergleichen Sport keine Nachfolge gefunden. In den Sagen zwar erscheinen reisige Jungfrauen, wie die jagdfrohe Kyrene und, ihr ähnlich, die arkadische Atalante, die an den Leichenspielen für Pelias ihre Kraft auch im Ringkampf mit Peleus erprobt, dazu die böotische Atalante, die mit ihren Freiern um die Wette läuft und nur durch eine List von Hippomenes gewonnen wird. In der klassischen Zeit lebten jedoch die griechischen Mädchen zumeist in häuslicher Zurückgezogenheit, von ihren Müttern und Ammen in Lesen und Schreiben, Musik und Tanz unterrichtet. Diese strenge Sitte kannte nur wenige Abweichungen[356]). Für die Insel Teos bezeugt eine Inschrift wenigstens für eine bestimmte Zeit Unterricht für Knaben und Mädchen durch bestellte Lehrer. Und dann war die gymnastische Mädchenerziehung der Spartaner im ganzen Altertum bekannt, und zwar wurde sie als Ausnahme von der allgemeinen griechischen Gepflogenheit empfunden.

In Sparta war schon seit der lykurgischen Gesetzgebung die gymnastische Erziehung der Mädchen in Pentathlon und Orchestik üblich, mit der ausgesprochenen Absicht, der Stadt eine gesunde Nachkommenschaft zu sichern. Die Mädchen waren wie die Knaben in Altersklassen eingeteilt, sie übten zugleich mit ihnen und gleich jenen unbekleidet, führten auch nackend unter den Augen der jungen Männer Wettkämpfe, Aufzüge und Tänze auf. Wettläufe der Mädchen wie in Sparta fanden in Kyrene, der spartanischen Kolonie statt, wo die Mädchen auch den Übungen der Jünglinge zusahen und die Gymnasiarchie von Frauen verwaltet werden konnte, wie es freilich auch von anderen Städten überliefert wird. Daß die Mädchen auch in Olympia zusehen durften und im Kulte der Hera einen Wettlauf vollführten, haben wir schon oben gesehen. Ähnliches findet sich sonst nur auf Chios. Athenaios berichtet 13, 566e, daß dort Knaben und Mädchen miteinander gerungen und daß die Gymnasien ein gesuchtes Schauspiel geboten hätten. Da das Ringen nur in nacktem Zustande erfolgen konnte, öffentlich gezeigte Nacktheit von weiblichen Wesen aber auf ionischem Boden nicht recht glaubhaft ist, so entsteht hier eine antiquarische Frage, zu deren Erörterung die Denkmäler heranzuziehen sind.

Kurzes Gewand ist für die Läuferinnen in Olympia und für die Tänzerinnen allgemein bezeugt. Aber darin konnte man nicht ringen. Nun haben wir gelernt, daß die Athleten in der älteren Zeit mit einem Schurz bekleidet auftraten, bis diese Tracht zuerst in Olympia und dann allgemein abgeschafft wurde. Gehalten hat sich eine Schurztracht bei Männern im Schauspiel und bei Gauklern, die ihre Geschicklichkeit im Ballspiel u. a. öffentlich zeigten und dabei in ihren Bewegungen möglichst ungehindert sein mußten[357]). Auch die Osker und nach dem Zeugnis des Polybius die römischen Krieger der älteren Zeit waren damit angetan[358]).

So traten im Altertum Boxer und Ringer bei den Barbaren noch zur Zeit des Thukydides mit einer kurzen Hose bekleidet auf, und ebenso haben Frauen beim Tanzen und Gauklerinnen bei ihren Vorführungen ein der modernen Schwimmhose ähnliches Kleidungsstück getragen (Taf. 110 c). Auch war ein solcher Schurz später beim gemeinsamen Baden von Männern und Frauen üblich[359]). Der Gedanke liegt nahe, daß auch die griechischen Mädchen sich beim Sport dieser Tracht bedient haben.

Nun gibt es eine Anzahl von Griffen und Stützen runder Pfannen und Spiegel, Figuren von gänzlich nackten Knaben und Mädchen und von Mädchen mit einer fest anliegenden kurzen Hose. Diese Figuren zeigen den archaischen Stil des 6. Jahrhunderts, sind zum größten Teil in der Peloponnesos gefunden worden, vermutlich also auch dort entstanden und mit Wahrscheinlichkeit als Bilder lakonischer Jugend gedeutet worden[360]) (Taf. 110 a). Stets wird diese Hose der arkadischen Atalante gegeben, wenn sie dargestellt wird, wie sie ihren Ringkampf mit Peleus ausführt[361]) (Abb. 44), doch ist bei diesen Bildern nicht immer deutlich, daß es sich gerade um Peleus und Atalante handelt; oft fehlt alles Beiwerk, wie bei den zahlreichen Cistengriffen, die von einem Jüngling und Mädchen in der Anfangsstellung des Ringkampfes gebildet werden[362]), zuweilen ist auf diesen Ringkampf das gewöhnliche Beiwerk palaistrischer Darstellungen übertragen[363]). Einmal erscheint auch auf einem unteritalischen Vasenbild in palaistrischer Umgebung ein Mädchen mit einem Hüftenschurz, das Haar aufgebunden und in der Hand eine Striegel, im Gespräch mit einem Jüngling (Abb. 45). Endlich sind zwei merkwürdige Statuetten junger Mädchen mit engem Schurz zu nennen; die eine (Taf. 110 b), mit einer Strigilis in der erhobenen Hand, als Attis gedeutet, die andere in Rennes, ebenfalls aufblickend[364]). So fragt es sich doch, ob bei jenen Ringkampfszenen unbedingt an der mythologischen Deutung festzuhalten ist, oder ob nicht gewöhnliche Ringkämpfe von Knaben

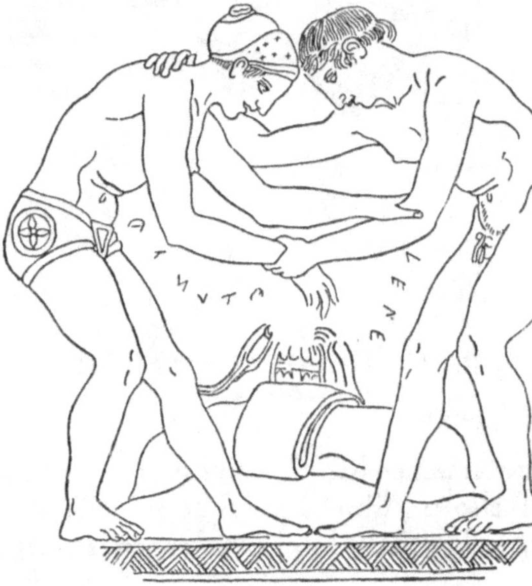

Abb. 44. Peleus und Atalante.

und Mädchen gemeint sind und die Gymnastik der Frauen größere Verbreitung gehabt hat, als uns bekannt ist. Auch Platon, der sich für seine politischen Ideale gern die dorischen Sitten zum Vorbilde nimmt, läßt das weibliche Geschlecht an den gymnastischen Übungen der Männer teilnehmen; aber es ist deutlich, daß er damit für einen Athener befremdliche Vorschläge macht. Er denkt sich die kleinen Mädchen nackt, die etwas älteren, vom 13. bis 20. Jahre in „anständiger Bekleidung". Vielleicht hat er dabei nicht an einen Chiton gedacht, da er nicht dies Wort, sondern das allgemeinere Stole gebraucht; also mag es angebracht sein, nach dem Muster der archaischen Spiegelstützen, der Atalante und der andern genannten Bildwerke sich auch die Jungfrauen von Sparta und Chios mit einem solchen Schurz angetan zu denken. Die völlige Nacktheit der Atalante erscheint auf den Denkmälern erst in späterer Zeit. Auch die jüngeren Schriftsteller wie Properz in dem ergötzlichen Gedicht 4, 13, wo er die spartanische Sitte im Gegensatz zu der Abge-

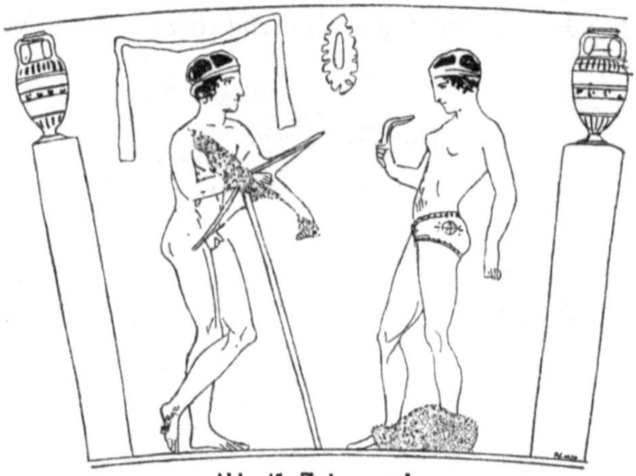

Abb. 45. Zwiegespräch.

schlossenheit der römischen Mädchen preist, sprechen immer nur von „Nacktheit". Ob also ein Wandel der Sitte zu völliger Ausgleichung an das männliche palaistrische Ideal zu erkennen ist, mag offene Frage bleiben.

Die Leistungen von Frauen als Besitzerinnen von Renngespannen kommen hier nicht in Betracht. Auch was von weiblicher sportlicher Betätigung aus römischer Zeit überliefert ist — Wettläufe und Unterricht im Gladiatorenfechten — hat für die Erziehung des Volkes keine Bedeutung gehabt und wird gewiß mit Recht als Modesache bezeichnet.

III.

ANTIKE GYMNASTIK UND MODERNER SPORT

Als das Griechentum auf der Höhe seiner Kultur angelangt war, stand es einsam unter den Völkern der alten Welt da. Ägypten und die Länder des Ostens hatten ihre großen Zeiten lange hinter sich; Rom begann eben zu politischer Macht aufzustreben, die nordischen Völker lebten noch in prähistorischen Zuständen. So hatte die klassische Kultur nirgends ihresgleichen, am wenigsten in der Verbindung von geistiger und körperlicher Ausbildung, die den Griechen auszeichnet. Denn es gab ja einzelne Wissenschaften auch anderswo, und Perser und Germanen trieben wenigstens Jagd, Reiten und die für den Krieg notwendigen Vorübungen[365]). Aber die körperliche Schulung als notwendiger Bestandteil der Bildung überhaupt war den Hellenen vorbehalten. Ebenso wäre es noch vor einigen Jahrzehnten, wenigstens in Deutschland, unmöglich gewesen, eine Vergleichung zwischen der antiken Gymnastik und der modernen Leibesübung anzustellen, ohne der Antike den unbestrittenen Vorrang zuzuerkennen. Denn soviel Vorteile und Segnungen das Turnen bot — ein Gemisch aus natürlichen und künstlich ersonnenen Übungen —, so nahm es sich doch schon äußerlich gar zu unantik aus. Die unschöne Kleidung, die betonte Strammheit, die Geräte, die alkoholischen Begleiterscheinungen waren mit Griechentum nicht zu vereinigen. Das Wort „fromm" stand mit unter den vier Worten, die mit ihren Anfangs-F das turnerische Kreuz bildeten, aber die Befolgung des darin liegenden Gebots war Privatsache. In Griechenland dagegen stand alle Gymnastik und Agonistik in engster Verbindung mit dem Kultus. Auf der anderen Seite wurde die Pflege des nationalen Gedankens, noch in Erinnerung an die Zeit, da das Turnen aufkam, auch äußerlich mehr hervorgekehrt, als es je bei den Griechen der Fall war.

Seitdem nun die Leichtathletik dem Turnen den Rang streitig macht — es soll hier nicht zu dem leidigen Zank Stellung genommen werden[366]) —, hat sich das Bild verändert, und so ist es heute leichter, die Parallelen mit der Antike zu ziehen. Immer allgemeiner dringt die Überzeugung durch, daß die körperliche Schulung ein Teil der allgemeinen Erziehung sein müsse, immer mehr Anhänger wenden sich den in freier Luft getriebenen, naturgemäßen Übungen zu, und immer mehr schwindet die Scheu vor der einst verpönten Entblößung des Körpers. Auch sind die von den antiken Athleten betriebenen Übungen sämtlich vom modernen Sport wiederaufgenommen worden, und wie im Altertum wird das erreichte Können in fortwährenden Wettkämpfen unter den Kameraden und mit den Mitgliedern fremder Vereine gemessen. Ja, wie die Agone einst einen unentbehrlichen Bestandteil jedes Festes bildeten, so treten nun bei uns sportliche Vorführungen in den Programmen festlicher Veranstaltungen wie Universitätsjubiläen u. dgl. neben die früher allein üblichen Kommerse oder selbst an ihre Stelle. Es sind sogar seit 1896 eine Zeit lang regelmäßige Olympiaden unter allen Kulturvölkern abgehalten worden. Freilich gehört zu den gemeinsamen Zügen bereits die Entwickelung zum Berufsathletentum und zur Vorführung der Kämpfe als Unterhaltung schaulustiger Massen. Auch wird öfter, wie einst in der Zeit des sinkenden Altertums, beklagt, daß der allzu große sportliche Eifer die Jugend an der geistigen Ausbildung hindere. Und leider sind wenigstens wir Deutsche heute in der Lage der Menschen der Spätzeit, denen die Gymnastik nicht mehr die von Platon verlangte Vorbereitung für den Heeresdienst, sondern einen Ersatz dafür bedeutete. Aber daneben bestehen immer noch einige wesentliche Unterschiede. Unerreichbar wird für uns noch lange die Opferwilligkeit sein, mit der das sportliche Leben vom Staat und von Privaten, besonders durch die Einrichtung der kostspieligen Gymnasiarchie, gefördert wurde. Vorbildlich bleibt auch das enge Verhältnis zwischen antiker Kunst und Gymnastik. Zwar wird mit Druckerschwärze bei uns in Anleitungen und Bilderbüchern, Berichten und Aufsätzen in Sportzeitschriften viel geleistet, aber man kann nicht behaupten, daß seit dem Altertum viele wesentlich neue Gedanken haben hervorgebracht werden können. Was die bildende Kunst der Alten dem Sport zu verdanken hatte, ist anerkannt, und oft geschildert worden. Allerdings stehen alljährlich in unseren Kunstausstellungen und in den Schaufenstern der Galanterieläden Bildwerke, deren Gegenstand dem Sport entnommen scheint, aber gewöhnlich kommt entweder das künstlerische Vermögen oder die sportliche Zuverlässigkeit zu kurz, und selbst die gelungenen Arbeiten finden nicht den Weg in die Stadien und auf die Sportplätze der Vereine, wo sie als beständige Vorbilder und Mahner wirken könnten.

Zwei andere Unterschiede sind mehr äußerer Art, wenn auch nicht unwichtig.

Das Altertum belohnte nur immer die beste Leistung der zufällig anwesenden und miteinander streitenden Athleten. Man kannte nicht die mit mechanischen Hilfsmitteln festgelegte Höchstleistung, den Rekord, ein notwendiges Übel, das seine Aufgabe für die Steigerung der Leistungen und die Erregung des Ehrgeizes hoffentlich erfüllt haben wird, wenn die menschliche Natur der weiteren Steigerung Halt gebietet. Merkwürdigerweise ist es auch den gewinnlüsternen Griechen nicht in den Sinn gekommen, auf Sieg oder Niederlage Wetten abzuschließen, was ja in neuester Zeit vom Pferderennen auf Boxkämpfe, ja auf Tennisturniere übergegangen ist. Aber trotz allem, was uns heute noch fehlt, und trotz allen Übertreibungen, die sich bereits eingestellt haben, brauchen wir die Vergleichung mit der Antike nicht zu scheuen.

Es mangelte den Alten das Bewußtsein von der sozialen und internationalen Aufgabe des Sports. Denn die ausgebildete Gymnastik als Kulturelement war den Besitzenden und den klassischen Kulturnationen vorbehalten, während wir im Sport ein Mittel zur Volkswohlfahrt sehen und ihn ehemals auch als ein Mittel zur Verständigung der Völker untereinander feiern durften. Wenn man die Ausführung der einzelnen Körperübungen bei den Griechen studiert, so wundert man sich über manche unzweckmäßige Gewohnheit. Das Springen mit den Springgewichten, das Starten zum Laufen mit den eng beisammenstehenden Füßen, das Einölen der Körper beim Ringen und Faustkampf, das nervenzerreißende Flötenspiel beim Pentathlon, die primitive Bauart der Rennwagen, endlich die furchtbare Roheit des Faustkampfes mit den schweren Handschuhen — das alles stimmt nicht recht zu unseren Anschauungen. Manches erklärt sich aus dem Festhalten am Herkommen, das bei den Alten oft unverbrüchlich ist, anderes aus dem Bedürfnis nach schöner Form. Die antiken Regeln für die Ausführung der einzelnen Sportarten wären für uns keineswegs vorbildlich. Sicher sind auch die höchsten Leistungen des Altertums durch die modernen Rekorde längst überholt worden, und der Umkreis des modernen Sports geht weit über antikes Maß hinaus. Wir haben viele Nachrichten über das Ballspiel; danach war es immer nur Spiel, auch Vorübung; aber es erforderte nicht entfernt die Kraft, Ausdauer und Gewandtheit wie unsere neueren Ballspiele, Tennis, Fußball usw. Gänzlich mangelte den Alten, trotz der natürlichen Gelegenheit dazu, der Sinn für Wandern und Bergsteigen und für den Sport in und auf dem Wasser. Das bißchen Wettrudern, das hier und da ausgeführt wurde, ist nicht der Rede wert. Wintersport konnte in dem warmen Klima nicht entstehen, und die Erfindung des Sports mit rollenden und fliegenden Maschinen war der modernen Technik vorbehalten.

Die Gegenwart braucht sich also die antike Gymnastik und Agonistik nicht mehr als unerreichte Muster vorhalten zu lassen. Aber wie die Schlachten der Perserkriege trotz allen Kriegstaten der Neuzeit ewig ihren Ruhm als Beispiele und Muster behalten werden, so ist auch der Geist, der die Alten bei ihren Leibesübungen beseelte, für immer der Nacheiferung würdig. Denn das Entscheidende, das nun wieder alte und neue Zeit verbindet, ist doch die Gemeinsamkeit der Überzeugung, daß der menschliche Leib nicht ein sündhaftes Gefäß der Seele, sondern in seiner Kraft, Beweglichkeit und Schönheit dem Geiste gleichgeordnet ist, und daß es zur „Bildung" gehört, auch ihn zu bilden und zu formen und ihm durch unablässiges Streben die Leistungen abzuzwingen, deren er fähig ist.

ANHANG

ABKÜRZUNGEN

A. J. = Jahrbuch des Deutschen Archäolog. Instituts.
A. M. = Mitteilungen des Deutschen Archäolog. Instituts, Athenische Abteilung.
Am. J. of arch. = American Journal of archeology.
Annali = Annali dell' Instituto di correspondenza archeologica.
Arch. Anz. = Archaelogischer Anzeiger.
A. Z. = Archäologische Zeitung.
B. C. H. = Bulletin de Correspondance Hellénique.
B. J. = Jahrbücher des Vereins der Altertumsfreunde im Rheinlande (Bonner Jahrbücher).
B. ph. W. = (Berliner) philologische Wochenschrift.
D.-S. = Daremberg-Saglio, Dictionnaire des antiquités.
Ditt. Syll. = Dittenberger, Sylloge Inscriptionum Graecarum.
Ephem. arch. = Archaeologiki Ephimeris. (Griechisch.)
F. Beschr. = A. Furtwängler, Beschreibung der Vasensammlung in Berlin.
F.-R. = A. Furtwängler und F. Reichhold, Griechische Vasenmalerei.
Gard. = E. Norman Gardiner, Greek Athletic Sports and Festivals.
Gaz. arch. = Gazette archéologique.
Gerhard, A. V. = E. Gerhard, Auserlesene Vasenbilder.
Gr. = L. Grasberger, Erziehung und Unterricht.
Hyde = W. W. Hyde, Olympic victor monuments. Washington 1921.
I. G. = Inscriptiones Graecae.
J. H. St. = Journal of Hellenic Studies.
J. Phil. = J. Jüthner, Philostratos über Gymnastik.
J. Tg. = J. Jüthner, Antike Turngeräte.
Kr. = J. H. Krause, Hellenika. Bd. I, 1 und 2. Die Gymnastik und Agonistik der Hellenen.
Mon. = Monumenti dell' Instituto.
Mon. ant. = Accademia dei Lincei, Monumenti antichi.
Ö. J. = Jahreshefte des Österreichischen archäolog. Instituts.
P.-W. = Pauly-Wissowa, Realenzyklopädie der Altertumswissenschaft.
r. f. = rotfigurig.
R. M. = Mitteilungen des Deutschen Archäol. Instituts, Römische Abteilung.
Rein. stat. = S. Reinach, Répertoire de la statuaire.
Rein. rels. = S. Reinach, Répertoire des reliefs.
Rein. vas. = S. Reinach, Répertoire des vases peints.
Rhein. Mus. = Rheinisches Museum für Philologie.
Rouse = W. H. D. Rouse, Greek Votive Offerings.
s. f. = schwarzfigurig.
Winter, Typenkatalog = F. Winter, Die Typen der figürlichen Terrakotten.
Ziebarth = Ziebarth, Aus dem antiken Schulwesen.

ANMERKUNGEN

¹) Wichtigste zusammenfassende Literatur: J. H. Krause, Die Gymnastik und Agonistik der Hellenen, 2 Bde. 1841. L. Grasberger, Erziehung und Unterricht im klass. Altertum, 3 Bde. 1864—1881. J. Jüthner, Antike Turngeräte 1896. J. Jüthner, Philostratcs über Gymnastik 1909. E. N. Gardiner, Greek Athletic Sports and Festivals 1910. G. A. E. Bogeng (Herausgeber), Geschichte des Sports aller Völker und Zeiten 1926.

²) Kr. I, 237. — A. Erman-H. Ranke, Ägypten (1923), 271, 277, 290. — Hyde 228, Anm. 2. — L. Klebs, Die Reliefs des alten Reiches 68 (Jagd), 108 (Tanz), 113 Spiele, 115 (Fischerstechen). 122 (Einfangen des Opfertieres. — L. Klebs, Die Reliefs und Malereien des mittleren Reiches 52, 94 (Jagd), 145 (Tanz), 146 (Spiele), 151 (Ringkämpfe), 153 (Fischerstechen), 172 (Einfangen des Opfertieres mit dem Lasso). — G. Steindorff, Ringer und Mädchen am Ofen, zum Winckelmannsfeste des Archäol. Seminars d. Univ. Leipzig 1906. — v. Bissing-Bruckmann, Denkmäler Taf 29 (Ringen), Taf. 92 (Jagd). Spiegelberg in Münchener Jahrb. f. bi'd. Kunst N. F. III 1926, 126 ff (Jagd). — F. W. v. Bissing in A. M. 1898, XXIII, 242 ff. (Stierfang) — H. Schäfer, Von ägyptischer Kunst 152. — E. Mehl, Antike Schwimmkunst 92, 96. — Neues Reich: F. W. von Bissing, Kultur des alten Ägyptens 24.

³) P.-W., Kreta (Karo). — H. Th. Bossert, Alt-Kreta. — Hyde 1 ff. — E. Bethe in Rhein. Mus. 1910, LXV, 218. — A. Evans in J. H. St. 1921, XLI, 247 ff; 1925, XLV, 5 ff. — K. Müller in A. J. 1915, XXX, 247 ff. — Deutsches archäol. Institut, Tiryns II (1912), 134 (Rodenwaldt). — G. Rodenwaldt, Der Fries des Megarons von Mykenä. 38. — B. Laum, Das Eisengeld der Spartaner. (Vorlesungs-Verz. Akademie Braunsberg, Winter 1924/25), 14 ff., 41 ff. — C. Praschniker, Kreta, Mykenä, Dipylon in Wiener Jahrb. f. Kunstgesch. 1923, II, 14 ff. — C. Watzinger, Die griechische Heroenzeit und Homer, in Neue Jahrb. 1926, Jg. 2. 1 ff. — Phaiaken: Arch. Anz. 1925, 262 (Waser).

⁴) Rodenwaldt in Tiryns II, 136.

⁵) Laum, a. a. O. 51.

⁶) Gard. 11 ff. — Hyde 7 ff. — U. v. Wilamowitz, Textgeschichte der griech. Bukoliker (Phil. Unters. 18. Heft 1906) 196; Ilias und Homer² 68. — C. Robert, Studien zur Ilias 570. — D. Mülder, Die Ilias und ihre Quellen 273 ff. — H. Meltzer, Griechen und Germanen, in N. Jahrb. 1912, Jg. 15. Bd. 29, 385. — P. Cauer, Grundfragen der Homerkritik³ I (1921), 363 u. 401.

⁷) L. Malten, Leichenspiel und Totenkult, in Röm. Mitt. 1923/24, 38/9, 306.

⁸) L. Malten, a. a. O. 307 ff.

⁹) L. Malten, a. a. O. 302 ff.

¹⁰) A. Z. 1885, XLIII, 134, Taf. 8.

¹¹) Gard. 30; dagegen L. Malten, a. a. O. 314, Anm. 4.

¹²) A. S. Murray, Terrakotta Sarkophagi pl. III u. VI. B. C. H. 1913, XXXVII, 384 ff., Nr. 4, Taf. XIII. L. Malten, a. a. O. 313 f. Vgl. die Amphiaraosvase (hier Taf. 12). Der Zweikampf zweier Hopliten auf der attischen Lekythos A. M. 1910, XXXV, Taf. X hat mit der Stele im Hintergrund keinen Zusammenhang; es ist also keine Skiamachia als epitaphios agon dargestellt. L. Malten, a. a. O. 316. E. Buschor, in Münchner Jahrb. d. bild. Kunst 1925, N. F. II, 7, 10.

¹³) Rhein. Mus. 1874, XXIX, 25 ff. (H. Usener).

¹⁴) L. Malten, a. a. O. 339. — Hyde, a. a. O. 10, Anm. 8.

¹⁵) E. Curtius, Olympia in Altertum und Gegenwart. — D.-S. Olympia (Gaspar). — Luckenbach, Olympia und Delphi. — Gard. 36 ff. usw. Lit.: 511. — E. N. Gardiner, Olympia, Its history and remains. Oxford 1925. — Dazu Gnomon 1927 III 385 (K. Lehmann-Hartleben).

[16]) A. M. 1922, XLVII, 30 (Dörpfeld).

[17]) L. Malten, a. a. O. 312 bezweifelt die Verbindung mit dem Totenkult.

[18]) D.-S. sortitio (Lécrivain). — Ztschr. f. Num. 1904, XXIV, 38, Taf. 1, 17 (Dressel). — Arch. Anz. 1925, 206 (Schröder).

[19]) Gard. 66. Nemeen — 62ff. Pythien — 64ff. Isthmien — Literatur 513.

[20]) Es ist üblich, das alte und poetischere Wort Eppich zu gebrauchen. Das bedeutet aber hier nicht Efeu, sondern Sellerie.

[21]) P.-W. Delphoi (Pomtow).

[22]) U. von Wilamowitz, Pindaros 69. — Am. journ. of archeol. 1925, XXIX, 239 (Bates). — B. ph. W. 1926, 6 (Kalinka).

[23]) Hierbei wurden einige in Olympia nicht vertretene Agone für Knaben zugefügt, die hippischen Agone aber zunächst weggelassen. 582 v. Chr. wurden Wagenrennen in das Programm aufgenommen und auch ihnen später besondere Arten Wettreitens, Rennen von Fohlen in verschiedenen Formen, hinzugefügt.

[24]) Hermes 1922, LVII, 94ff. (E. Preuner).

[25]) J. H. St. 1916, XXXVI, Pl. VII. — Silene mit einem Rennwagen, J. D. Beazley, Attic redfig. Vases in American Museums 143, Abb. 87.

[26]) Kairos: Arch. Anz. 1906. 51. Agon ebenda: Smikythos: Paus. 5, 26, 3. Kolotes: Paus: 5, 20, 1. Agon hellenistisch: Wolters in Springer-Michaelis, Die Kunst des Altertums[12] 403ff. — F. Studniczka, Artemis und Iphigenie, Marmorgruppe der Ny Carlsberg Glyptothek 70. — Arch. Anz. 1923/4, 33. (Schulze-Wollgast) (hier Tafel 10a).

[27]) Vgl. P.-W.-Eutaxia (Waser).

[28]) Palaistra: Gaz. arch. 1889, XIV 56ff. (Fröhner). vgl. Jüthner im Eranos Vindobonensis 320. — Synnada: B. C. H. 1893, XVII, 284 Nr. 86. — Auf Gemälden zur Erinnerung an seine Siege ließ sich Alkibiades mit Olympias, Pythias und Nemeas, weiblichen Personifikationen der großen Heiligtümer abbilden (Rouse 174), die keine allgemeine Geltung erlangt haben.

[29]) Hyde 35.

[30]) Kr. II, 669ff.—K. J. Freeman, Schools of Hellas.—J. H. St. 1913, XXXIII, 259ff. (A. J. Toynbee).

[31]) J. Phil. 311. — Archiv f. Rel.wiss. 1911. XIV 643—646 (E. Pfuhl).

[32]) M. P. Nilsson, Griech. Feste 140ff.

[33]) E. Ziebarth, Aus dem griech. Schulwesen 26f.

[34]) Rute: Taf. 53. 54. 89. Palme: 96. 105. Kurzer Fächer: Taf. 33a. Vgl. Ztschr. f. Numismatik 1904, XXIV, 357 (R. Zahn). — Bezahlung: K. J. Freeman, Schools of Hellas 134.

[35]) P.-W. Gymnasiarchia (Oehler).

[36]) P.-W. Gymnasium (Oehler). — D.-S. desgl. (Bussemaker).

[37]) Vgl. Rhein. Mus. 1874, XXIX, 29ff. (Usener). — Ziebarth 67.

[38]) F. Krischen, Das hellenistische Gymnasium von Priene, in A. J. 1923/24, XXXVIII/IX, 133ff. Ein Modell des Prienischen Gymnasiums in Gips ist von dem Bildhauer R. Krause in Berlin C2, Altes Museum, zu beziehen (Maßstab 1:100, 3 × 1 m).

[39]) K. Fr. W. Schmidt. Das griech. Gymnasium in Ägypten. — W. Schubert, Die Griechen in Ägypten 19.

[40]) F. Winter, Typenkatalog II 404, 8 u. a.

[41]) J. Phil. 3 ff.

[42]) Kr. 67ff. — P.-W. Agones 862 (Reisch).

[43]) P.-W. Agones 847. — ἆθλον (Reisch). — D.-S. certamina (Saglio). — Gard. 206. — Rouse 149 — Hyde 18. — P. Wolters, Zu griech. Agonen 18. — Speisung im Prytaneion: Hermes 1926, LXI 470f (E. Preuner).

[44]) A. J. 1921, XXXVI, 151ff. (Schwendemann).

[45]) E. Fölzer, Die Hydria 13f. — F. Wrede, Kriegers Abschied und Heimkehr in d. gr. Kunst I (ungedr. Dissert.) 142.

[46]) B. ph. W. 1915, 1423 (Wolters). — Lebes in London, Walters Cat. Brit Mus. Bronzes 28, Nr. 257. — Lebes im Louvre aus Ampelokipi, De Ridder, Bronzes ant. du Louvre II, 101, Nr. 2590, Taf. 93. — K. A. Neugebauer in R. M. 1923/24, XXXVIII/IX, 405.

[47]) P. Wolters, Zu griech. Agonen 17.

[48]) M. P. Nilsson, Griech. Feste 195. — B. Laum, Das Eisengeld der Spartaner 3ff. Gegen die Annahme, die Sicheln seien das alte Eisengeld der Spartaner gewesen, Blinkenberg in Gnomon 1926, II, 107ff. P. — Wolters a. a. O. 19.

[49]) H. Blümner, Technologie[3] I 356. — P.-W. Amphora (Wernicke). — Über die panathenäischen Preisvasen zuletzt E. Schmidt, Archaistische Kunst in Griechenland 70ff.

[50]) Revue Numism. 1903, 1, Taf. I—III (Mowat). — H. Dressel, Fünf Goldmedaillons aus dem Goldfunde von Abukir, in Abh. d. Kgl. Preuß. Ak. d. Wiss. 1906.

[51]) P.-W. Agones 851.

[52]) P.-W. Kranz 1598 (Ganszyniec).

[53]) Festschrift f. H. Wölfflin 16ff. (P. Wolters).

[54]) Zeitschr. f. Numismatik 1904, XXIV, 34 (H. Dressel); 355ff. (R. Zahn). — P. Wolters, Zu griech. Agonen 12—15.

[55]) Ö. Jh. 1898, I, 42ff. (Jüthner).

[56]) Rein. Vases I, 45, 378; II, 230, 265. — Gard. 206, Abb. 25. — P. Wolters, Zu griech. Agonen 15.

[57]) Arch. Anz. 1925, 215ff. (Schröder).

[58]) Hyde 32, 34.

[59]) P.-W. Epinikia (Crusius).

[60]) K. J. Freeman, Schools of Hellas 121 ff.

[61]) A. J. 1916, XXXI, 124ff. (Weege). — Oskische Spiele: A. J. 1909, XXIV, 133ff (Weege).

[62]) Vgl. C. Weickert, Gladiatoren-Relief der Münchener Glyptothek, in Münchener Jahrb. d. bild. Kunst 1925, N. F. II, 1ff., bes. S. 23. — Im allgemeinen: D.-S. Gladiator (Lafaye). — Die früher sog. Tesserae gladiatoriae, Elfenbeinstäbchen mit Inschriften (D.-S. Gladiator 1590; Tesserae 134) dienten zur Kennzeichnung von Geldbeuteln. R. Herzog, Aus der Geschichte des Bankwesens im Altertum. Tesserae nummulariae, in Abhandlungen der Gießener Hochschulgesellschaft I, 1919.

[63]) A. Brinkmann in B. J. Heft 130, 1926, 121ff.

[64]) C. A. Boethke, Pindar, Siegeslieder, übertragen Jena 1913. — F. Dornseiff, Pindar, übersetzt und erläutert, Insel Verlag, Leipzig 1921; derselbe, Pindars Stil, Berlin 1921. — U. von Wilamowitz-Möllendorff, Pindaros (S. 117 Stellung zur Athletik), 1922.

[65]) Nach der Übersetzung von Dornseiff, 146ff.

[66]) R. C. Jebb, Bakchylides, Ausgabe mit Einleitung (englisch). — U. Jurenka, Die neugefundenen Lieder des Bakchylides. Wien 1898.

[67]) Poetae lyrici Graeci[4] II 266.

[68]) Von einem elegischen, d. h. in Distichen geschriebenen Epinikion des Kallimachos auf irgendeinen Sosibios (aus Alexandrien?) ist nur die Überschrift bekannt (Fragm. 29, Schneider).

[69]) G. Kaibel, Epigrammata graeca ex lapidibus conlecta 381ff.

[70]) Pontios = Sohn des Pontis, H. Hitzig und H. Blümner, Pausanias II 2, 584.

[71]) A. Fick und F. Bechtel, Die Griech. Personennamen 12.

[72]) Auf dem Grabstein des Ti. Octavius Diadumenus ist ein nackter Diadumenos in Relief gebildet (Rein. rels III, 406, 1).

[73]) Klio 8, 417 (Viereck).

[74]) J. Jüthner, Philostratos über Gymnastik 1909, mit Einleitung, Übersetzung und Anmerkungen.

[75]) J., Phil. 60ff. — E. Preuner, Griech. Siegerlisten, in A. M. 1903, XXVIII 338. —

[76]) A. Brinkmann, Die olympische Chronik in Rhein. Mus. 1915, LXX, 622ff. — P.-W. agones 866 (Reisch). — A. M. 1915, XXX, 213ff. (Wilhelm). — Arch. Ephem. 1917, Taf. 12 u. v. a.

[77]) Aelian v. h. XIV, 1. — B. C. H. 1898, XXII, 260ff. (Homolle). — B. ph. W. 1899, 251ff. (Pomtow). — Pomtow in P.-W. Delphoi 2521.

[78]) Z. B. Anthol. Pal. XI 316.

[79]) J. Jüthner, Philostratos über Gymnastik, s. Anm. 74.

[80]) Übersetzung des Lukianos von Schleiermacher. — R. Heinze, Anacharsis, in Philologus 1891, L 459ff.

[81]) B. Schweitzer, Der bildende Künstler und der Begriff des Künstlerischen in der Antike 85. Anm. 106.

[82]) E. N. Gardiner in J. H. St. 1904, XXIV, 80.

[83]) A. Furtwängler, Die Bedeutung der Gymnastik in der griech. Kunst, in „Der Säemann, Monatsschr. f. pädag. Reform 1905. — E. Löwy, Griechische Siegerstatuen, in Westermanns Monatshefte 1907, 243. — P.-W. Siegerstatuen (G. Lippold). — Jahrbuch der Leibesübungen 1919 (Herausgeber Deutscher Reichsausschuß f. Leibesübungen) 64ff. Sport und Kunst (B. Schröder). — Die Leibesübungen 1925, Heft 10, 233ff. „Gibt es wirklich keine sportliche Kunst?" (B. Schröder). — Ebenda 1926, Heft 20, 473ff. Turnen und Kunst (B. Schröder). Vgl. Anm. 99.

[84]) Arch. Anz. 1925, 215ff. (Schröder).

[85]) Arch. Anz. 1925, 205ff. (Schröder).

[86]) B. Schröder, Zum Diskobol des Myron 9ff. mit vielen verwandten Werken.

[87]) Festus s. v. rutrum. vgl. D.-S. skapheion (Dorigny).

[88]) Rouse 174 — Antike Denkmäler I, Taf. 7 n. 8. Taf. 8 n. 10.

[89]) O. Benndorf, Griech. u. Sizil. Vasenbilder Taf. 9. — Rouse 173. — Hyde 29.

[90]) C. Robert, Votivgemälde eines Apobaten, 19. Hallisches Winckelmannprogramm 1895.

[91]) Arch. Jahrb. 1916, XXXI, 105ff., Taf. 8 (F. Weege). F. Weege, Etruskische Malerei, Beilage II.

[92]) Ed. Schmidt, Archaistische Kunst in Griechenland und Rom 70ff. — A. M. 1922, XLVII, 96 (Schweitzer).

[93]) Z. B. Berlin, Furtwängler, Beschreibung der Vasen 2180 (Krater des Euphronios) 2325 (Untersatz) F.-R. III, Taf. 157 u. 162. — Malerei an einem Grabmal: A. Fairbanks, Athenian White Lecythoi Taf. VI. W. Riezler, Weißgrundige Lekythen, Text 42 u. a. m.

[94]) H. Lucas in A. J. 1904, XIX, 127.

[95]) Über Reliefs als Weihungen von Siegern: Studniczka in Arch. Anz. 1921, 327. Ein Diskoswerfer auf einer Stele in Amyklai A. M. 1926, LI, 43ff. (W. v. Massow).

[96]) Mit dem Diskos: A. Conze, Die attischen Grabreliefs I, Taf. IV (hier Taf. 20a). — Mit dem Speer: A. M. 1907 XXXII, Taf. XXI u. öfter. — Sich reinigend: Stein aus Delphi. H. Bulle, Der schöne Mensch[3] 265. Rein. rels II, 368, 2 u. a. — Mit dem kleinen Diener, der Salbgerät trägt: W. Amelung, Vatican-Katalog II, Taf. 74, Nr. 421. Rein. rels. III, 408, 4.

[97]) Rouse 175.

[98]) Basen aus Athen. Arch. Anz. 1923, Beilage II u. III. Basis mit sich reinigenden Athleten: Rein. rels II, 369, 1. — O. Walter, Beschr. d. Reliefs im kleinen Akrop. Museum Nr. 401. — Basis des Bryaxis in Athen (Taf. 80b, Rein. rels II, 241). — Basis des Polydamas (Olympia III, die Bildwerke, Taf. LV.)

[99]) Brit. Mus. Cat. of sculpt. II, 121, Nr. 1037, Pl. XVIII.

[100]) J. Sabatier, Description genérale des Médaillons Contorniates. Paris 1860. — Collection Sambon (1911), Pl. XXVI u. XXVII. — P.-W. Contorniaten (Pick). — H. Dressel, Goldmedaillons von Abukir 60 (agonistisch).

[101]) A. Furtwängler, Antike Gemmen. Stierkämpfe. Taf. II, 16, 17. Viergespanne, IX, 46 u. a., Pferdebändiger IX, 14, 15 und Reiter IX, 36, 39; X, 22; XXXVI, 22 u. a., Springer XVII, 42 und Ringer XXVII, 15, Diskoswerfer XLIV, 25ff. und Bogenschützen VIII, 38; IX, 23; XVII, 34, 38, Badende XVII, 40, 41 u. a., Öleingießer XLIV, 24 und Sieger XLIV, 9ff., 37, 41, 42. A. Furtwängler Geschnittene Steine in Berlin. Taf. 57 Nr. 7735 (Wagenrennen) 7737 (Gladiatoren), Taf. 61 Nr. 8485 (Zehngespanne), 8486 (Viergespanne). Taf. 56 Nr. 7510 (Erotenwettrennen).

[102]) Z. B. Collection Sambon, Auktionskatalog 1911, Pl. IV—VI. — S. Loeschcke, Lampen aus Vindonissa. Taf. IX, X, XI.

[103]) R. Kekule von Stradonitz, Über den Bronzekopf eines Siegers in Olympia, in Sitzungsberichte d. Kgl. Preuß. Akad. d. Wiss., phil.-hist. Kl. 1909, XXVI, 694ff. — W. H. D. Rouse, Greek votive offerings (1902) 149ff. — W. W. Hyde, Olympic viktor monuments and Greek athletic Art (1921). — Dazu E. Preuner in B. ph. W. 1923, 822, 843. — P.-W., Siegerstatuen (G. Lippold).

[104]) K. A. Neugebauer, Antike Bronzestatuetten 63, 96, Abb. 56.

[105]) Kr. I, 33ff., 55ff. — J. Phil. 159ff. — P.-W. εὐανδρίας ἀγών (Jüthner).

[106]) Kunst und Künstler 1916, XIV, 602ff. Griechische Aktstatuen im Berliner Museum (Schröder). — P.-W. Athletai (Reisch).

[107]) W. Schick, Zwei römische Kolossalstatuen und die hellenist. Kunst Syriens, in N. Jahrb. f. kl. Alt. 1914, Jg. 17. Bd. 33, 18ff. — J., Phil. 253 (Heraklestypus als Ideal der Berufsathleten).

[108]) Mosaik aus Tuskulum. Mon. d. Inst. VI/VII, Taf. 82. Gard. 177. — Mosaik im Lateran G. P. Secchi, Musaico Antoniniano (eine Probe bei A. Baumeister, Denkmäler d. Klass. Alt. I 223, Abb. 174 und Gard. 190).

[109]) Ö. Jh. 1912, XV, 79f. (F. W. von Bissing).

[110]) Arch. Anz. 1906, 47; Berl. phil. Wochenschr. 1906, 636. Ornamenta gymnasiode (J. Ziehen). — A. J. 1916, XXXI, 133 (F. Weege).

[111]) P.-W. Hermai 701 (Eitrem). — P. Wolters, Archäologische Bemerkungen II, in Sitzungsberichte d. Kgl. Bayer. Akad. d. Wiss. 1915, 37ff.

[112]) Wolters, a. a. O. 42. — Gerhard, A. V. 282. 284 u. a. m.

[113]) Ziebarth, 92.

[114]) A. M. 1904, XXIX, 157 (Schröder).

[115]) B. C. H. 1915, XXXIX, 241 ff. (Graindor). — A. Hekler, Bildniskunst der Griechen und Römer. Taf. 258ff.

[116]) A. M. 1904, XXIX, 172 (Schröder). — Ziebarth 94ff.

[117]) A. Mau in Strena Helbigiana 184ff. — J. Ziehen, s. Anm. 110. — F. Weege in A. J. 1916, XXXI, 134.

[118]) H. von Rohden und H. Winnefeld, Architektonische römische Tonreliefs der Kaiserzeit 144ff., Taf. LXXI, LXXXII, LXXXIII, CXLII.

[119]) Arch. Anz. 1925, 206 (Schröder). — E. Fölzer, Die Hydria 14.

[120]) Altertümer von Pergamon Band VI, Das Gymnasium (P. Schazmann) 1923.

[121]) Ann. 1870, Taf. R. — Gard. 478.

[122]) Burlington Fine Arts Club 1904, Teil III, Nr. 75, Pl. XCVI, Nr. 175; erwähnt von Gardiner in J. H. St. 1903, XXIII, 291.

[123]) Terrakotta in Karlsruhe, Winter, Typenkatalog II, 433, 5. — Terrakotta Loeb, J. Sieveking, Die Terrakotten der Sammlung Loeb, II Taf. 84 (Negertypus).

[124]) Winter, Typenkatalog II, 433, 4; 445, 9 (hier Taf. 92).

[125]) Winter, Typenkatalog II, 446,5. — Arch. Anz. 1891, 167, Nr. 15 (hier Taf. 92). — Collection Sambon, Verkaufskatalog 1911, Taf. XX, Nr. 349. — Rein. stat. II, 564ff.; IV, 358 u. a. m.

[126]) W. Fröhner, Collection Tyszkiewicz 34, Pl. XXXVI (hier Taf. 32b). Collection Gréau, Bronzes 84, Nr. 387. — Berlin, Antiquarium Fr. 1485, 1486. — Vgl. P. Perdrizet, Bronzes Fouquet Taf. 23, 24, 28, 33.

[127]) Ztschr. f. ägypt. Sprache 57, S. 87 (Erna Morgensen).

[128]) L. Grasberger, Erziehung und Unterricht Bd. I. — G. van Hoorn, De vita atque cultu puerorum monumentis antiquis explanato, Amsterdam 1909. — Rev. arch. V. série. 1927, XXV, 104 ff. (G. van Hoorn).

[129]) Gr. I, 77ff., 159. — D.-S. turben (Lafaye). — Münchner Jahrb. f. b. K. 1913, VIII, 88 ff (Wolters). — Atti della R. Accademia di Torino 1924, LIX, 132ff. (Minto). — C. Watzinger, Vasen in Tübingen E. 78, Taf. 25. — G. van Hoorn, a. a. O. 68.

[130]) Gr. I 81. — D.-S. Trochus (Lafaye). — G. van Hoorn, a. a. O. 72.

[131]) Knabe mit Reif und Siegespalme: H. v. Rohden und H. Winnefeld, Architekton. röm. Tonreliefs Taf. CXLIII.

[132]) Kr. I, 299ff. — Gr. I, 84ff. — P.-W. Ballspiel (Mau). — D.-S. Pila (Lafaye). — Münchner Jahrb. f. b. K. 1913, VIII, 86ff. (Wolters).

[133]) Arch. Anz. 1925, 79ff. (L. Gründel) mit der irrigen Behauptung (S. 88), Schröder habe in Kunstchronik 58, XXXIV, 172 in den „sechs Figuren ein Nebeneinander einzelner athletischer Übungen" gesehen. — J. H. St. 1925, XLV, 168ff. (Casson).

[134]) P.-W. Ephedrismos (Jüthner).

[135]) G. P. Oikonomos, *ΚΕΡΗΤΙΖΟΝΤΕΣ*, in Archaiolog. Deltion 1920/1, 56ff. — L. Gründel, in Arch. Anz. 1925, 80ff.

[136]) Kr. I, 624. — Gr. I, 376; III, 215. — D.-S. Balneum (Saglio), Urinator (Pottier), Uter (Chapot). — J., Phil. 268. — K. J. Freemann, Schools of Hellas 152. — E. Mehl, Antike Schwimmkunst (München, Heimeran 1927). — W. Mang, Schwimmsport.

[137]) Martialis III, 87, 4. — Pollux Onom. VII, 65; X, 181. — Vgl. D.-S. cinctus und subligaculum (Saglio). Dazu die Terrakottafigur Not. degli scavi 1911, Supplement, 71.

[138]) Françoisvase, Mon. Inst. IV, Taf. 56/7. F.-R. Taf. 12: Der Mann, der aus dem Schiff gesprungen ist und an Land schwimmt. — Vase des Andokides im Louvre, Pottier, Catalogue des Vases F. 206. Frauenbad. — Wandbild aus Pompeji, Sommer, Neapel, Bild 1944 u. a.; s. E. Mehl, a. a. O. Tafelb. 7, Textabb. 3, Tafelb. 6.

[139]) G. Putzke, Crawlschwimmen.

[140]) Vgl. F. Weege, Etrusk. Wandmalerei. 64, Abb. 60. — Mehl, a. a. O. Tafelb. 10.

[141]) Kr. II, 807ff. — Gr. II, 390ff.; III, 271ff., 524ff. — D.-S. Saltatio (Séchan). — F. Weege, Der Tanz. — K. Latte, De saltationibus Graecorum (besonders über Pyrrhiche und Kalathostanz). — Val. K. Müller, Der Polos 82ff. (Kalathostanz). — A. Brinkmann, Altgriechische Mädchenreigen, in Bonner Jahrbücher Heft 130, 1926, 118ff. — B. Schröder, Die Vatikanische Wettläuferin, in R. M. 1909, XXIV, 109—120 (Deutung der Statue als Tänzerin).

[142]) Kr. I, 614ff. — Gr. III, 98ff. — D.-S. Venatio (Lefaye). — P.-W. Jagd (Orth). — Fr. Behn, Die Jagd der Vorzeit, Heft 4 d. kulturgesch. Wegweiser durch d. Röm.-Germ. Zentral-Museum in Mainz. — O. Meissner, Assyrische Jagden in „Der alte Orient" 13, Heft 2. — Stierjagd: D.-S. taurokathapsia (Cahen). — A. M. 1924, XLIX, 147 (E. Preuner)

[143]) A. M. 1904, XXIX, 154ff. (Schröder).

[144]) J. H. St. 1881, II, 90, 315; 1890, XI, 146ff. (P. Gardner). — M. P. Nilsson, Griech. Feste 304. — A. Mommsen, Feste in Athen 145. — K. J. Freeman, Schools of Hellas 153. — Einzel-Aufn. 1258, 1260, 1261.

[145]) Ephem. archaeol. 1912, 108.

[146]) Einzel-Aufn. 1258. — J. H. St. 1890, XI, 146 (P. Gardner); Rein. rels II, 370, 1; vgl. Taf. 45 und Einzel-Aufn. 1260.

[147]) Olympia V, die Inschriften Nr. 717. — Roehl, Imagines[3] 121, 2. — Ditt., Sylloge[3], 1071. — Ein ähnlicher Stein in Olympia V, Die Inschriften Nr. 718.

[148]) J. G. XII, 3, 449. — Im allgemeinen: Rouse 160. — Gard. 83. — J. Phil. 245/6.

[149]) Paus. II, 19, 5. — C. Robert, in Sitzungsber. d. bayer. Akad. d. Wiss., phil.-hist. Kl. 1916, 2. Abhandlung 7. — Rein. stat. II 551, 1.

[150]) A Furtwängler, Antike Gemmen, Taf. XLIV, 39.

[151]) H. Burte, Wiltfeber 103.

[152]) Olympia V, Die Inschriften Nr. 719. — Steinstoßen als Agon z. B. A. M. 1903, XXVIII, 366, Liste 4 am Ende.

[153]) D.-S. Funda (Fougères).

[154]) R. M. 1923/4, XXXVIII/IX, 87 (E. v. Mercklin). — P.-W. Halterobolia (Jüthner).

[155]) D.-S. Skapheion (Dorigny).

[156]) P. Herrmann, Denkmäler der Malerei, Text zu Taf. 54, S. 70.

[157]) Kr. I, 612f. — Gr. III, 139ff. — D.-S. Hoplomachia (Saglio). — P.-W. desgl. (Jüthner). — A. M. 1903, XXVIII, 359 u. 366 (Preuner). — Hyde 9, Anm. 2.

[158]) Auf der Münchener Vase Jahn Nr. 79 sind zwei Krieger mit erhobenen Lanzen, zwischen ihnen ein Mann, daneben ein Dreifuß dargestellt. Man wird wohl mit Schwendemann, Arch. Jahrb. 1921, XXXVI 156, darin eine gedankenlose Zusammenstellung verschiedener Motive erkennen dürfen.

[159]) J. Phil. 193. — D.-S. certamina 1081. Quinquertium (Legrand). — J. H. St. 1925, XLV, 132 (Gardiner u. Pihkala).

[160]) Kr. I, 337. — Gr. I, 309. — Gard. 270. — D.-S. Cursus (Bussemaker). — P.-W. Dromos. Dolichos (Jüthner).
— G. W. Amberger, Der Lauf (Grethlein & Co.) 1923.

[161]) Preuner, in A. M. 1903, XXVIII, 358ff.

[162]) So die übliche Meinung. Dagegen A. Körte, in Hermes 1904, XXXIX, 225.

[163]) Gard. 272.

[164]) Wiegand-Schrader, Priene 259. — Wiegand, Milet II, 1. Das Stadion 3 (A. von Gerkan).

[165]) Olympia: Olympia I, Die Baudenkmäler, Taf. XLVII, Text 63ff. (R. Borrmann). Gardiner, in J. H. St. 1903, XXIII, 264. — Epidauros: Kabbadias *Τὸ ἱερόν* 96ff. — Delphi: Bull. Corr. hell. 1899, XXIII, 601ff. (Th. Homolle).

[166]) Dörpfeld, in A. M. 1890, XV, 177ff.

[167]) W. Riepl, Das Nachrichtenwesen des Altertums 137.

[168]) W. Dörr, Der Lauf im Bild (Lehrtafeln), Taf. I. — J. Phil. 34.

[169]) F. Studniczka in Ber. d. Sächs. Ges. d. Wiss., phil.-hist. Kl. 52/3, 1900/1, 330.

[170]) J. Phil. 197. — Gard. 285.

[171]) Kr. I, 201 ff. — Gr. III, 199 ff. — D.-S. Lampadedromia (Martin). — G. van Hoorn, De Fakelloop, in Mededelingen van het nederlandsch Historisch Institut to Rome 1924, IV. — G. Lippold, Aus der Erlanger Antikensammlung (zu dem Relief eines Jünglings mit Fackel). — Widmungen: A. M. 1913, XXXVIII, 286; 1914, XXXIX, 236 (Sauciuc). — Fackellauf zu Pferd: Plato, Rep. I, 328; Ditt. Syll.³ 1059 II: aphippolampadi.

[172]) Auf den Lekythen A. M. 1910, XXXV, Taf. VIII und X ist der Grabstein schematisch auf die Vasen gemalt und hat mit den Darstellungen, einem Fackelläufer und einem kriegerischen Zweikampf, nichts zu tun. Zudem ist die Deutung des langen schwarzen Gegenstandes in der Hand des Läufers, der in der Linken einen Diskos trägt, unsicher. Es ist keine Flamme angegeben. — E. Buschor in Münchner Jahrb. d. bild. Kunst 1925, N. F. II 7, 10.

[173]) Rhein. Museum 1872, XXVII, 438 ff. (H. Bücheler).

[174]) Hypnos: H. Bulle, Der schöne Mensch³ Taf. 100. Die Nereiden von Xanthos sind eigentlich ausgeschnittene Relieffiguren; die sog. Wettläuferin im Vatikan ist eine Tänzerin, R. M. 1909, XXIV, 109—120 (Schröder).

[175]) vgl. F. Studniczka in Ber. d. Sächs. Ges. d. Wiss., phil.-hist. Kl. 52/3 1900/1, 333 ff. Dagegen J. Six im Bull. Corr. hell. 1913, XXXVII, 364 ff.

[176]) An Myrons Diskobol ist hierbei nicht zu erinnern, denn dieser bewegt seinen Körper zwar heftig, aber an Ort und Stelle, und es ist gerade der Augenblick zwischen zwei Bewegungsphasen festgehalten. Schrader, Phidias 280, denkt an den Läufer im Konservatorenpalast, Br. Br. 353, der lange nach Myron entstanden ist.

[177]) Waffenläufer in Tübingen. A. J. 1886 I Taf. 9. — Der Torso in Budapest, Arch. Jahrb. 1916, XXXI, 95 ff., Taf. 5, ist wohl als Rest einer Läuferstatue aufzufassen. Er ist von A. Hekler als Springer gedeutet worden. Wäre ein Springer dargestellt, so müßten die Arme wagerecht vorgestreckt sein.

[178]) Kr. I, 383 ff. — Gr. I, 298 ff. — D.-S. Saltus (Legrand). — P.-W. Halma (Jüthner). — Gard. 295. — Körper: J. Phil. 249.

[179]) D.-S. Halter (A. de Ridder). — J. Jüthner, Antike Turngeräte 3 ff.

[180]) Gard. 300. — J. Jüthner, Antike Turngeräte 10, 94. — P.-W. Halter 2285; hier Taf. 80 b. Abb. 39. S. Anm. 306.

[181]) Bronzediskos in Berlin und London. J. Jüthner, Antike Turngeräte 27 u. 28 u. a. S. die Liste 13, Anm. 11. Dazu Dresden, Skulpturensammlung, Pelike Z. V. 3064 und Am. Journ. of Arch. Ser. II, 1915, XIX. Pl. VII, rf. Skyphos in Boston. (Hier Taf. 53 b.)

[182]) Jüthner, a. a. O. Abb. 13; Gard., 303, Abb. 64, wegen der Ähnlichkeit mit dem Diskoswerfer nicht ganz glaubwürdig.

[183]) Gard., 302 Abb. 63. — Tischbein V, Pl. 90.

[184]) Schale in Dresden, Arch. Anz. 1892, 164. Schale im Louvre, E. Pottier, Vases du Louvre III, G 292; beide ohne Haltere, aber nach der Bewegung keine Läufer!

[185]) Das Landen: Gerhard, AV. 260. — Der erste Schritt: Arch. Ztg. 1881, Taf. 9 (hier Abb. 26). — Beide Füsse am Boden: Museo Borbonico XIV, tav. 56. — O. Benndorf, Wiener Vorlegebl. D., Taf. V. — Gard. 307, Abb. 68. — Schale in Berlin, F. Beschr, Nr. 2268 (Innenbild). — P. Hartwig, Meisterschalen Taf. LXX, 3 b, Taf. LXIII (vom Rücken gesehen).

[186]) P. Hartwig, Meisterschalen Text 573, Abb. 65 c. — Annali 1846, Taf. M; Gard. 303, Abb. 64. — Arch. Anz. 1892, 164, Abb. 28. — Amer. Journ. of Arch. Ser. II, 1915, XIX, Pl. VIII (hier Taf. 53).

[187]) Schale in Dresden. Skulpturensammlung Z. V. 1395. Schale im Haag, Sammlung Lunsingh-Scheurleer Nr. 997. Pelike in Rom, Museo artistico, R. M. 1923/4, XXXVIII/IX, 87 (E von Mercklin).

[188]) J., Tg. 17, Abb. 16 mit Anm. 15. — R. M. 1923/4, XXXVIII/IX, 87 (E. v. Mercklin).

[189]) Phayllos: J. H. St. 1904, XXIV, 74 (Gardiner). — Weltrekord des Negers Hubbard 1925: 7,896 m (Illustr. Zeitung 34, 1925, Nr. 26).

[190]) P.-W. Supplementband IV, 1204 (Pomtow). Zu dem attischen Epigramm: F. Hiller v. Gärtringen, in J. G. I², 655.

[191]) s. oben S. 71.

[192]) Statuetten in Paris, Bibliothèque Nationale, Babelon-Blanchet, Catalogue des Bronzes Nr. 921, und Dresden, Skulpturensammlung Z. V. Nr. 2708.

[193]) Kr. I, 465. — Gr. I, 327; III, 168. — D.-S. Amentum (Saglio). — P.-W. Akontion (Reisch). — Gard. 338. — J., Tg. 36. Phil. 249. — W. Lüdecke, Der Speerwurf (Hackebeil Verlag).

[194]) Ditt. Syll.[3] III, 1060.

[195]) P. Wolters, Zu griechischen Agonen 20.

[196]) Bronzediskos in Berlin und London, J.Tg. 27 u. 28. — Rotfig. Lekythos im Museo Civico di Bologna, G. Pellegrini, Catalogo dei vasi antichi dipinti 54, Nr. 321, Fig. 43—45, Nike und Jüngling, der den kurzen Speer mit der Linken schultert. — E. Gerhard, Abhandlungen Taf. LXXXI. Phrixos auf Widder.

[197]) J. Phil. 159. Vgl. A. Abraham, Wege zur sportlichen Höchstleistung, 143.

[198]) Es wird vermutet, auf dem Relief in München (Arch. Anz. 1913, 15, Abb. 1) sei ein Speerwerfer im Augenblick nach dem Wurf abgebildet, wie er dem fliegenden Speer nachblickt. Mit dem Relief sind vielleicht die Statuen im Konservatoren-Palast, Helbig-Amelung, Führer[3] I, Nr. 913, Bull. comm. 1876, IV, Taf. IX u. X, Rein. stat. II, 540, 4, 541, 2 und in Palermo, Einzel-Aufn. 552, Rein. stat. II, 540, 6 zu vergleichen, die freilich als Läufer (Rouse 198) auch nicht befriedigend gedeutet sind.

[199]) A. Fairbanks, Athenian White Lekythoi Taf. VI; W. Riezler, Weißgrundige Lekythen, Text 42. Vgl. Gerhard A. V. 243. Jüngling mit Speer.

[200]) Der Doryphoros des Polyklet ist mit einer langen Lanze, wie der Name sagt, zu ergänzen, nicht mit dem Speer, wie es gewöhnlich geschieht. Der Jüngling vom Helenenberge in Wien, R. v. Schneider, Album aus der Antikensammlung 12, Taf. XXVIII.

[201]) Mit erhobener Hand: Statuette in Paris, A. J. 1892, VII, Taf. 4; Rein. stat. II, 544, 2. Etruskische Statuette in Berlin, Friedrichs 1826. — Mit gesenkter Hand: Catalogue Bourguignon, pl. 6, 67. Rein. stat. III, 61, 3.

[202]) Kr. I, 439. — Gr. I, 321. — D.-S. Diskos (Saglio). — P.-W. Diskobolia, Discus (Jüthner). — J. Tg. 18 u. a. — Die früheren Theorien über das Diskoswerfen sind veraltet; s. Anm. 206.

[203]) Statius, Thebais 6, 670ff.

[204]) Herme Ludovisi Mon. Inst. X, Taf. 57. Brunn-Bruckmann, Denkmäler 329 b. Rein. stat. II 522, 1. — B. J. 1915, Heft 123, 34 (Schröder).

[205]) B. Schröder, in B. J. 1915, Heft 123, 33 ff., Taf. VI.

[206]) B. Schröder, Zum Diskobol des Myron, Straßburg, Heitz, 1913. — Ztschr. f. bild. Kunst N. F. XXVII, 1915/6, 302ff. — Derselbe in Arch. Anz. 1920, 62ff. mit Abwehr anderer Auffassungen. — Derselbe in Die Leibesübungen 1925, 235; 1926, 377. — G. von Donop, in Der Turn- und Sportwart 1922, II, 105ff. — E. Mindt, in Die Leibesübungen 1925, 495ff. — M. Dihl in Die Leibesübungen 1926, 545.

[207]) E. Rohde, Psyche I 138.

[208]) Jüthner, in Eranos Vindobonensis 318.

[209]) R. F. Schale in Dresden, Skulpturensammlung Z. V. Nr. 1395.

[210]) W. Dörr, Ringkampf in Bildern, 2 Hefte.

[211]) G. Zadig, Der Ringkampf (1907) 42.

[212]) Kr. I, 409. — Gr. I, 331 ff. — D.-S. lucta (A. de Ridder). — Gard. 372ff. — Jüthner an vielen Stellen (s. Reg.) zu Philostratos' Über Gymnastik.

[213]) A. v. Guretzki, Der moderne Ringkampf 5.

[214]) K. Wasmannsdorf, Die Ringkunst des deutschen Mittelalters.

[215]) J. Phil. 256. Neapler Ringergruppe der zwei bronzenen Jünglinge aus Herculaneum Gard. 379. H. Bulle, Der schöne Mensch[3], Taf. 91.

[216]) A. v. Guretzki, Der moderne Ringkampf[3] 15.

[217]) Schröder, in Arch. Anz. 1925, 203ff.

[218]) Z. B. Rein. rels. II, 84, 3, 4. — Gard. 393, Abb. 123.

[219]) Z. B. Gerhard, A. V. 271. — Münchner Jahrb. f. bild. Kunst 1913, VIII, 83ff.

[220]) Z. B. Berliner Amphiaraoskrater, F.-R. I, Taf. 121.

[221]) G. Micali, Mon. inediti XLI (s. f. Hydria). — P. Gardner, Vases in the Ashmolean Museum 26 Nr. 288; Gard. 387 Abb. 117 (r. f. Krater).

[222]) Dreifußvase von Tanagra in Berlin A. Ztg. 1881 Taf. 3. — Athletenrelief im Lateran, Helbig-Amelung, Führer[3] II, 7, Nr. 1153 (hier Taf. 96).

[223]) S. f. Fragment in Paris, D. S. Flagellum Abb. 3094 — Sf. Amphora in München 584; Gard. 389 Abb. 119.

[224]) Spät. s. f. Amphora, Berlin F. Beschr. 1837. — R. Ballheimer, Vasen aus dem Hamburger Museum 34, Nr. 8.

[225]) Panathen. Amphora, Röm. Mitt. 1900, XV. 259.

[226]) G. Zadig, Der Ringkampf 18.

[227]) Schale im Brit. Mus. E 94; Gard. 384, Abb. 114; Pariser Schale, Gard. Abb. 54 und 115; Etruskische Wandgemälde, Museo Chiusino II, Taf. CXXVI, CLXXXII, Kr. II, Taf. XIIb, Fig. 39b, 39c.

[228]) Berlin F. Beschr. 1853. — Gal. di Firenze Ser. IV, Bd. III, Taf. 105. — Statuetten Rein. stat. III, 155, 6; V, 290, 1.

[229]) S. f. Vase im Mus. Gregoriano, Gard. 397 Abb. 128; vgl. W. Dörr, Ringkampf in Bildern, Abb. 6.

[230]) Philostratos, Imagines 21. — Gruppe in Florenz, Clarac 802, 2016. — Athleten im Louvre, A. de Ridder, Cat. des bronzes Pl. 31 n. 366 u. a. m.

[231]) J. H. St. 1905, XXV, Pl. XIIc.; Gard. 393 Abb. 123.

[232]) Rein. stat. II, 539, 3. — A. v. Guretzki, Ringkampf 49.

[233]) Relief aus Rußland, Rein. rels. III, 487, 2.

[234]) Kr. II, 721 Anm. 6.

[235]) Museo Gregoriano I, 103; vgl. R. Gasch, Das Freiringen 41.

[236]) Amphora des Nikosthenes, Wiener Vorlegeblätter 1890/1; Taf. I, 4; IV, 3. — Burlington Fine Arts Club 1903, III, 64.

[237]) Theseus und Kerkyon auf dem Pariser Henkel A. J. 1892, VII, 209. E. Pottier, Vases du Louvre III Pl. 128 G. 194 (hier Abb. 34). Eroten in jüngeren Darstellungen, Rein. stat. V, 194, 1. — G. Lippold, Gemmen Taf. 26, 3. — Ebenso faßt Herakles den nemeischen Löwen um Hals und Schulter, wie der Ringer seinen Gegner auf dem Psykter des Euthymides J. H. St. XXXV, 1915, Pl. V.

[238]) E. Pottier, Vases du Louvre III Pl. 128 G. 195. — Schale in Florenz, Museo Italiano III, pl. 2.

[239]) Theseion-Metope, Rein. rels I, 51. Gard. 395 Abb. 126, (hier Taf. 68b) — s. f. Schale in Florenz, Museo Etrusco Nr. 3893 (hier Abb. 35).

[240]) Theseusschalen im Brit. Mus. E 48, E 36; Gard. 394, Abb. 124, 125. — Schale in Bologna, Mus. Ital. III, 260. — Auf den beiden zuletzt genannten Schalen streckt Kerkyon die eine Hand dem Boden entgegen, um den Sturz aufzufangen. Vgl. Holz und Endres, Die moderne Ringkampfkunst 87.

[241]) 1—5: Rein. stat. III, 249, aus Sammlung Forman = J. Sieveking, Bronzen der Sammlung James Loeb, Taf. 21. — Rein. stat. IV, 137, 1, 3, 4 (hier Taf. 67); V, 97. — 6: Bonn, Akadem. Kunstmuseum (unpubl.).

[242]) Vgl. A. v. Guretzki, Der moderne Ringkampf 106, Abb. 55.

[243]) 1—4: Rein. stat. II, 234, 2; 538, 5; III, 155, 10; III, 155, 11. — 5: Expedition E. v. Sieglin Bd. II Teil I A 54, Abb. 48, Taf. XXIII, 2a, 2b (R. Pagenstecher), (hier Taf. 94c).

[244]) W. Schick, Zwei römische Kolossalstatuen und die hellenistische Kunst Syriens 42, in Neue Jahrb. f. klass. Alt. 1914, Jg. 17. Bd. 33, 18ff.

[245]) P. Hartwig, Meisterschalen Taf. LXIV.

[246]) Gerhard, A. V. 70.

[247]) Gerhard, A. V. 113, 114.

[248]) Arch. Ztg. 1861, Taf. 149 und ein Bronzegerät ungewisser Bestimmung in Berlin Rein. stat. II, 538, 4, 539, 1 (hier Taf. 70b).

[249]) R. Eisler, in Archiv f. Religionswissenschaft. 1908, XI, 150.

[250]) Kr. I, 147, 557. — Gr. III, 254. — D.-S. Hippodromos (Martin). — P.-W. Hippodromos (K. Schneider). — Gard. 451.

[251]) Zusammenhang mit uraltem Kult: L. Malten, in A. J. 1914, XXIX, 197.

[252]) E. v. Mercklin, Der Rennwagen in Griechenland, Leipzig 1909, 1ff.

[253]) W. Reichel, Das Joch des homerischen Wagens, in Ö. Jh. 1899, II, 137ff.

[254]) M. P. Nilsson, Ursprung der Tragödie, in N. Jahrb. 1911 Jg. 14. Bd. 27, 635.

255) Arkesilaos: Pindar, Pyth. 5, 33 ff. — Damonon: A Catalogue of the Sparta Museum 64 Nr. 440. — Wagenlenker vom Palatin: Helbig-Amelung, Führer³, I 556, Nr. 973. — Vasenbilder: J. H. St. 1927, XLVII, 68 Pl. XIII.

256) Paus. VI, 1, 6. — E. Loewy, Bildhauerinschriften 99. — Fr. Hauser, in R. M. 1895 X, 116ff.

257) Eine Kolossalstatue des Nero als Lenker eines Rennwagens: Rev. num. Ser. IV. 1921, XXIV, 1 ff. (F. Préhac).

258) Paus. 6, 18, 1. — Nike allein auf dem Wagen in jüngeren Werken Burlington Magazine XLV, Juli 1924, 7 ff. (S. Reinach).

259) Damonon-Inschrift in Sparta, A Catalogue of the Sparta Museum 64, Nr. 440.— O. Walter, Beschreibung der Reliefs im kleinen Akropolis-Museum in Athen Nr. 254ff. — Relief im Brit. Mus. Rein. rels II, 508, 2. — Le Bas, Mon. Fig. Pl. 40. Ehreninschrift; unten Nike auf Viergespann.

260) Brit. Museum, Catalogue of Greek Coins, Sicily, mit vielen Abb. — H. Börger, Das Viergespann auf den Münzen von Syrakus, in Festschrift für A. Goldschmidt, 1 ff.

261) Brit. Mus., Cat. of sculpt. II, 120, Nr. 1037, Pl. XVIII.

262) P.-W. 'Αποβάτης (Reisch). — Relief in Berlin, Beschr. 725. — Relief in Athen, Stais, Marbres et Bronzes I. 237 Nr. 1391. — Votiv-Gemälde (Kopie) aus Herculaneum: C. Robert, Votivgemälde eines Apobaten, 19. Hallisches Winckelmann-Programm 1895, Tafel. — Zu den Amphiaraia in Oropos, Hermes 1922, VII 80ff. (E. Preuner).

263) C. Robert, a. a. O. 11 ff.

264) L. Friedländer, Sittengeschichte II, 325 ff. — Ch. Diehl, Justinien (1901) 453 ff. — D.-S. Circus (Bussemaker u. Saglio). — Hermes 1901, XXXVI, 466. (Preger) — R. M. 1913, XVIII, 246ff. (Graeven). — A. M. 1880, V, 295 (Mordtmann).

265) Am. Journ. of Arch. 1918, XXII, 36, Anm. 6, 37 ff. (Walton Brooks McDaniel).

266) Sabatier, Descr. des Contorniates Pl. XIX, 10.

267) A. J. 1903, XVIII, 68ff. (Schöne).

268) Hermenbüsten von Rennfahrern, R. M. 1892, VII, 331 (Hülsen).

269) Goethe, zu Tischbeins Idyllen 8. — Kr. I, 582. — Gr. I, 106; III, 224. — D.-S. Equus (Martin); Equites (Cagnat); Equitatio (Lafaye). Hippodromos (Martin) — Gard. 460. — A. Diehl, Reiterschöpfungen der phidiasischen Kunst.

270) D.-S. Habena (Lafaye).

271) D.-S., Frenum (Lafaye). — E. Pernice, Griech. Pferdegeschirr, 56. Berliner Winckelmann-Programm 1896.

272) Sporen: D.-S. Calcar. — Stachel z. B. Gerhard, A. V. 105/6.

273) A. Furtwängler, Antike Gemmen Taf. XXXV, 34; XXXVI, 8, 10. LVIII, 11. — K. Regling, Die Münze als Kunstwerk XXXVII, 763. — Parthenon. Westfries XIII (A. Diehl, Reiterschöpfungen 91). — Vase in Berlin, F. Beschr. Nr. 2357. A. Ztg. 1878, Taf. 22 (hier Taf. 83 b). — Römisches Relief Clarac 221. — Xenophon, Reitkunst VI, 16. — Pollux I, 213. — H. Brunn, Kleine Schriften III, 57.

274) Burlington Magazine XLV, Juli 1924, 11 ff. S. Reinach zu den Reliefs in Madrid Rein. rels II, 194, 1, Barracco. Rein. rels III, 163, 3 und New York, G. M. A. Richter, Handbook 1920, 233, Abb. 142, Rein. rels II, 207, 2. — Die Bewegung als Galopp gedeutet von L. Curtius in B. ph. W. 1920, 1162ff.

275) J. Phil. 246.

276) Kultliche Beziehung zu Poseidon: L. Malten, in A. J. 1914, XXIX, 181, Anm. 2. — Wettrennen auf Vasen: P. Hartwig, Meisterschalen 491, Anm. 2.

277) S. oben Anm. 171 — D.-S. Lampadedromia 912/13. (Martin.)

278) P. Wolters, Zu griech. Agonen 10ff.

279) Ditt. Syll.³ 1074. — D.-S. Hippodromos 206 (Martin).

280) Tischbein II, 26. — De Luynes Pl. XXXVI. — Pottier, Vases du Louvre III, Pl. 152, G. 493.

281) O. Walter, Beschr. d. Reliefs im kleinen Akropolis-Museum zu Athen 110, Nr. 244. — Münzen von Tarent und Makedonien usw.

282) E. Pernice, Griech. Pferdegeschirr, 56. Berliner Winckelmann-Programm 1896.

283) S. Reinach, Le galop dans l'art ancien, in Revue archéol. III. Serie, 1900—1901, XXXVI bis XXXIX. — H. W. Burkhardt, Reitertypen auf griech. Vasen. München, Dissert. 1906. — von Lieres

und Wilkau, Beiträge zur Geschichte der Pferdedarstellung in der altgriech. Vasenmalerei. Straßburg Dissert. 1914. — A. Diehl, Die Reiterschöpfungen der Phidiasischen Kunst 1921.

[284]) C. R. 1864 pl. 1—3; Rein. rels. III, 499.

[285]) A. Furtwängler, Antike Gemmen, Taf. IX, 14, LI, 7, Text 44, Abb. — J. D. Beazley, Lewes house gems Pl, 2, Nr. 28. — Rein. stat. II, 533, 534. — Rossebändiger von Monte Cavallo (Clarac 812B). Über ihre unrichtige Aufstellung: Ussing in Mémoires der Kopenhagener Akademie 1906, V 294.

[286]) Rein. rels. II, 508, 4. Stillose, aber vollständige Kopie nach dem in England gefundenen beschädigten Original J. H. St. 1917, XXXVII, 116, Pl. I (A. B. Cook). — Gerhard, A. V. 272 u. a. m.; vgl. H. W. Burkhardt, Reitertypen 24ff.

[287]) S. f. Scherbe E. Pernice, Griech. Pferdegeschirr 15 (Reinigung des Hufs, Striegeln). — Museo Civico di Bologna, G. Pellegrini, Catalogo dei Vasi delle Necropoli Felsinee (1912) 84, Abb. 38, Nr. 719A (Waschen). — E. Pottier, Louvre, Catal. des Vases III, Pl. 145, G. 448 (Füttern). — J. N. Svoronos, Das Athener National-Museum Text 465 Nr. 1464, Taf. LXVII. Rein. rels. II, 422 (Tränken).

[288]) A. Diehl, a. a. O. 20ff.

[289]) S. Reinach in Burlington Magazine Juli 1924, XLV, 8 (Relief in Madrid und Rom). — Diehl, a. a. O. 96 (Parthenon). — W. Helbig, Coll. Barracco pl. 49; Rein. rels. III, 164, 2. — J. N. Svoronos a. a. O. Nr. 1386 Taf. LII; Rein. rels. II, 419, 1 (Rückkehr von der Jagd). — A. Conze, Att. Grabreliefs II, 2 Nr. 1161, Taf. CCL (Reiter und Knappe). — Berlin, Beschr. Nr. 805 (Heroenrelief). — Altertümer von Pergamon VII, 2, Text 247, Nr. 300 (desgl.). — P. Wolters, Zu griechischen Agonen, Tafel (r. f. Vasen; die eine = Millin I, 45). — Relief Madrid E. A. 1744 (Hand an der Mähne) u. a. m.

[290]) Berl. phil. Wochenschr. 1920, 1163 (L. Curtius).

[291]) E. M. W. Tillyard, The Hope Vases Pl. 27, Nr. 170. — Burlington Magazine, Juli 1924, XLV, 12. — Laborde I, 19 (mit langem Zügel).

[292]) Vasen: Fw.-R. Taf. 75; Gerhard A.V. 164; H. Heydemann, Mitt. a. d. Antikensammlungen in Oberitalien Taf. III, 2; New York, Metropol. Mus. Bulletin 1925, XX, Nr. 12, 297, Abb. 3; Sieveking-Hackl, Vasensammlung in München Nr. 935, Taf. 40; Tischbein I, 53. — Wandgemälde: Mon. Inst. V. Taf. XV, 2. — Reliefs: H. Koch, Dach-Terrakotten aus Campanien Taf. XI; J. N. Svoronos, Das Athener National-Museum Taf. CXLV, 2377. — Münzen: K. Regling, Münze als Kunstwerk XVII, 383; XVIII, 400; XXIX, 603. — Statuen: Rein. stat. II, 528, 3, 532, 1, 533, 4 u. a. m.; vgl. R. M. 1890, V, 214f. (Petersen); D.-S. Desultor 112 (Saglio).

[293]) Rein. stat. II, 527ff.

[294]) Paus. 5, 27, 2. 6, 14, 12. B. ph. W. 1923, 850f. (E. Preuner). — Strena Buliciana 169 (A. Wilhelm).

[295]) O. Walter, Beschr. d. Reliefs im kleinen Akropolis-Museum zu Athen Nr. 244 (Nike, ein Roß bekränzend), Nr. 249 Mann zu Pferd. — Die Heroenreliefs, auf denen der Verstorbene zu Pferd erscheint (Taf. 86 a), haben weder mit dessen ritterlichem Stande noch mit Siegen im Wettrennen zu tun: L. Malten, in Arch. Jahrb. 1924, XXIX, 222ff.

[296]) Basis des Bryaxis, Weihung für eine Anthippasia, Ditt. Syll.[3] III, Nr. 1074; J. N. Svoronos, Das Athener National-Museum Taf. XXVI, XXVII; Rein. rels. II, 421.

[297]) Vgl. die Gemälde zur Erinnerung an Wagensiege Rouse 174.

[298]) E. Pottier, Vases du Louvre III, Pl. 152, G. 493. — Tischbein II, 26. u. a. m.

[299]) K. Regling, Münze als Kunstwerk XXXIX, 813, XL, 821, 823, 824.

[300]) Gard. 245, Abb. 39. — P.-W. Κυβιστητήρ (Jüthner).

[301]) H. Heydemann, Mitt. a. d. Antiken Sammlungen in Oberitalien Taf. II, 2. — D.-S. Desultor Abb. 2335.

[302]) A. Mayer, in Faust 1922, Heft 7, 1.

[303]) Kr. I, 497. — Gr. III, 205. — D.-S. Pugilatus (A. de Ridder). — Frost in J. H. St. 1906, XXVI, 213. — Gard. 402. — J. Phil. (s. Reg.).

[304]) J. Tg. 65. — P.-W. Caestus (Jüthner).

[305]) J. Tg. 88. — A. J. 1904, XIX, 133ff (Lucas).

[306]) J. Tg. 10, Abb. 11; 94, Abb. 75 (hier Taf. 88 b). s. Anm. 180. — A. Maviglia, in R. M. 1913, XXVIII, 25ff., bestätigt durch das Relief in Villa Carpegna in Rom, Matz-Duhn, Verstreute Bildwerke II, 2208, Doni, Inscr. antiquae, Praef. IX (hier Abb. 39).

307) J. Phil. 211. — Schale in München 279 (hier Taf. 89). — O. Benndorf, Griech. u. sizil. Vasenbilder XXXI, 2a.

308) D.-S. Corycus (Saglio). — P.-W. Korykeion (Schneider). — J. Phil. 305.

309) J. H. St. 1906, XXVI, Pl. XIII (hier Abb. 38). — Br. Mus. Vases III, E 63, Pl. III. — J. C. Hoppin, Euthymides Pl. VII. — Louvre, Vases III G 385 Pl. 140.

310) Berlin s. f. Preisamphora F. Beschr. 1831. — Gerhard, A. V. 271. — J. H. St. 1921, XLI, Pl. VII, Nr. V, 1.

311) Tischbein I pl. 56

312) C. R. 1876, 109, 44. — Rein. vases I, 60.

313) Berlin F. Beschr. 2284; 1833.

314) Louvre, Vases II, 22. pl. 81, F. 276. — P. Hartwig, Meisterschalen 226, Abb. 31 (hier Taf. 90a).

315) P. Herrmann, Verz. der Originalbildwerke. Nr. 97. Rein. stat. II 542, 1. Arch. Anz. 1919, 137/8, Abb. 1 u. 2.

316) Statue in Neapel, Museo Naz. Nr. 212. Guida 1908, 62 (hier Taf. 87). — Statue im Pal. Albani, Clarae 858D, 2187 — A. Matz u. H. v. Duhn, Verstreute Bildwerke Nr. 1096. Caestus z. T. alt: R. M. 1889, IV, 175 Anm. 1.

317) J. N. Svoronos, Das Athener National-Museum I Taf. V.

318) Kr. I, 534. — D.-S. Pugilatus 758 (A. de Ridder). — Gard. 435. — J. Phil. (viele Stellen s. Reg.).

319) Grennfell und Hunt, Oxyrynchos Papyri VI, 887. — P.-W. Gymnastik 2033 (Jüthner).

320) Jüthner im Eranos Vindobonensis 327.

321) Panofka, Bilder ant. Lebens Taf. 1, 7. = Th. Schreiber, Kult.-hist. Bilderatlas Taf. XXI, 2. — Tischbein IV, 46. — C. Watzinger, Vasen in Tübingen E 115, Taf. 30 (hier Abb. 41). — Relief des Agakles. A. Conze, Attische Grabreliefs II 199 Nr. 927, Taf. CLXXXIII. Rein. rels II, 382, 1 (hier Taf. 93), u. a. m.

322) P. Hartwig, Meisterschalen Taf. LXIV. — Gard. 437, Abb. 152.

323) Panathenäische Amphoren. Mon. I, pl. 21, 10b; pl. 22, 8b. — Gard. 439, 440 Abb. 154, 155. — Laborde I, pl. 74.

324) Berlin F. Beschr. 2276 (hier Taf. 90 a). — Sarkophage im Museo Torlonia und Vatikan. Rein. rels. III, 347, 2; 406, 2 (Athleten). — Sarkophage Torlonia und Louvre. Rein. rels III. 339, 2. stat. I, 75 (Knaben). — Bronze im Louvre. A. de Ridder, Bronzes du Louvre I Pl. 63, Nr. 1067. Rein, stat. II, 543, 4 (hier Taf. 95 a).

325) Mon. Inst. X, 48, Gard. 442 f.

326) J. Millingen Peintures de vases Pl. XXXI.

327) A. J. 1904, XIX, 128 ff. (Lucas).

328) Wiener Vorlegeblätter Serie D, Taf. V. Gard. 424, Abb. 146.

329) E. Pottier, Vases du Louvre II Pl. 82 F. 278.

330) Schale in Dresden, Arch. Anz. 1892, 164.

331) M. Buchner, in Zeitschr. f. Ethnol. 1908, XL, 845 ff.

332) Kr. I 599. — Gr. III 150. — E. Bulanda, Bogen und Pfeil bei den Völkern des Altertums (Wien 1913) 123 ff.

333) Chr. Blinkenberg, Archäologische Studien 31 ff., 46.

334) Bulanda 67 ff. — M. Buchner, in Zeitschr. f. Ethnologie 1908, XL 845 ff. Das Bogenschießen der Ägineten. — A. Schaumberg, Bogen und Bogenschützen bei den Griechen, Diss. Erlangen 1910. — D.-S. Arcus (Saglio). — R. du Bois-Reymond, Bogen und Bogenschießen auf griechischen Münzen, in Ztschr. f. Numismatik 1925, XXXV, 241 ff.

335) Ö. Jh. 1900, III, 66, Abb. 6 (Bieńkowski). — Bulanda a. a. O. 128.

336) Mus. Greg. II, Tav. VIII. 2 a.

337) Real Museo Borbonico VII, Taf. 41. F. Inghirami, Vasi fittili I Taf. LXIX. Bulanda a. a. O. 92.

338) Das einzige Beispiel scheint eine Bronzestatuette in Paris zu sein (Babelon-Blanchet, Bronzes de la Bibliothéque Nationale 394 Nr. 902), vorausgesetzt, daß in den Händen Bogen und Sehne richtig ergänzt werden.

339) Rein. stat. II 427.

340) D.-S., Balneum (Saglio). — P.-W. Bäder (Mau). — K. Sudhoff, Aus dem antiken Badewesen (mit vielen Abb.).

[341]) Zum Beispiel Priene, A. J. 1923/4, XXXVIII/IX, 134 u. 141 (Krischen), s. oben S. 38.

[342]) K. Sudhoff, Aus dem antiken Badewesen I 31, Abb. 24ff.

[343]) E. Pottier. Vases du Louvre, III Pl. 134, G. 291. K. Sudhoff, Aus dem antiken Badewesen I 17, Abb. 11. u. a.

[344]) J. Phil. 228, 231. — P.-W. Aleiptes (Reisch). — D.-S. Gymnasium 1689 (Fougères). — Gymnasiarchia 1682 (Glotz).

[345]) Massage: J. Phil. 224, 282. Staub: J. Phil. 303.

[346]) Wolters im Münchner Jahrb. f. b. K. 1913, VIII, 84.

[347]) D.-S. Gymnasium 1689. — Gymnasiarchia, 1682 — Ziebarth, 65. — Nike: Boll. d'Arte X, fasc. XI/XII,364, Abb. 22 (L. Savignoni).

[348]) J. Phil. 200, 224, 231, 265, 294, 303, 308. — P.-W., Aleiptes (Reisch).

[349]) D.-S. Galerus (Reinach). — Arch. Anz. 1925, 210ff. (Schröder.)

[350]) D.-S. Strigilis (Dorigny). — J. Phil. 230.

[351]) Antiquarium Inv. 30181 a.

[352]) K. Sudhoff, Aus dem antiken Badewesen. I 54.

[353]) J. Phil. 224; Schäden durch Training ebenda, 272.

[354]) J. Oehler, Epigraph. Beiträge zur Gesch. des Ärztestandes; Programm Wien, Maximilians-Gymnasium 1907, 10ff. — Athleten, von Asklepios geheilt: O. Weinreich, Antike Heilungswunder 90.

[355]) J. Phil. 286, 290, 296f.

[356]) Kr. I 31, II 682. Gr. III 498. — Inschrift von Teos, Gr. III 310ff. J. Phil. 242. — Smyrna, Ziebarth 32.

[357]) D.-S. Cernuus (Saglio).

[358]) Vgl. F. Weege, Oskische Bewaffnung, in A. J. 1909, XXIV, 138.

[359]) D.-S. cinctus und subligaculum (Saglio).

[360]) C. Praschniker. Bronzene Spiegelstütze im Wiener Hofmuseum, in Ö. Jh. 1912, XV, 219ff.— Rein. stat. II, 330, 7 u. 8; III, 25, 7.

[361]) W. Müller, Nacktheit und Entblößung 148.

[362]) Rein. stat. II 2, 539, 2; V, 289, 3.

[363]) Vase Berlin, F. Beschr. Nr. 1837.

[364]) Revue arch. 5. Sér. 1924, XIX 215 (Couissin).

[365]) Kr. II 856, 859.

[366]) Vgl. Br. Mentz, Turnen oder Sport?, in N. Jahrb. 1914, Jb. 17. Bd. 34, 192.

ABBILDUNGEN IM TEXT

S. 103, Abb. 22. Desgl. Rf. Schale in Leiden. A. J. 1887, II, 99. Druckstcck des Verlags W. de Gruyter, Berlin.

S. 105, Abb. 23. Desgl. Rf. Napf in Neapel. A. J. 1895, X, 191, Nr. 16. Start eines Waffenläufers. Druckstock des Verlags W. de Gruyter, Berlin.

S. 107, Abb. 24 und Abb. 25. Hindernislaufen. Die jetzt verschwundenen Nebenseiten des Sarkophags im Louvre Clarac 187 (Abb. 35). Nach einer alten Zeichnung („Bartoli 59"), von der sich eine Nachbildung im Sarkophagapparat des Deutschen Archäol. Instituts befindet.

S. 111, Abb. 26. Verschiedene Athleten. Panathenäische Amphora, Rückseite. A. Z. 1881, Taf. 9, 1. Rechts ein Springer im Niedersprung, nicht im Anlauf, denn auf dieser Stilstufe wird für den Läufer das „Spreizlaufschema" verwandt. Vgl. Taf. 49a.

S. 113, Abb. 27. Hantelübung. R.f. Schale in Dresden. Z. V. 1395. Außenbild.

S. 117, Abb. 28. Kurzer Jagdspeer. G. Pellegrini, Vasi greci dipinti Nr. 321, Fig. 45.

S. 120, Abb. 29. Diskoswerfer von dem Kindersarkophag in Paris, Clarac 187. s. Abb. 35.

S. 124, Abb. 30. Ringschule. R.f. Psykter in Neapel (Ausschnitt). Antike Denkmäler II, Taf. 20. A. J. 1895, X, 108 ff. (Hauser).

S. 126, Abb. 31. Ringen. R.f. Schale. Mon. ant. XXIV, 894; s. zu Taf. 65a.

S. 127, Abb. 32. Ringen (Genickausheber). Etruskisches Wandgemälde in der Tomba delle iscrizioni in Chiusi, Mus. Greg. I, 103. Neue Zeichnung nach Photographie der Nachbildung in der Ny Carlsberg Glyptothek in Kopenhagen.

S. 127, Abb. 33. Ringen (Ausheber von vorn). R.f. Amphorenhenkel in Paris. E. Pottier, Vases du Louvre III G 194. A. J. 1892, VII, 209.

S. 127, Abb. 34. Ringen (Ausheber). S.f. Vase in Florenz, Museo Etrusco Nr. 3893. Nach einer uns freundlich überlassenen Zeichnung von R. Zahn.

S. 129, Abb. 35. Kinder in der Palaistra. Sarkophag im Louvre, Clarac 187.

S. 138, Abb. 36. Sporn. Olympia IV, Die Bronzen, Taf. LXIV, Nr. 1103.

S. 140, Abb. 37. Schildstechen. Rf. Vase aus Eretria in Athen. P. Wolters, Zu griechischen Agonen Tafel, oben.

S. 146, Abb. 38. Jüngling mit Faustriemen. R.f. Schale in London, Brit. Museum, Catal. of Vases III E 78, Zeichnung nach J. H. St. 1906, XXVI, Pl. XIII s. Anm. 309.

S. 147, Abb. 39. Faustkampf mit Myrmekes. Römischer Sarkophag in Villa Carpegna in Rom (Ausschnitt). F. Matz und F. v. Duhn, Antike Bildwerke in Rom II Nr. 2208. Zeichnung nach J. B. Doni, Inscriptiones antiquae, Praef. IX. s. Anm. 306.

S. 148, Abb. 40. Übung am Korykos. Gravierte Zeichnung der Ficoronischen Ciste (Ausschnitt). E. Pfuhl, Malerei und Zeichnung II § 787, § 870 f., Taf. 254.

S. 155, Abb. 41. Pankration, Beginn des Kampfes. R.f. Scherbe. C. Watzinger, Die griechischen Vasen in Tübingen, Taf. 30, E 115.

S. 160, Abb. 42. Jüngling, sich einsalbend. Terrakottafigur. Winter, Typenkatalog II, 383, 2.

S. 161, Abb. 43. Reinigung des Körpers mit der Strigilis. R.f. Aryballos aus Cuma in Neapel. Mon. ant. 1913, XXII, 513, Tav. LXXXI.

S. 165, Abb. 44. Peleus und Atalante im Ringkampf. E. Gerhard, Etrusk. Spiegel, Taf. CCXXIV.

S. 166, Abb. 45. Jüngling und Mädchen als Palaistriten im Gespräch. Not. degli scavi 1917, 109 (Orsi). Arch. Anz. 1921, 155. Druckstock des Verlags W. de Gruyter, Berlin.

VERZEICHNIS DER TAFELN

(a und b bedeuten oben und unten, links und rechts)

Tafel 1a. Faustkampf und Trommler. Babylonisches Tonrelief im Brit. Museum. Etwa 9. Jahrhundert v. Chr. Photo Mansell 574. H. Schäfer und W. Andrä, Die Kunst des alten Orients (Wasmuth, Berlin), Taf. 475, 4.

Tafel 1b. Schwimmer mit Schläuchen auf der Flucht. Assyrisches Relief aus Nimrud im Brit. Museum. Zeit des Assurnasirpal (9. Jahrhundert v. Chr.). Assyrian sculptures in the Brit. Museum. Edited by E. A. Wallis Budge. Reign of Ashur-nasir-pal. 885—860 B. C. London 1914. Pl. XIII, 2.

Tafel 2. Ringende und spielende Knaben. Ägyptische Reliefs aus dem alten Reich. Abbildung nach dem Gipsabguß der Staatl. Museen zu Berlin. L. Klebs, Die Reliefs des alten Reiches 113.

Tafel 3. Faust- und Stierkämpfe. Reliefs des Steatittrichters von Hagia Triada auf Kreta. 2. Jahrtausend v. Chr. A. J. 1915, XXX, 247ff. 248, Abb. 3. (K. Müller.)

Tafel 4. Stierjagd. Relief eines Goldbechers von Vaphio in Griechenland. Kretisch, 2. Jahrtausend v. Chr. A. J. 1915, XXX, 325ff., Taf. 9 und 10. (K. Müller.)

Tafel 5a. Wagenfahrt von einer geometrischen Vase in Berlin. F. Beschr. Nr. 3203.

Tafel 5b. Faustkampf und Kampf mit Waffen auf einem geometrischen Napf in Dresden. Arch. Anz. 1910, 110. Neue Aufnahme.

Tafel 6. Säulen des Heratempels in Olympia. Aufnahme des kunsthistorischen Seminars der Universität Marburg.

Tafel 7. Die Palaistra in Olympia. Ältere Aufnahme.

Tafel 8. Korinth mit der Ruine des dorischen Tempels. Im Hintergrunde Akrokorinth.

Tafel 9. Blick von der Ebene von Krisa auf Delphi.

Tafel 10a. Geflügelter Knabe, Gott des Agons, mit zwei Hähnen. Hellenistisches Relief in Wörlitz. Arch. Anz. 1923/24, 29/30, Abb. 3 (Schulze-Wollgast). Neue Aufnahme nach Abguß.

Tafel 10b. Eutaxia bekränzt einen Beamten. Im Hintergrunde ein Dreifuß auf Säule als Weihung. Weihrelief in Athen. J. N. Svoronos, Das Athener National-Museum, Taf. CLXXXXIII, Nr. 2958. Neue Aufnahme des Deutschen Arch. Instituts in Athen. Neg. Nat. Mus. Nr. 2298.

Tafel 11a. Dreifüße und Kessel als Siegespreise auf s.f. Amphora in München, Vasensammlung Nr. 1471. Phot. Prof. P. Jacobsthal. Zu den Kesseln vgl. Taf. 109b.

Tafel 11b. Bronzehydria aus Notion bei Kolophon in Berlin, Antiquarium, Inv.-Nr. 30636. Führer durch das Antiquarium I, Die Bronzen, 99. Nach der auf dem Mündungsrande eingeschlagenen Inschrift Siegespreis eines Leophantos aus Wettkämpfen in Lampsakos. 4. Jahrhundert v. Chr. E. Foelzer, Die Hydria 88, Nr. 182, Taf. 9. Zu den Festen in Lampsakos A. M. 1881, VI, 104 (Lolling). Corolla Numismatica (Festschrift für Head). Oxford 1906, 302ff. (Weil). Neue Aufnahme.

Tafel 12a. Vorderseite einer panathenäischen Preisamphora älteren Stils in Berlin. F. Beschr. Nr. 1833. G. von Brauchitsch, Die Panathenäischen Preisamphoren 31, Nr. 33. E. Schmidt, Archaistische Kunst 72, Nr. A 4. Vgl. Taf. 49a (Rückseite einer panathenäischen Amphora).

Tafel 12b. Rückseite einer panathenäischen Preisamphora jüngeren Stils in Berlin, Antiquarium, Inv. 3918, aus dem Jahre 328/7. v. Brauchitsch a. a. O. 66, Nr. 103. E. Schmidt a. a. O. 88. Vgl. Taf. 49a.

Tafel 13. Römische Münzen: 1. Hierapolis. Brit. Museum. Cat. of coins, Phrygia, Hierapolis 238, Nr. 65. Kranz, darin Pythia. Vs. Kopf des Lairbenos. Berlin. — 2. Agchialos. M. L. Strack, Die antiken Münzen Nordgriechenlands II, Thrakien 276, Nr. 631. Athlet mit Kranz und Palme. Vs. Gordian III. Berlin. — 3. Aphrodisias. Brit. Museum. Coins, Caria usw. 47, Nr. 128. Pl. VIII, 2; vgl. Thrace 102, Nr. 78 (Byzantion). Drei Athleten bei der Auslosung. Vs. Gordian III. Berlin. — 4. Hierapolis. Brit. Museum. Coins, Phrygia 242, Nr. 89, Pl. XXX, 11. Kranz, darin Aktia. Vs. Kopf des Synkletos. Berlin. —

5. Sidon; zu Brit. Museum. Coins, Phoenicia 190, Nr. 278 (Elegabal). 195, Nr. 306 (Maesa). Preistisch mit zwei Siegerkronen, in denen Zweige stecken. Oben, hier nicht erkennbar, der Wagen der Astarte. Unter dem Tisch Amphora und fünf Kugeln zum Auslosen der Plätze. Vs. Severus Alexander. Im Handel. — 6. Attalia in Pamphylien. Fehlt Brit. Museum. Coins, Lycia usw. Ähnlich 114, Nr. 27, Pl. XXIII, 10. Preistisch mit Siegerkrone; darauf Hieros. Auf dem Tisch Olympia. Darunter eine Amphora mit Deckel. Vs. Cornelius Valerianus. Im Handel. — 7. Mallos in Kilikien. Imhoof-Blumer, Kleinasiatische Münzen II, 472, Nr. 14. Inschrift: Mallo colonia dei Amfilochi. S. C. Preiskrone. Berlin. — 8.—10. Drei Contorniaten im Münzkabinett zu Dresden: a) Vs. Nero. Inschr.: Nero Claud. Caesar. Aug. usw. Rs.: Siegreicher Wagenlenker mit Peitsche, Kranz und Palme. Die Pferde mit Federschmuck. Inschr.: Stefanas. Vgl. Sabatier, Pl. V, 10. Coll. Sambon 87, Nr. 857 und 858 (Pl. XXVI). b) Vs.: Trajan. Inschr: Divo Nervae Traiano. Rs.: Ansicht des Zirkus mit Quadrigen. Sabatier, Descr. des Contorniates pl. III, 5. Coll. Sambon (1911) 85, Nr. 841, Pl. XXVI. c) Vs.: Brustbild n. l. Inschr. Horatius. Rs.: Siegreicher Fahrer, ein Pferd führend. Inschr.: Balsan. Sabatier, Pl. VI, 5. — 11. und 12. Goldmedaillons aus dem Funde von Abukir im Privatbesitze in Alexandria. H. Dressel, Fünf Goldmedaillons aus dem Funde von Abukir 15. 55. 74, Taf. III, 3. Vs.: Alexander der Große mit Helm, Panzer und Schild. Rs.: Athena, Ölbaum, Säule mit Eule. Auf der Säule Inschr.: Olympia ΔOC, d. h. aus dem Jahre 274 der aktischen Ära = 242/243 n. Chr.

Tafel 14a. Jüngling mit Zweigen und Siegerbinden. Innenbild einer r.f. Schale aus Orvieto in Berlin. F. Beschr. Nr. 4221.

Tafel 14b. Verkündigung eines Siegers. Hellenistisches Relief in Berlin. Beschr. d. Bildw. 948. Arch. Anz. 1925, 215, Abb. 10 (Schröder).

Tafel 15. Wettkämpfe. Etruskisches Wandgemälde aus der Tomba del Colle in Chiusi. Mon. V. tav. XVI, III. Phot. Moscioni 10498.

Tafel 16. Gladiatorenkämpfe. Römische Lampen in Dresden. a) H. Hettner, Die Bildwerke der Königl. Antikensammlung zu Dresden[4], 42, Nr. 385; b) Zug. Verz. 658; c) Zug. Verz. 659.

Tafel 17. Kampf mit Tieren im Amphitheater. H. v. Rohden und H. Winnefeld, Architekton. Röm. Tonreliefs, Taf. LXXIV, 1. Vgl. R. Delbrück, Consulardiptychen, Taf. 9 und 21.

Tafel 18a und b. Bruchstücke von Siegerlisten in Athen. Phot. des Arch. Inst. in Athen N. M. 714, 715. A. M. 1915, XXX, 213 (Wilhelm).

Tafel 18c. Siegesdenkmal eines Schauspielers und Faustkämpfers in Tegea. Phot. H. Lattermann. J. G. V 2, 118. Hermes 61, 1926, 239 (E. Preuner).

Tafel 19a. Betender Knabe. Bronzestatuette in Berlin. B. Schröder, Zum Diskobol des Myron, Taf. IIIa.

Tafel 19b. Desgl. Paris. Phot. Alinari 23950. A. de Ridder, Bronzes du Louvre, Nr. 291.

Tafel 19c. Desgl. Berlin, Antiquarium, Inv. 6306.

Tafel 20a. Grabrelief eines Jünglings mit Diskos. A. Conze, Die attischen Grabreliefs I, Taf. IV.

Tafel 20b. Weihrelief eines Siegers von Sunion. Arch. Anz. 1921, 327 (Studniczka). E. Buschor und R. Hamann, Die Skulpturen des Zeustempels in Olympia (1924), Text, Abb. 28. Aufnahme des Kunsthistor. Seminars der Universität Marburg.

Tafel 21. a) Keretizontes, b) Läufer, Ringer, Speerwerfer, c) Ballspieler. Reliefs von Statuenbasen in Athen. Arch. Anz. 1922, Beilage II und III. J. H. St. 1925, XLV, 164 (Casson). Arch. Anz. 1925, 79 (Gründel). Am. J. of arch. 1926, 283 (La Rue van Hook); vgl. Anm. 135.

Tafel 22a. Siegreiche Mannschaft im Fackellaufen. Attisches Weihrelief im Brit. Museum. Cat. of sculpt. III, 226, Nr. 2155.

Tafel 22b. Viergespann mit Lenker und Apobat. Attisches Weihrelief aus Oropos in Berlin. Beschr. d. Bildw. 725.

Tafel 23. Griechische Münzen (R. = K. Regling, Die Münze als Kunstwerk. Schoetz & Co., Berlin): 1. Kos, Diskoswerfer. Vgl. R. XIII, 310. — 2. Abdera, Diskoswerfer. Gardner, Types III, 30. — 3. Amphipolis, Fackel. Vgl. R. XXXIV, 701 und 702. — 4. und 5. Aspendos, Ringer und Schleuderer. Vgl. R. XXXVI, 747. — 6. Abdera, Tänzerin. R. XXII, 492. — 7. Aspendos, Ringer; vgl. Brit. Museum. Cat. of coins, Lycia Pl. XIX, 12—15. — 8. Theben, Bogenspanner. R. XIV, 338. — 9. Theben, Bogenspanner; vgl. Brit. Museum. Cat. of coins, Central Greece Pl. XII, 5.—10. Theben, Bogenschütz. R. XIV, 337. 11. Kelenderis, Reiter. R. XXIX, 603. — 12. König Philippos II., Reiter. R. XXXIX, 813. — 13. Tarent,

Reiter. R. XL, 824. — 14. Rhegion, Maultiergespann. R. XVI, 373.— 15. Syrakus, Viergespann. R. XXVIII, 581. — 16. Syrakus, Viergespann. Vgl. R. XI, 265.

Tafel 24. Griechische und römische Gemmen (F. = A. Furtwängler, Antike Gemmen): 1. Jüngling, sein Pferd besteigend. F. Taf. XXXVI, 10. — 2. Fackel mit Schutzschild. Früher Sammlung Arndt. — 3. Jüngling, ein Pferd bändigend. F. Taf. IX, 14; LI, 7. — 4. Jüngling, sich salbend; neben ihm ein Tisch mit einer Losurne. F. Taf. L, 9. — 5. Springer mit Gewichten. A. Furtwängler, Geschn. Steine in Berlin, Nr. 9324; geringe moderne Kopie des Karneols in Paris. F. Taf. XVII, 42. — 6. Diskoswerfer, Berlin 6911. F. Taf. XLIV, 28. B. Schröder, Zum Diskobol des Myron, Taf. VIIId. — 7. Jüngling, einen Pfeil prüfend. F. Taf. IX, 23; LI, 14. — 8. Jüngling, Bogen schießend. F. VIII, 38; LI, 11. — 9. Ringkampf, Berlin 1332. Ähnlich F. XXVII, 15; XLIII, 67, 68. — 10. Jüngling, sein Haar waschend. F. XVII, 51. — 11. Jüngling, sich mit Sand einstaubend. F. XVI, 60. LI, 1 Beazley, Gems Lewes house Nr. 40. — 12. Jüngling, sich mit der Strigilis reinigend. F. XVI, 59; LI, 5. — 13. Knabe, seine Strigilis reinigend. Am Boden Hydria mit Palmzweig. Dresden, H. Hettner, Die Bildwerke [2], 107, Nr. 169. — 14. Boxkampf zweier Eroten. F. XLII, 25. — 15. Römischer Athlet. Früher Sammlung Arndt. — 16. Ringkampf von Eroten, Dresden. H. Hase, Verzeichnis der alten und neuen Bildwerke [5], 201, Nr. 80. — 17. Wettfahren. Dresden. H. Hettner, Die Bildwerke [2], 107, Nr. 173. Vgl. Berlin, Furtwängler, Geschnittene Steine 7735. — 18. Gespann von zwei Hähnen, von einer Maus gelenkt. Dresden, H. Hettner, Die Bildwerke [2], 108, Nr. 191. — 19. Ringkampf zweier Mäuse, ein Hahn als Kampfrichter. Dresden, Hettner [2], 108, Nr. 194. — 20. Gladiatorenkampf, Berlin. Furtwängler, Geschnittene Steine 7737.

Tafel 25. Jüngling, archaische Marmorstatue vom Ptoion, in Athen. V. Stais, Marbres et bronzes Nr. 12. W. Deonna, Les Apollons archaiques Nr. 30. Phot. Alinari 24213.

Tafel 26a. Marmorkopf eines Jünglings von der Akropolis in Athen. Akropolis-Museum. G. Dickins, Catalogue I, Archaic Sculpture Nr. 689.

Tafel 26b. Bronzekopf eines Jünglings in Paris. A. de Ridder, Bronzes du Louvre Nr. 4.

Tafel 27a. Jüngling, die Siegerbinde umlegend. Diadumenos des Polyklet. Kleine Nachahmung in Paris. Babelon-Blanchet, Bronzes antiques de la Bibliothèque Nationale Nr. 927.

Tafel 27b. Jüngling, eine Spende ausgießend. Bronzestatuette von Antikythera in Athen. J. N. Svoronos, Das Athener National-Museum, Taf. VIII, 2. Vgl. den Idolino in Florenz, H. Bulle, Der schöne Mensch [3], Taf. 52 und 53.

Tafel 28a. Kopf von der Bronzestatue eines Faustkämpfers aus Olympia. R. Kekule von Stradonitz, Über den Bronzekopf eines Siegers in Olympia; in: Sitzungsber. d. Kgl. Preuß. Akad. d. Wiss., Phil.-hist. Kl. 1909, XXVI, 694. H. Bulle a. a. O., Taf. 235. E. Pfuhl, Die Anfänge der griech. Bildniskunst (1927) 5 Anm. 11: „vor Lysipp nicht denkbar".

Tafel 28b. Inschrift von der Basis der Siegerstatue des Faustkämpfers Euthymos aus Lokri. Olympia V, Die Inschriften 247, Nr. 144. Z. 1 und 2: Metrische Inschrift mit nachträglicher Änderung in Z. 2, wodurch der eigentliche Stifter, wohl die Vaterstadt, getilgt wurde: „Euthymos von Lokri, der Sohn des Astykles, dreimal habe ich in Olympia gesiegt; er hat dies Standbild aufgestellt als Anblick für die Sterblichen" Z. 3: „Euthymos aus dem Lokri beim Zephyrion hat es aufgestellt". Z. 4: „Pythagoras von Samos hat es gemacht". Neue Aufnahme nach dem Abguß.

Tafel 29. Jüngling von Antikythera, Bronzestatue in Athen. J. N. Svoronos, Das Athener National-Museum Taf. I. In der erhobenen R. ist vielleicht ein Stimm-Stein zur Auslosung der Plätze zu ergänzen. Vgl. Taf. 13, 3 und Text-Abb. 2.

Tafel 30. Bronzestatue des Hermes aus Herculaneum in Neapel. A. Ruesch, Guida del R. Museo di Napoli Nr. 841.

Tafel 31. Der sog. Thermenathlet in Rom. Bulle, Helbig-Amelung, Führer [3] II, 133 Nr. 1347. Neuattisches Werk. Bildnis eines Römers aus dem 1. Jahrhundert v. Chr.? Am. J. of arch. 1927, XXXI, 160ff. (Rhys Carpenter).

Tafel 32a. Marmorkopf eines römischen Athleten in Berlin. Beschr. d. Bildw. Nr. 465.

Tafel 32b. Bronzekopf eines römischen Athleten in Paris, als Gefäß verwendet. Abb. nach W. Fröhner, Coll. Hoffmann (1886) Nr. 416, pl. XXXII. Coll. Tyszkiewicz 34 pl. XXXVI. Verkaufskatalog Tyszkiewicz 1898, Nr. 153, Pl. XIX.

Tafel 33a. Beamter mit kurzem Palmenfächer, von dem Athletenmosaik im Lateran. Helbig-Amelung, Führer [3], II, S. 53, Nr. 1240. Abbildung nach Alinari Nr. 29925.

Tafel 33b. Mosaik aus Herculaneum in Neapel. A. Ruesch, Guida del R. Museo di Napoli 61, Nr. 207.

Tafel 34a. Herme des Herakles in Berlin. Beschr. d. Bildw. 187. Neue Aufnahme.

Tafel 34b. Herme des Hermes in London. Cat. of sc. Nr. 1742.

Tafel 35. Köpfe von den Hermen der Kosmeten Heliodoros und Sostratos in Athen. B. C. H. 1915, XXXIX 292, Nr. 2, Abb. 10 und 320, Nr. 9, Pl. XVIII. Aufn. d. Deutschen Archäol. Instituts.

Tafel 36. Säulenhallen von Palaistren. H. v. Rohden und H. Winnefeld, Architektonische römische Tonreliefs 145, Taf. LXXXII und 147, Taf. LXXXIII.

Tafel 37a. Kreiselspiel. rf. Lekythos in Tübingen. C. Watzinger, Griechische Vasen in Tübingen 44 E 78, Taf. 25.

Tafel 37b. Bronzestatuette eines Kreiselspielers. J. Sieveking, Die Bronzen der Sammlung Loeb 66, Taf. 27. Münchner Jahrbuch der bildenden Kunst 1913, VIII 86, Abb. 3 (Wolters). Druckstock des Verlags G. D. W. Callwey, München.

Tafel 38a. Reifenspiel. Relief auf einer Grablekythos. A. Conze, Die attischen Grabreliefs II 2. Taf. CCXVI, Nr. 1062.

Tafel 38b. Jonglieren mit dem Ball. Relief auf einer Grablekythos. Conze a. a. O. II 2, Taf. CCIII, Nr. 1046.

Tafel 39a. Schwimmer, zum Kopfsprung bereit. Bronzestatuette in München. A. J. 1916, XXXI, 101 mit Abb. 7 (Hekler), mit Deutung als Springer. Neue Aufnahme.

Tafel 39b. Orontes, von einer Bronzestatuette der Tyche von Antiochia. A. de Ridder, Coll. Le Clercq III, Les Bronzes Pl. LI. Vgl. Rein. stat. V 14, 3—5.

Tafel 40a. Ephedrismos spielender Knaben. Rf. Kanne in Berlin. F. Beschr. 2417. A. Z. 1879, Taf. 5. Neue Aufnahme.

Tafel 40b. Tanzunterricht. Rf. Krater in Berlin. F. Beschr. Nr. 2417.

Tafel 41a. Mänade und Satyr im Tanz. Relief in Berlin. Beschr. d. Bildw. Nr. 896.

Tafel 41b. Pyrrhiche. Teil eines Reliefs in Athen. St. Casson, Catalogue of the Akropolis-Museum II 240 Nr. 1338. Rein. rel. II 372, 5. Aufnahme Alinari 24671.

Tafel 42a. Tanzendes Mädchen. Innenbild einer rf. Schale in Leningrad. O. Waldhauer, Kurze Beschr. d. Samml. antiker Vasen, Kaiserl. Eremitage (1914) Nr. 823.

Tafel 42b. Tanzender Jüngling. Rf. Tasse in Boston. Phot. Coolidge 9683.

Tafel 43a. Hirschjagd. Außenbild der Themisschale in Berlin. F. Beschr. Nr. 2538. F.-R. III, Taf. 140.

Tafel 43b. Hasenjagd. Weißgrundige Lekythos in London. A. S. Murray, White Athenian Vases in the Brit. Museum, Pl. VI. Die Grabstele ist wegzudenken (E. Buschor, Attische Lekythen der Parthenonzeit. In: Münchner Jahrbuch d. bild. Kunst, 1925, N. F. II. 7, 10).

Tafel 44a. Stierjagd. Schulterbild einer s.f. Hydria in Berlin. F. Beschr. Nr. 1900. Neue Aufnahme. Vgl. Mon. ant. 1925, XXX, tav. III. streng r.f. Schale. Fünf Jünglinge bändigen einen Stier. Links ein Opferdiener mit Messern.

Tafel 44b. Stierjagd. R.f. Krater aus Theben in Athen. Neue Aufnahme von Dr. C. Blümel.

Tafel 45. Epheben- und Siegerliste mit dem Bilde eines siegreichen Ruderbootes. J. G. III 1, 1129. Aus dem Jahre 164/5 v. Chr. P.-W. Archontes 596.

Tafel 46a. Steinstoßen. Bronzestatuette in Bologna. B. Schröder, Zum Diskobol des Myron, Taf. X.

Tafel 46b. Kalbträger. Bronzestatuette in Dresden. Jetzt Deckelfigur eines Bronzekessels. H. Hettner, Die Bildwerke[4], 49, Nr. 109. Neue Aufnahme.

Tafel 47. Stadion zu Epidauros mit Ablaufschwellen. Phot. d. Deutschen arch. Inst. Athen. Epidauros Nr. 65.

Tafel 48. Stadion zu Delphi mit halbrundem Ende. Phot. Alinari 24708.

Tafel 49a. Waffenlauf. R.f. Amphora in Hamburg, Mus. f. Kunst u. Gewerbe, Inv. 1897, 222 Ö. Jh. V, 1902, 168, Abb. 44. J.D. Beazley, Att. Vasenmaler 383, Nr. 20.

Tafel 49b. Läufer. Panathenäische Preisamphora in Berlin. F. Beschr. Nr. 1832. Vgl. Taf. 12a und 12b. (Stark übermalt.)

Tafel 50. Fackellauf. Kanne im Louvre. Phot. Giraudon 19022. A. van Hoorn, De Fakelloop (s. Anm. 171), Abb. 7.

Tafel 51a. Eros als Fackelläufer. Bronzestatuette in New York. M. A. Richter, The Metropolitan Museum of Art, Greek etc. Bronzes Nr. 131.

Tafel 51b. Fackelläufer am Altar. Krater im Louvre. W. Fröhner, Coll. Tyszkiewicz pl. XXXV. D.-S. Lampadedromia 910, Abb. 4329.

Tafel 52a. Haltere aus Bronze im National-Museum zu Kopenhagen, Inv.-Nr. A, Ba 364. In Athen gekauft. Größte Länge 16,6 cm. Neue Aufnahme.

Tafel 52b. Knabe mit Hacke. Schale des Hischylos in München. O. Jahn, Beschr. d. Vasensammlung Nr. 1160.

Tafel 53. Springer, antretend und landend. Verschiedene Formen der Haltere. Rf. Skyphos des Brygos in Boston. Am. J. of arch. Ser. II, 1915, XIX, Pl. VII und VIII (L. D. Caskey).

Tafel 54a. Sf. Lekythos in Neu York, Metropolitan Museum Nr. 08 258 30.

Tafel 54b. Springer. Rf. Schale in Boston. A. Z. 1884, Taf. 16. E. Langlotz, Griech. Vasenbilder, Taf. 7. J. D. Beazley, Redfigured Vases in American Museums 83, Abb. 51.

Tafel 55a. Speer- und Diskoswerfer unter Flötenmusik. Schale des Pamphaios in Berlin. F. Beschr. Nr. 2262. Neue Aufnahme.

Tafel 55b. Speerwerfer. R.f. Amphora in Neapel. H. Heydemann, Die Vasensammlung des Mus. Naz. in Neapel Nr. 3182. Neue Aufnahme.

Tafel 56a. Diskos aus Marmor in Berlin. Neue Aufnahme.

Tafel 56b. Diskos aus Bronze in Wien. Ö. Jh. 1899, II, Taf. I.

Tafel 57a. Diskoswerfer, antretend. Rf. Amphora im Vatikan. Helbig-Amelung, Führer[3] I, Nr. 488.

Tafel 57b. Bronze in Athen. V. Stais, Marbres et Bronzes I, 321 Nr. 7412.

Tafel 58a. Die Byressche Gemme. Furtwängler A. G. I, Taf. XLIV, 27. Arch. Anz. 1920, 61, Abb. 1.

Tafel 58b. Der Diskobol von Castelporziano, ergänzt von Marie Dihl in Friedenau. Arch. Anz. 1920. 64, Abb. 5. Druckstock des Verlags W. de Gruyter, Berlin.

Tafel 59. Diskoswerfer: a) Berlin, Antiquarium, Misc. Inv. 7318. B. Schröder, Zum Diskobol des Myron, Taf. VIII b. — b) Stuttgart. Expedition E. v. Sieglin II, Teil 1a, 50, Taf. XXII. — c) Wien, R. v. Schneider, Album, Taf. XXV, 2. Neue Aufnahme.

Tafel 60. Diskoswerfer: a) die Scheibe mit Sand bestreuend (?). Schale in Tübingen. C. Watzinger, Griechische Vasen in Tübingen E 18, Taf. 17. — b) Werfen mit Drehung. Lekythos in Berlin, Antiquarium, Inv. 3341. B. Schröder, Zum Diskobol des Myron, Taf. IX c. — c) die Marke in den Boden steckend, rf. Schale in Paris. Pottier, Vases du Louvre III G 111.

Tafel 61a. Ringerschule. R.f. Amphora des Andokides in Berlin. F. Beschr. Nr. 2159. Abbildung nach E. Gerhard, Trinkschalen und Gefäße, Taf. XX. Zum Stil vgl. F.-R. III, 73f., Taf. 133 (Hauser).

Tafel 61b. Desgl. Psykter des Euthymides. J. H. St. XXXV, 1915, Pl. IV.

Tafel 62a. Pan und Eros ringend. Wandgemälde aus Herculaneum. W. Helbig, Wandgemälde Campaniens 101, Nr. 404 Arch. Anz. 1925, 207/8, Abb. 3 (Schröder). Druckstock des Verlags W. de Gruyter, Berlin.

Tafel 62b. Eroten in der Palaistra. Kindersarkophag in Berlin. Beschr. d. Bildw. 855. Arch. Anz. 1925, 203 (Schröder).

Tafel 63. Jüngling, zum Ringen angreifend. Marmorfigur von Antikythera. J. N. Svoronos, Das Athener National-Museum, Taf. XII.

Tafel 64a. Ringerpaar, Griff eines Cistendeckels in New York. Gisela M. A. Richter, Metropolitan Museum of Art, Greek etc. Bronzes 78, Nr. 124. b) Ringerpaar, Griff an einer bronzenen Wanne in Boston. Phot. Coolidge 9152.

Tafel 65a. Ringer (Schenkelzug). Relief vom Theater in Delphi. Fouilles de Delphes IV, Pl. LXXVI. Rein. rels. I, 117. Vgl. Theseusschale im Brit. Museum. Gard. Abb. 112 und r.f. Schale aus Todi, Mon. ant. 1916, XXIV, 894 (hier Abb. 32). Die beiden Vasenbilder sind allzu schön und ungenau gezeichnet.

Tafel 65b. Ringer, Theseus und Kerkyon (Beginn des Hüftzugs). Metope vom Athener Schatzhaus in Delphi. Fouilles de Delphes IV, Pl. 46—47, 2. Rein. rels. I, 123, 2. Aufnahme nach Gips.

Tafel 66. Ringer. a) Untergriff von der Seite. Sf. Amphora in Berlin. F. Beschr. Nr. 1853. Neue Aufnahme. — b) Untergriff von hinten. W. Fröhner, Coll. Gréau, Pl. XXXIII, 965. Rein. stat. II, 539, 3.

Tafel 67. Ringer. Bronzegruppe der Sammlung Philip. Rein. stat. IV, 137, 4.

Tafel 68a. Eroten in der Palaistra. Mehrere Gruppen im Wälzringen am Boden. G. Lippold, Gemmen, Taf. 26, 3. Neue Aufnahme.

Tafel 68b. Ringer (Ausheber). Metope Nord III vom sog. Theseion in Athen. B. Sauer, Das sog. Theseion, Taf. V. Aufnahme nach Gips.

Tafel 69. Herakles und Antaios im Ringkampf. Krater des Euphronios in Paris. F.-R. Taf. 92/3.

Tafel 70a. Jüngling mit hohlem Kreuz eine Brücke bildend. Gaukler oder Ringer? Griff von einem Bronzegerät in der Ny Carlsberg Glyptothek in Kopenhagen.

Tafel 70b. Ringkampf. Bronzegerät unbekannter Bestimmung in Berlin. E. Gerhard, Ant. Bildw., Taf. 119, 2 und 3. Friederichs, Kleinere Bildwerke Nr. 1552 g 4. Rein. stat. II, 538, 4; 539, 1. Neue Aufnahme.

Tafel 71. Wagenanschirrung. Sf. Hydria in Berlin. F. Beschr. 1897. F.-R. III, 230, Taf. 154, 2 (Zahn). Neue Aufnahme; vgl. J. H. St. 1927, XLVII, 87, Pl. XIII (Beazley). Hydria, Brit. Museum B 304, Pferdeanschirrung (S. 87). Wagenlenker in langem Gewand steht neben den Pferden, anschirrend. Ein nackter Jüngling steht hinter dem Wagen, sein l. Bein auf dem Wagenkasten, in der Linken die Zügel, in der Rechten das Kentron. Ähnlich S. 68. Also der „Wagenlenker" im Vatikan kein Wagenlenker, sondern Diener!

Tafel 72. Wagenrennen und Kämpfe. Friese vom Amphiaraoskrater in Berlin. F. Beschr. Nr. 1655. F.-R. III, Taf. 121/22 (Hauser).

Tafel 73a. Apobat. R. f. Krater in Wien. Rein. vas. II 208. Neue Aufnahme Prof. P. Jacobsthal.

Tafel 73b. Rennwagen; der Lenker im langen Gewand mit dem Stachel in der Hand. S.f. Amphora in Rom, Museo Gregoriano II Tav. XLII 3a. Helbig-Amelung, Führer [3] I, 303. Nr. 477.

Tafel 74. Wagenlenker, Bronzestatue aus Delphi. H. Bulle, Der Schöne Mensch[3], Taf. 199 (Kopf), Abb. 134 (ganze Gestalt). Amelung in A. J. 1922, XXXVII, 133.

Tafel 75. Römischer Circus. Relief im Vatikan. E. Q. Visconti, Museo Pio-Clementino V Tav. 43. Annali 35, 1863, 141 (Hübner), vgl. Annali 42, 1870, 232ff. Aufn. Alinari 26957.

Tafel 76. a) Griff von dem Messer eines Circusfahrers. Berlin, Antiquarium, Inv. 30894. Aus der Sammlung Dressel. Neue Aufn. — b) Circusfahrer. Teil eines Mosaiks in Rom, auf dem vier Fahrer, in die Farben der vier Parteien gekleidet, dargestellt sind. Helbig-Amelung, Führer [3] II, Nr. 1438.

Tafel 77. Römischer Circus. H. v. Rohden und H. Winnefeld, Architekton. röm. Tonreliefs, Taf. LXXXIV.

Tafel 78. Römischer Beamter, in der r. Hand ein Tuch, womit das Zeichen zum Beginn der Spiele gegeben wurde. Arndt-Bruckmann, Griech. u. röm. Porträts 314, vgl. 311ff.

Tafel 79. Das Colosseum in Rom. Moderner Cicerone, Rom I 1. H. Holtzinger, Die Ruinen Roms 94.

Tafel 80a. Pferd mit Satteldecke. Relief aus Xanthos in London, Brit. Museum. Cat. of sculpt. I Nr. 86, 2.

Tafel 80b. Reiten im Schritt. Basis eines Weihgeschenkes mit Dreifuß und Reiter in Relief. Werk des Bryaxis in Athen. J. N. Svoronos, Das Athener National-Museum, Taf. XXVI/XXVII.

Tafel 81. Kurzer Galopp. Reiter vom Parthenonfries. A. Michaelis, Der Parthenon, Taf. 9, X 18 und 19.

Tafel 82. Pferdegebiß. Bronze in Berlin. E. Pernice, Griech. Pferdegeschirr 57, Taf. II.

Tafel 83a. Aufsitzen mit der Springstange. R.f. Schale in München. O. Jahn, Vasensammlung 515 A. Z. 1885, Taf. 11. A. J. 1916, XXXI, 124 (Weege).

Tafel 83b. Aufsitzen vom Boden aus. R.f. Kanne in Berlin. F. Beschr. 2357. A. Z. 1878, Taf. 22 E. Pfuhl, Malerei u. Zeichnung, Taf. 229, Nr. 577.

Tafel 84a. Pferderennen. Korinthischer Krater im Louvre. E. Pottier, Vases du Louvre I, Pl. 48, E 48.

Tafel 84b. Desgl. R.f. Krater im Museo Civico zu Bologna. G. Pellegrini, Vasi greci dipinti delle Necropoli Felsinee 159, Nr. 319 A, Fig. 91.

Tafel 85a. Jäger zu Pferd und Knappe. Weihrelief in Athen. J. N. Svoronos, Das Athener National-Museum Taf. LII, Nr. 1386.

Tafel 85b. Paßgang. Heros zu Pferd mit Anbetern. Weihrelief in Berlin. Beschr. d. Bildw. 805.

Tafel 86a. Unfall beim Pferderennen. R.f. Amphora in München. O. Jahn, Vasensammlung Nr. 805. A. Z. 1860, Taf. 140. Neue Aufnahme.

Tafel 86b. Kunstreiter. Relief in Wien. R. v. Schneider, Ausstellung im unteren Belvedere (1905). 25, Nr. 25.

Tafel 87. Siegreicher Faustkämpfer. Marmorstatue aus Sorrent in Neapel, Museo Nazionale Nr. 212. A. Ruesch, Guida del R. Museo di Napoli (1908) 62.

Tafel 88a. Faustkämpfer. Bronzestatuette in Athen. V. Stais, Marbres et Bronzes, I. 327. Nr. 7574.

Tafel 88b. Walzen (Myrmekes) vom Stamm der Faustkämpferstatue in Dresden. P. Herrmann, Verzeichnis der antiken Original-Bildwerke Nr. 97. Neue Aufnahme. S. Anm. 180 und 306.

Tafel 89a und b. Faustkämpfe. R.f. Schale in München. O. Jahn, Vasensammlung Nr. 279. Neue Aufnahme.

Tafel 90a. Pankration. Desgl. F. Beschr. 2276. P. Hartwig, Meisterschalen 90, Abb. 12. Gard. 438, Abb. 153.

Tafel 90b. Faustkampf. Bruchstück einer r.f. Schale in Berlin. F. Beschr. 2284. Neue Aufnahme.

Tafel 91. Kopf des Faustkämpfers im Thermenmuseum zu Rom. Typus des Berufsathleten; Wunden und Entstellungen von Nase und Ohren. Helbig-Amelung, Führer[3], II, Nr. 1350. Mitte 1. Jahrh. v. Chr. neuattisches Werk des Apollonios. Memoirs of the American Academy in Rome VI; Am. J. of arch. 1927, XXXI, 163 (Rhys Carpenter).

Tafel 92. Karikaturen von Faustkämpfern: a) Tonfigur in Athen. F. Winter, Typenkatalog II, 445, 9. — b) Bronzestatuette in Paris. A. de Ridder, Bronzes du Louvre II, 2934. Rein. stat. II, 565, 1. — c) Tonfigur in Dresden. Arch. Anz. 1891, 167, Nr. 15.

Tafel 93. Pankratiast. Grabrelief des Agakles. A. Conze, Die attischen Grabreliefs II, 199, Nr. 927, Taf. CLXXXIII. Rein. rels. II, 382, 1.

Tafel 94. Pankration: a) S.f. Vase in München. O. Jahn, Vasensamml. Nr. 114. — b) Ausschnitt von einer Schale des Duris in Berlin. F. Beschr. Nr. 2283. Hartwig, Meisterschalen 222f. Neue Aufn. — c) Ringergruppe aus Alexandria. Expedition E. v. Sieglin Bd. II, Teil I A, Malerei u. Plastik 54, Abb. 48, Taf. XXIII, 2a, 2b (R. Pagenstecher).

Tafel 95a. Athlet. Bronze in Paris. A. de Ridder, Bronzes du Louvre I, Pl. 63 Nr. 1067.

Tafel 95b. Kopf von einer Pankratiastengruppe in Hannover. C. Küthmann, Provinzialmuseum Hannover, Katalog der antiken Skulpturen usw. 27, Nr. 10. Arndt-Amelung, Einzelaufnahmen 1080/81. Neue Aufnahme.

Tafel 96. Verkündigung eines Siegers, Pankration, Ringkampf, Faustkampf. Römisches Sarkophagrelief im Lateran zu Rom. O. Benndorf u. R. Schöne, Die antiken Bildwerke des Lateranischen Museums 54, Nr. 81. Helbig-Amelung, Führer[3], II 7, Nr. 1153.

Tafel 97. Bogenschießen. Grabstein des Metrodoros von Chios in Berlin. Beschr. d. Bildw. Nr. 766a.

Tafel 98. Bogenschütz. Bronzestatuette aus London im Brit. Museum. K. A. Neugebauer, Bronzestatuetten, Taf. 67. Druckstock des Verlages H. Schoetz & Co., Berlin.

Tafel 99a. Jüngling, seinen Mantel zusammenlegend. R.f. Schale in Berlin. Beschr. Nr. 2308.

Tafel 99b. Dusche im Badehaus. S. f. Hydriain Leiden. J. Roulez, Choix de vases peints au Musée de Leyde, pl. 19. Rein. vases I, 275. K. Sudhoff, Aus dem antiken Badewesen, I, 60 Abb. 45a. J. H. St. 1927, XLVII, Pl. XI (Beazley).

Tafel 100a. Bad am Waschbecken. R.f. Pelike in Berlin. Antiquarium, Inv.-Nr. 4560. Neue Aufnahme.

Tafel 100b. Jüngling, Wasser aus dem Brunnen schöpfend. R.f. Schale im Museo artistico industriale. R. M. 1923/24, XXXVIII/IX, Taf. II (E. v. Mercklin).

Tafel 101a. Ring (Krikos) mit Ölflasche und Striegeln. Frühe Kaiserzeit. Berlin, Antiquarium, Inv.-Nr. 10558a, b. Führer durch das Antiquarium I Bronzen, S. 97. Vgl. A. M. 1894, XIX 321 (Noack).

Tafel 101b. Striegeln verschiedener Formen in Berlin, Antiquarium.

Tafel 102. Baderaum mit Waschtrögen im oberen Gymnasium zu Pergamon (Raum L). Aufnahme des deutschen archäol. Instituts Athen, Perg. Nr. 1488. A. M. 1907, XXXII, 273 (Hepding); 1908, XXXIII, 339ff. (Dörpfeld). Die Altertümer von Pergamon Bd. VI (1923). P. Schazmann, Das Gymnasium 23, 64, Taf. IV/V, XVII. Vgl. Wiegand-Schrader, Priene 269, Taf. XX. K. Sudhoff, Aus dem antiken Badewesen II, 20. Abb. 15.

Der Baderaum liegt an der Säulenhalle, im Westen der Palaistra. Die Becken ringsum an den Wänden waren mit fließendem Wasser gefüllt. Die Aufnahme zeigt die Südwand mit drei erhaltenen Becken, die großen Tonpithoi stammen erst aus byzantinischer Zeit. In einer Ecke waren zwei schmale Becken zum Waschen der Füße in den Boden eingelassen.

Tafel 103. Das Laconicum in den Thermen des Caracalla zu Rom. Alte Aufnahme.

Tafel 104. Verschiedene Ölflaschen in Dresden: a) Alabastron mit flachem Boden. Z. V. 1428. Arch. Anz. 1898, 129. Vgl. A. Furtwängler, Antike Gemmen, Taf. VIII, 53. — b) Korinthischer Aryballos. Z. V. 1676. — c) Aryballos aus Bronze. H. Hettner, Die Bildwerke zu Dresden[4], 51, 180. Neue Aufnahmen.

Tafel 105. Beschädigte Athleten und Ärzte. R.f. Krater in Athen. Mon. Piot. XIII, 1906, 160ff., Pl. XV (Pottier). Vgl. J. Phil. 224, 293. Aufnahme des deutschen archäol. Instituts in Athen, N. M. Nr. 861 bis 864.

Tafel 106. Leben und Treiben in der Palaistra. Auskleiden, Salben, Anlegen der Kynodesme, Übungen; Jünglinge und kleine Diener. R.f. Krater in Berlin. F. Beschr. Nr. 2180. F.-R. III, 245, Taf. 157 (Zahn). Kleine Diener mit Gerät und Kleidung z. B. Einzel Aufnahmen 23 92; mit Tänien A. M. 1894, XIX, 137 (Ziehen). Rev. arch. 1898, XXXII, 167, Taf. III (S. Reinach). Rein.-stat. II 537, 4 u. 5.

Tafel 107. Ausruhender Jüngling. Marmorstandbild aus Tralles in Konstantinopel. Mon. Piot 1903, X, Pl. IV. G. Mendel, Catalogue des sculpt. gr. et rom. II, Nr. 542. Aus dem 3. Jahrhundert v. Chr. nach Krahmer in R. M. 38/39, 1923/24, 158f.

Tafel 108. Ruhepause. R.f. Schale in Berlin. F. Beschr. Nr. 2728. Neue Aufnahme. Vgl. Mon. ant. 1916, XXIV, 895, Fig. 36 (Bendinelli).

Tafel 109a. Palaestradiener. R.f. Schale. R. Ballheimer, Griechische Vasen aus dem Hamburger Museum für Kunst und Gewerbe 32. Zur Tracht vgl. Gerhard, A. V. 271. Druckstock des Museums f. Kunst und Gewerbe in Hamburg.

Tafel 109b. Bronzelebes aus dem „Grab der Aspasia" in London, Preis von den Spielen der Hera in Argos. 5. Jahrhundert v. Chr. J. H. St. 1926, XLVI, 256, Pl. XIV (A. H. Smith).

Tafel 110. Frauensport: a) Spiegelstütze in Form eines dorischen Mädchens mit Schurz, in Trient. Arndt-Amelung, Einzelaufnahmen 1382; abgebildet mit Erlaubnis des Verlages F. Bruckmann, München. — b) Bronzestatue eines Mädchens mit Schurz, aus Armenien, jetzt in Hamburg, Museum f. Kunst u. Gewerbe. Arch. Anz. 1908, 65f. — c) Gauklerin, bogenschießend. Gnathia-Vase in Berlin. F. Beschr. 3444. Vgl. D.-S. I, 1078ff.

Viele Fachgenossen, Firmen, Institute und Behörden sind dem Verfasser und dem Verleger bei der Abfassung und beim Druck dieses Buches behilflich gewesen. Ihnen allen sei auch an dieser Stelle Dank gesagt.

TAFELN

Babylonischer Faustkampf

Assyrische Bogenschützen und Schwimmer

Tafel 1

Ägyptische Ringer

Ägyptische Kinderspiele

Tafel 2

Kretische Stier- und Faustkämpfe

Tafel 3

Kretische Stierjagd

Tafel 4

Frühgriechische Wagenfahrt, Faustkampf, Kampf mit Waffen

Tafel 5

Olympia. Blick vom Heratempel auf die Altis

Tafel 6

Olympia. Die Palaistra

Tafel 7

Korinth

Tafel 8

Delphi

Tafel 9

Der Gott Agon

Die Göttin Eutaxia

Tafel 10

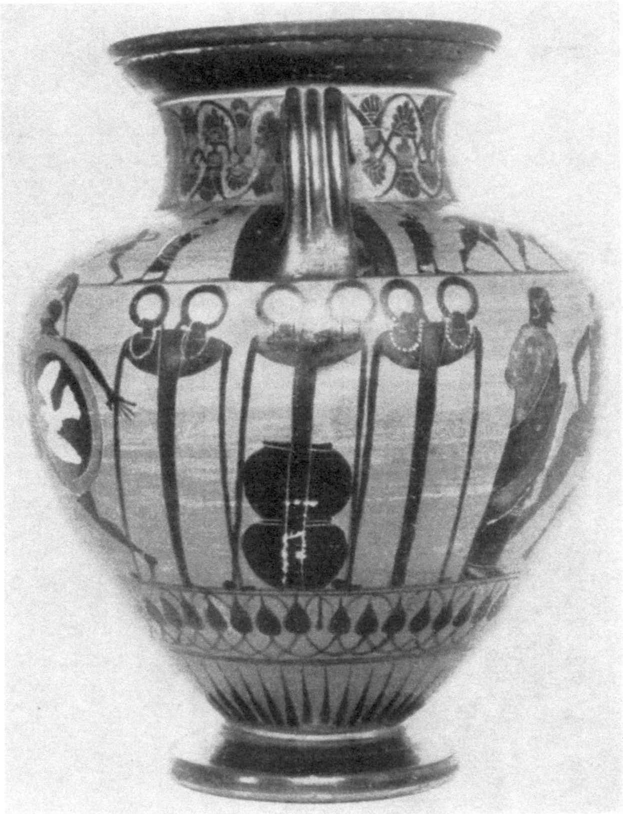

Amphora. Dreifüße und Kessel als Siegespreise

Hydria, als Siegespreis verwendet

Tafel 11

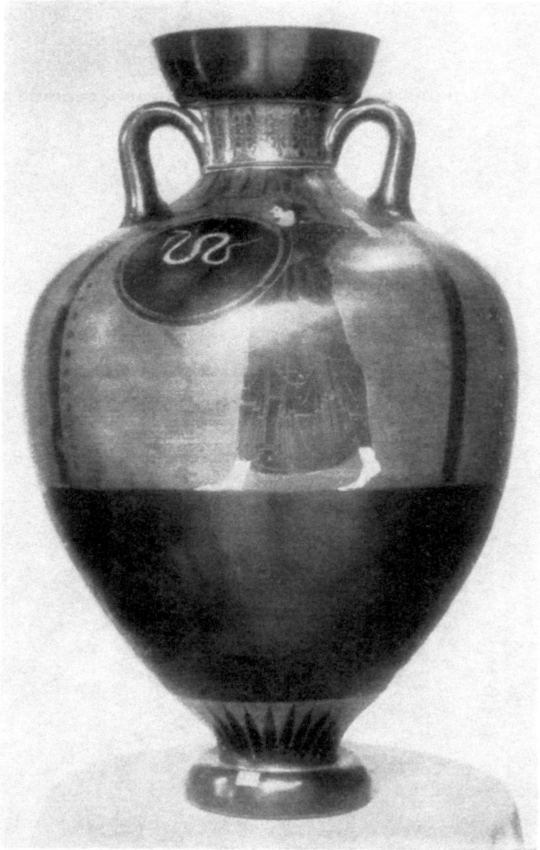

Panathenaiische Preisamphoren

Tafel 12

Römische Münzen, Contorniaten und Goldmedaillons

Tafel 13

Ein Sieger mit Kranz, Zweigen und Binden

Ausrufung eines Knabensiegers

Tafel 14

Etruskische Wandmalerei

Tafel 15

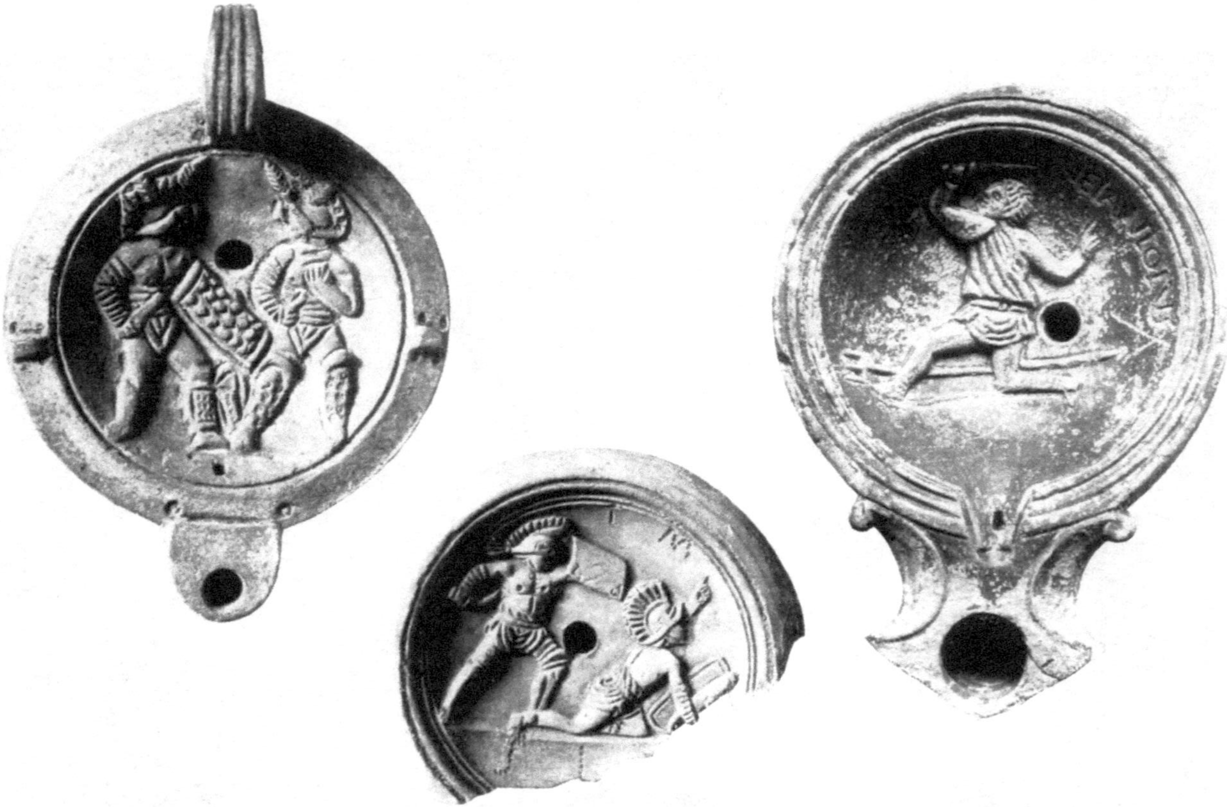

Gladiatorenkämpfe auf römischen Lampen

Tafel 16

Kampf mit wilden Tieren

Tafel 17

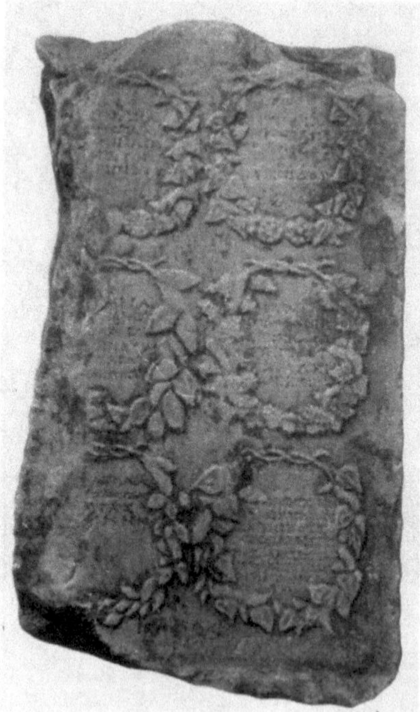

Bruchstücke von Inschriften

Tafel 18

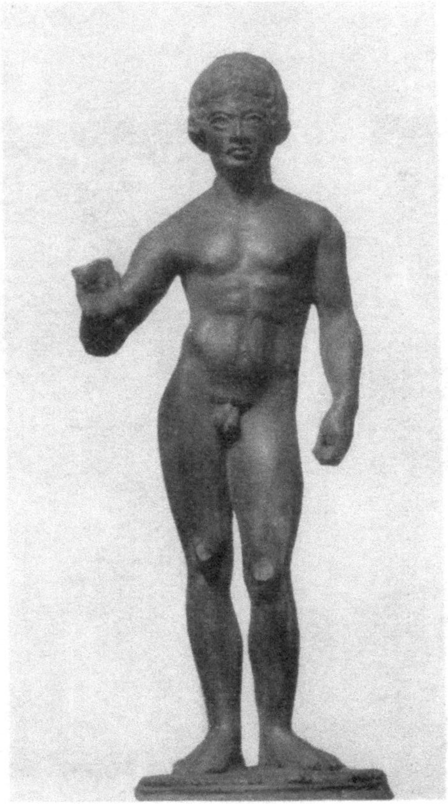

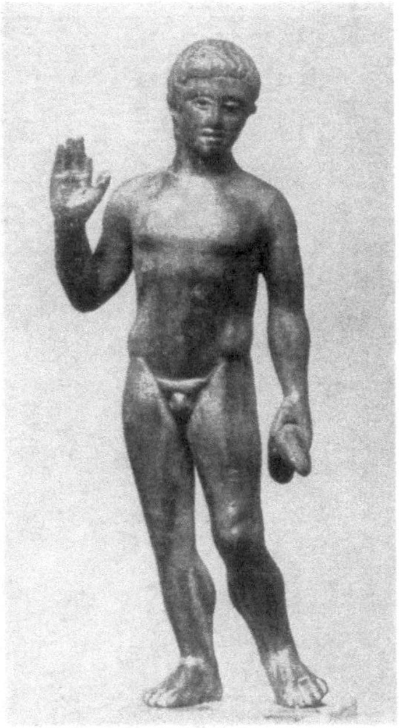

Betende Jünglinge

Tafel 19

Jüngling mit Diskos

Jüngling, sich bekränzend

Tafel 20

Keretizontes

Läufer, Ringer, Speerwerfer

Ballspieler

Tafel 21

Fackelläufer. Weihung an Bendis

Viergespann mit einem Lenker und Apobaten (Weihrelief)

Tafel 22

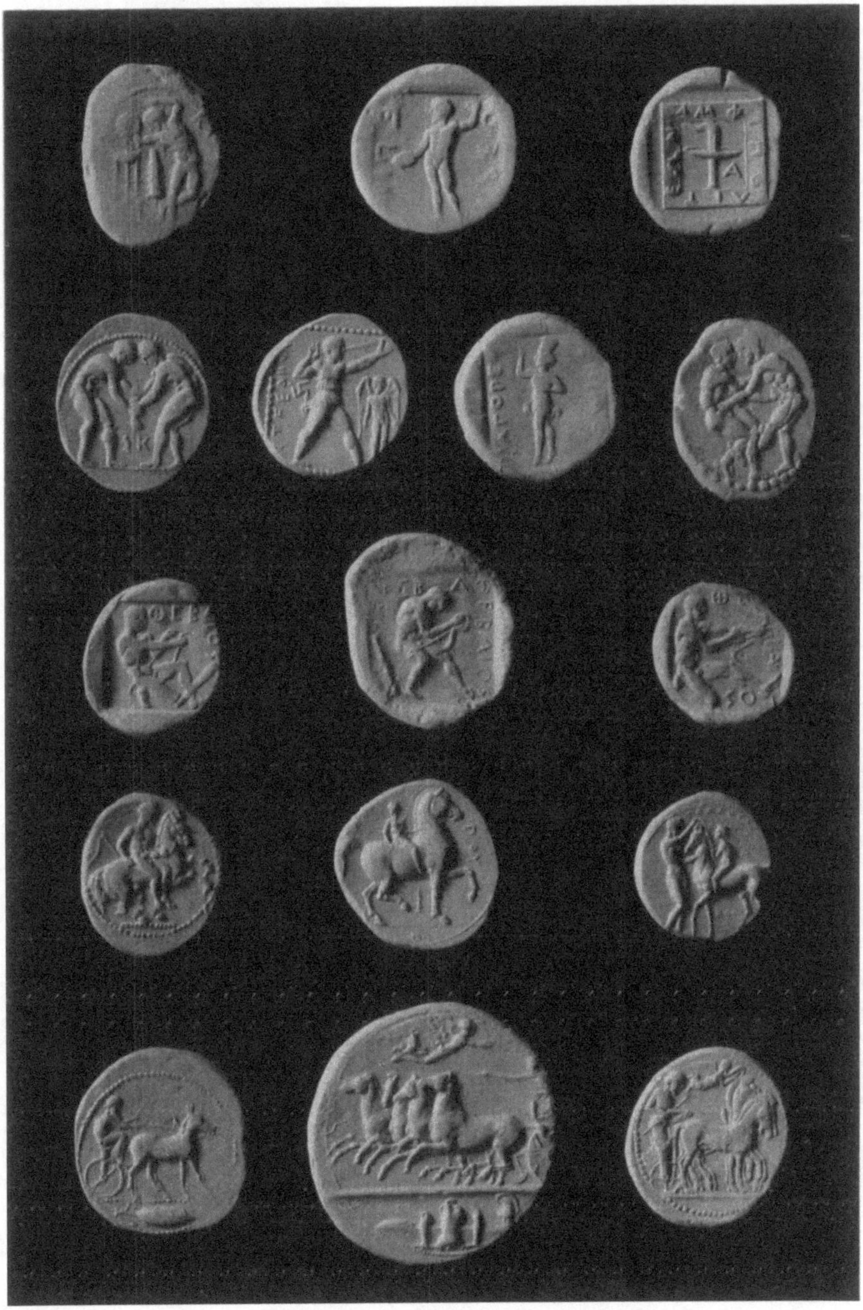

Griechische Münzen

Tafel 23

Geschnittene Steine

Tafel 24

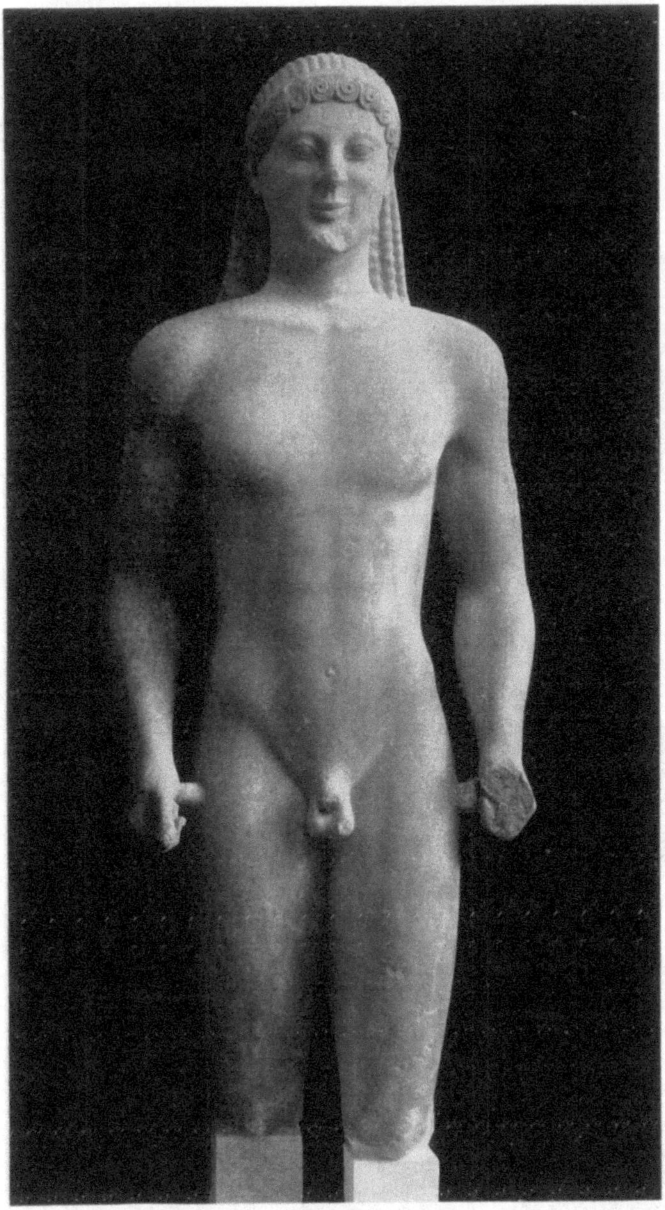

Jüngling, archaischer Typus

Tafel 25

Köpfe von Jünglingsstatuen

Tafel 26

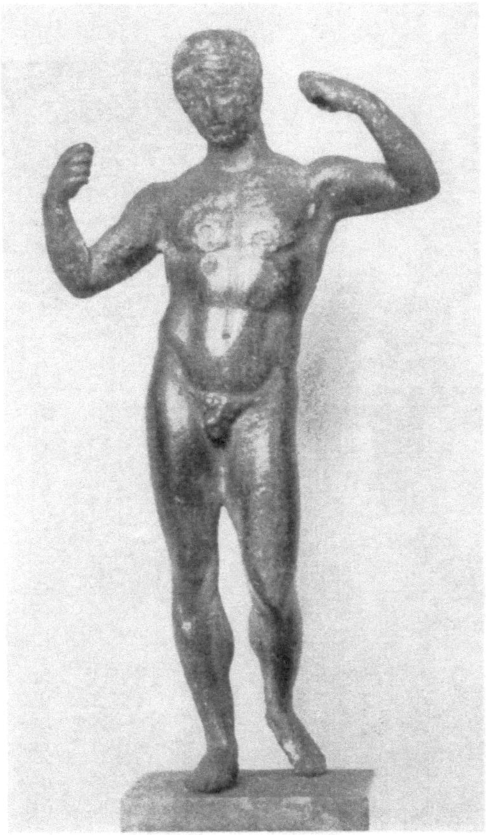

Umlegen der Binde

Ausgießen der Spende

Tafel 27

Faustkämpfer von Olympia

Inschrift einer Siegerstatue

Tafel 28

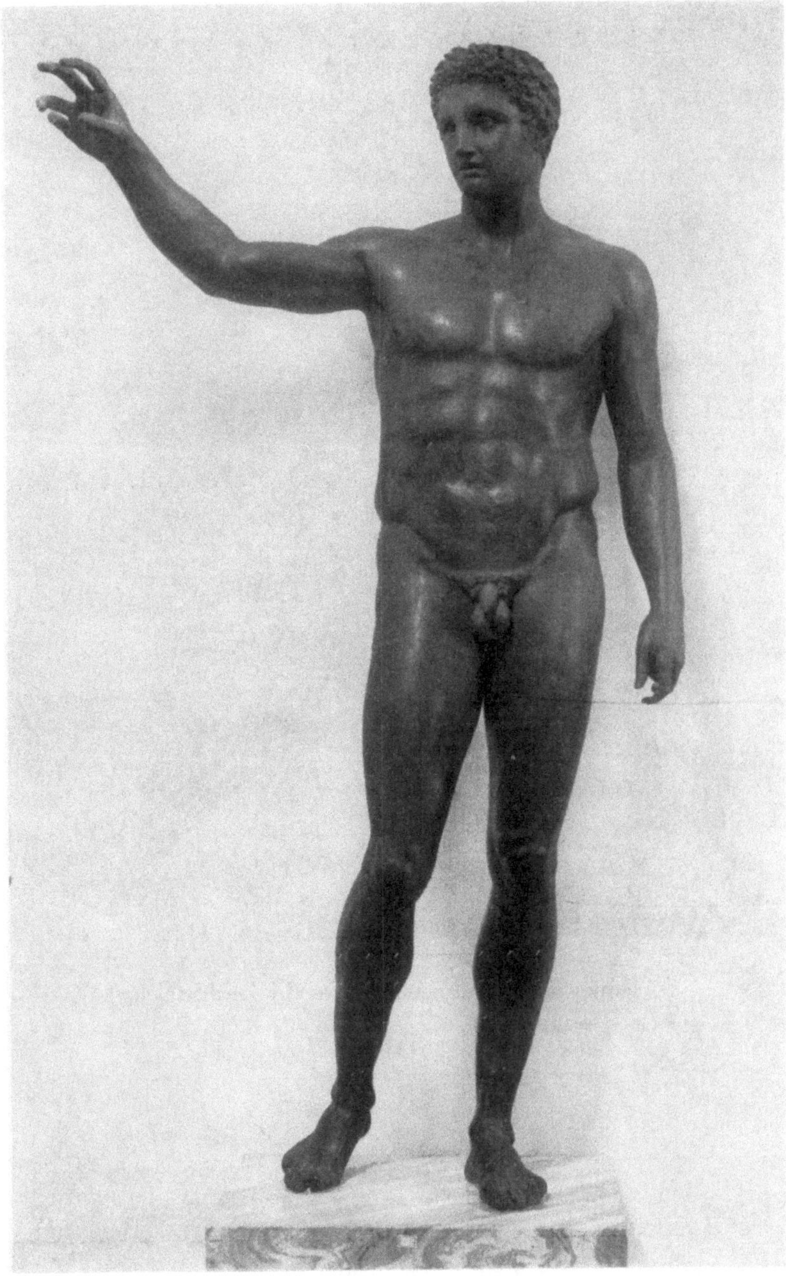

Siegerstatue aus dem 4. Jahrhundert v. Chr. (Typus des Schwerathleten)

Tafel 29

Hermes aus Herculaneum (Typus des Leichtathleten)

Tafel 30

Spätgriechische Bildnisstatue

Tafel 31

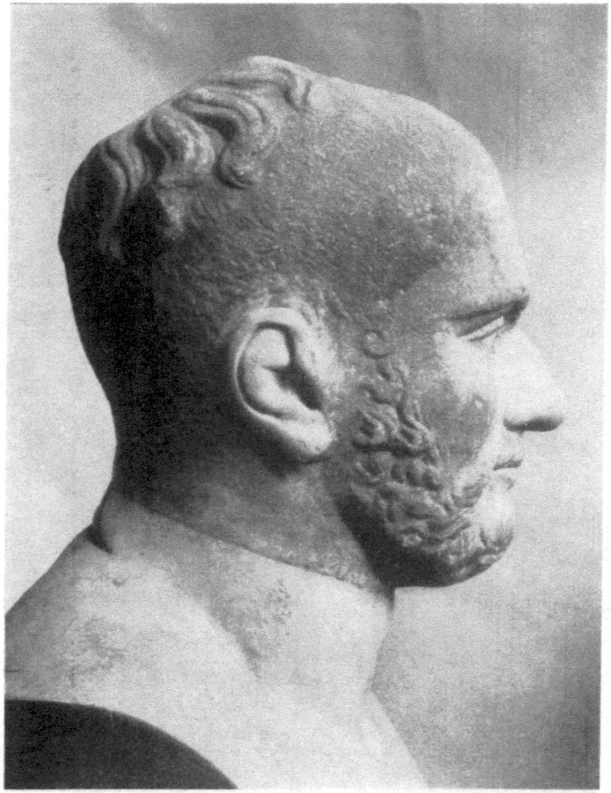

Athleten römischer Zeit

Tafel 32

Ein Beamter; aus einem Mosaik

Mosaik mit einem Faustkämpfer

Tafel 33

Hermen des Herakles und Hermes

Tafel 34

Köpfe von Kosmetenhermen aus Athen

Tafel 35

Säulenhallen mit Standbildern
von Göttern und Athleten, Hermen und Vasen (Campanareliefs)

Tafel 36

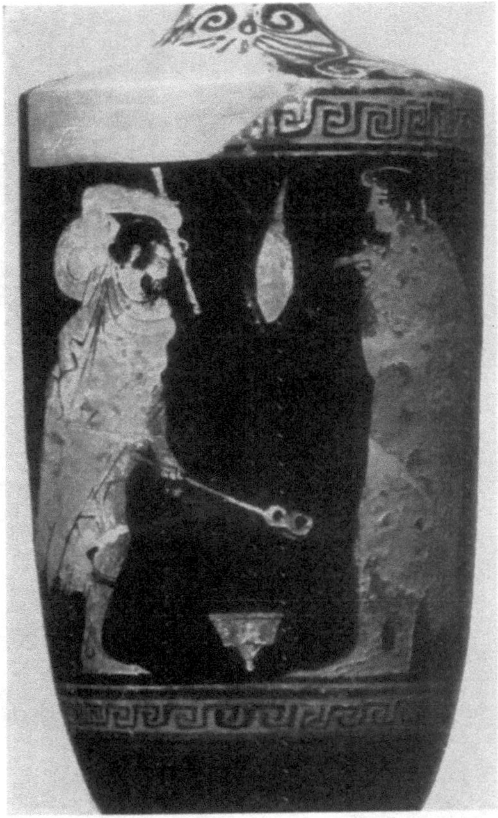
Hermes mit dem Kreisel spielend

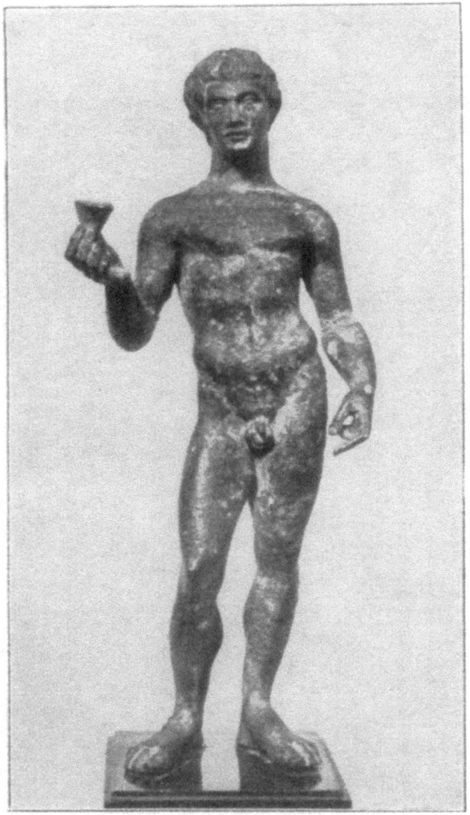
Knabe mit Kreisel

Tafel 37

Knabe mit Reif

Knabe mit Ball

Tafel 38

Kopfsprung

Orontes als Schwimmer

Tafel 39

Knabenspiel

Tanzunterricht

Tafel 40

Mänade und Satyr im Tanze

Pyrrhiche

Tafel 41

Tanz

Tanz mit Krotalen

Tafel 42

Hirschjagd

Hasenjagd

Tafel 43

Jagd auf Stiere

Bändigung eines Stiers

Tafel 44

Epheben- und Siegerliste. Ruderboot

Tafel 45

Steinstoßen

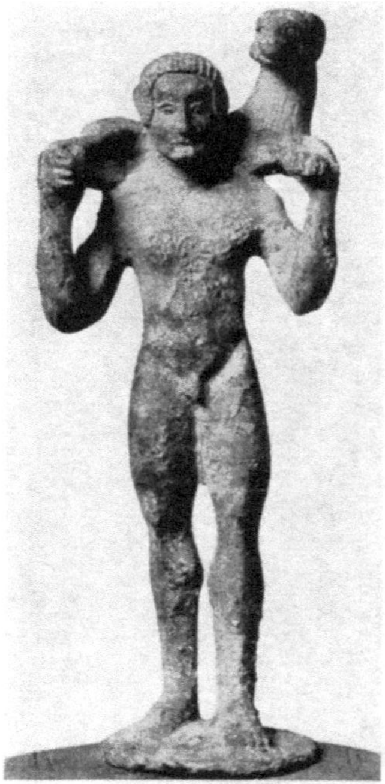

Lasten tragen

Tafel 46

Epidauros. Ablaufschranke im Stadion

Tafel 47

Delphi. Das Stadion

Tafel 48

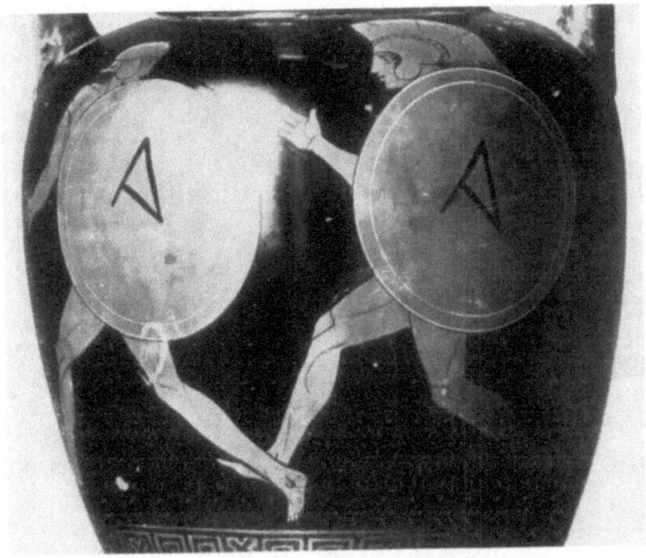

Waffenläufer

Läufer

Tafel 49

Fackellauf

Tafel 50

Eros als Fackelläufer

Siegreiche Waffenläufer am Altar

Tafel 51

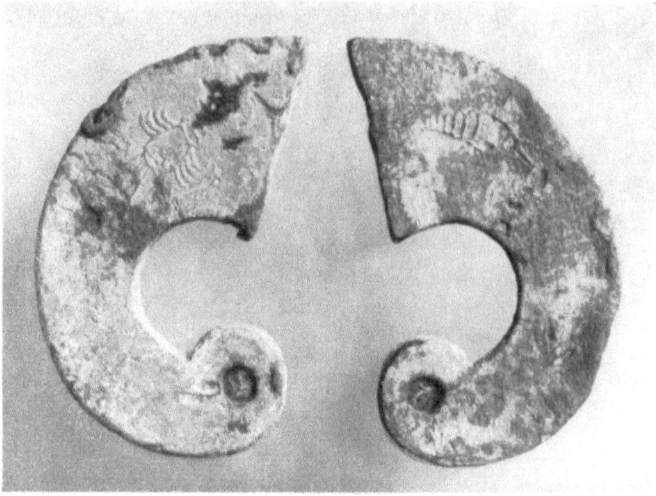

Haltere

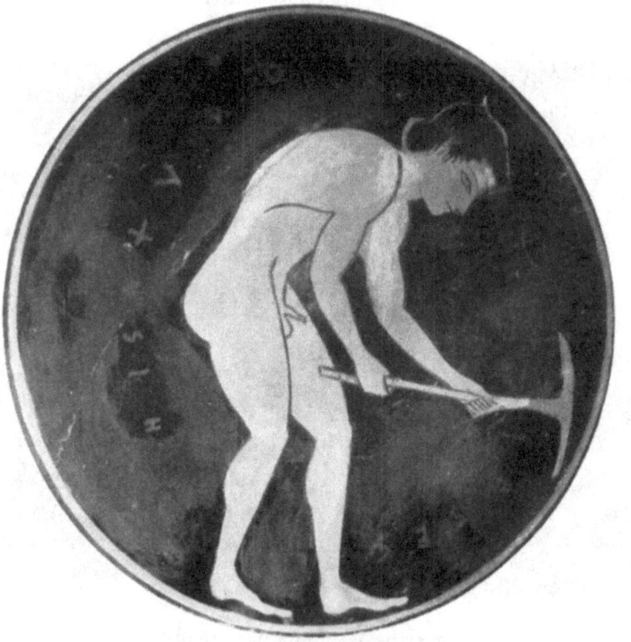

Knabe mit Hacke

Tafel 52

Springer und Paidotriben

Tafel 53

Springer und Flötenspieler

Springer und Paidotribe

Tafel 54

Flötenspieler, Speerwerfer, Diskobol, Faustkämpfer

Ein Speerwerfer

Tafel 55

Disken aus Stein und Erz

Tafel 56

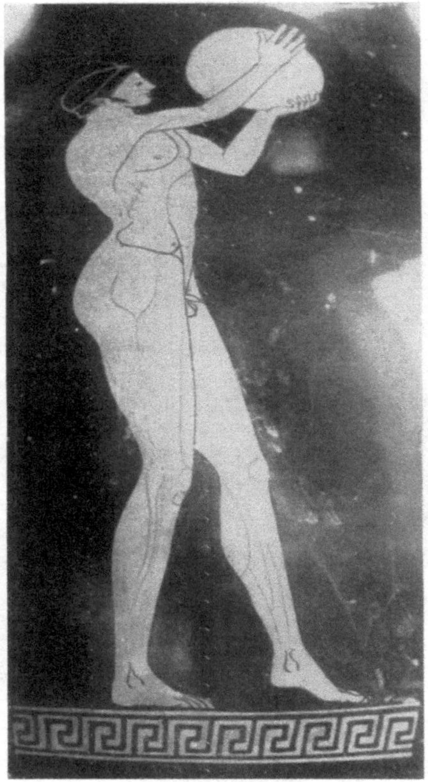

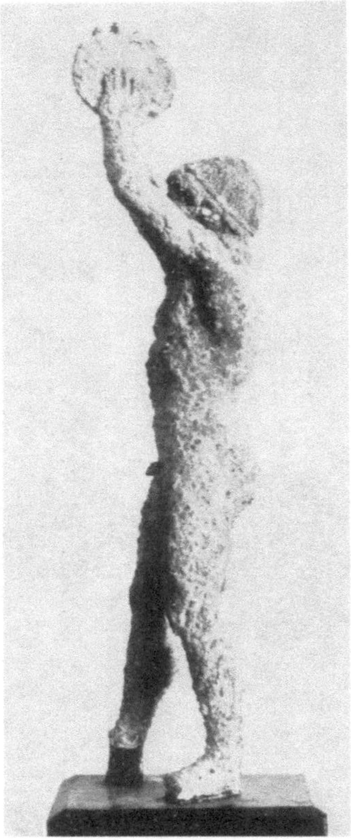

Diskoswerfer, antretend

Tafel 57

Diskobolos, Nachbildung auf einer Gemme

Diskobolos von Castelporziano, ergänzt von Marie Dihl

Tafel 58

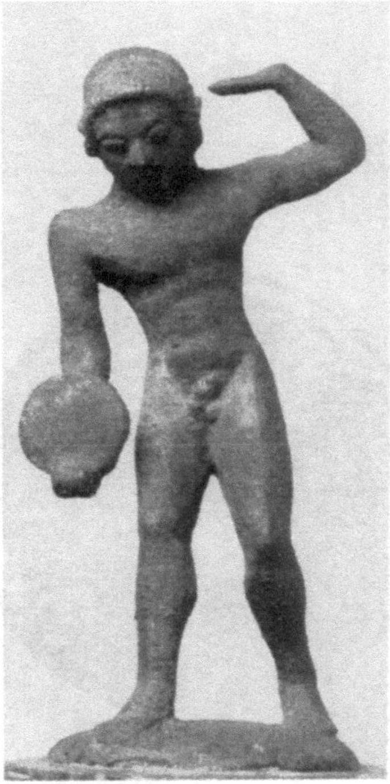 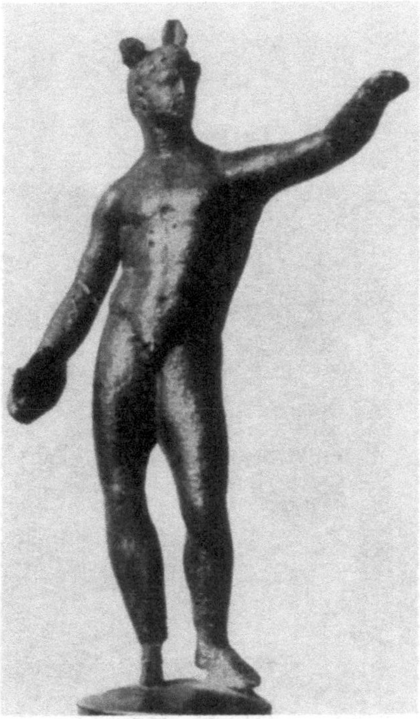 

Diskoswerfer

Tafel 59

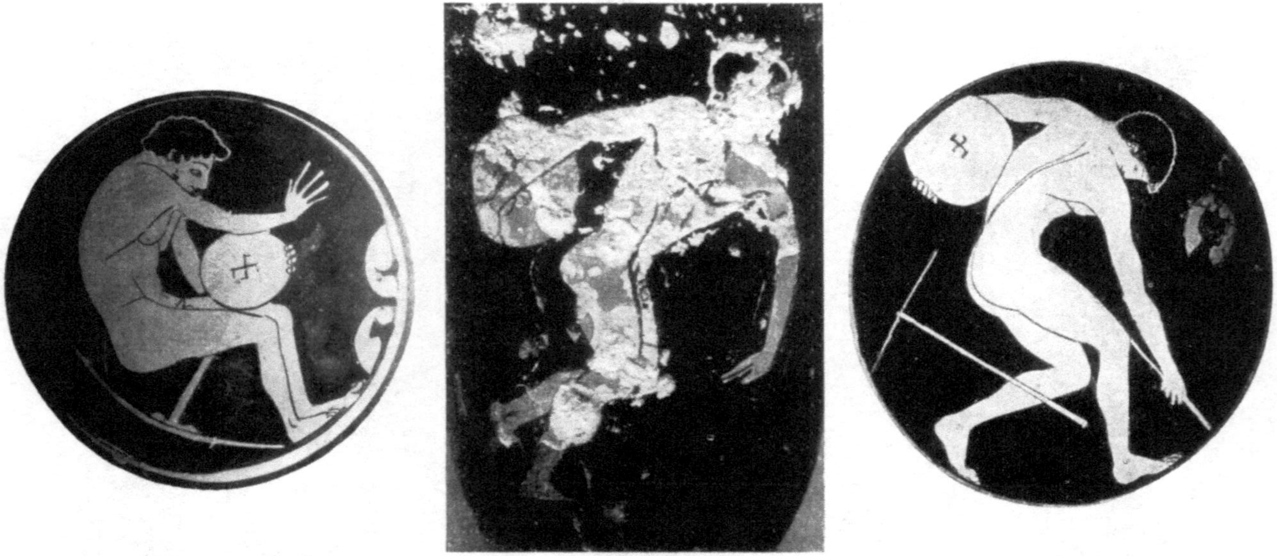

Diskoswerfer

Tafel 60

Ringschule

Tafel 61

Ringende Eroten

Pan und Eros im Ringkampf

Tafel 62

Marmorstatue eines Ringers

Tafel 63

Ringer als Deckelgriff

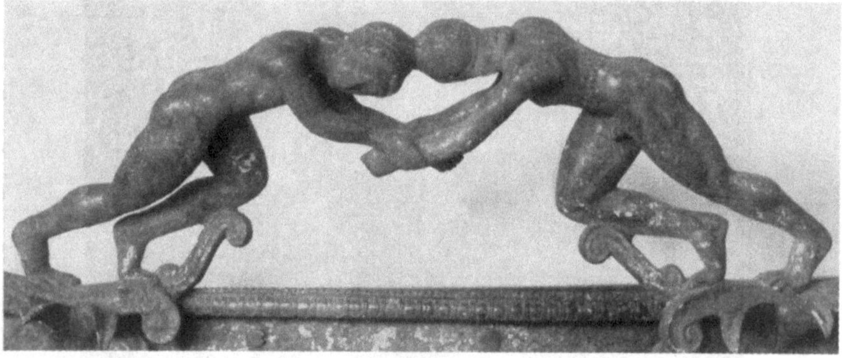

Ringer als Schalengriff

Tafel 64

Ringkämpfe

Tafel 65

Ringkämpfe

Tafel 66

Ringkampf

Tafel 67

Ringkämpfe

Tafel 68

Herakles und Antaios im Ringkampf

Tafel 69

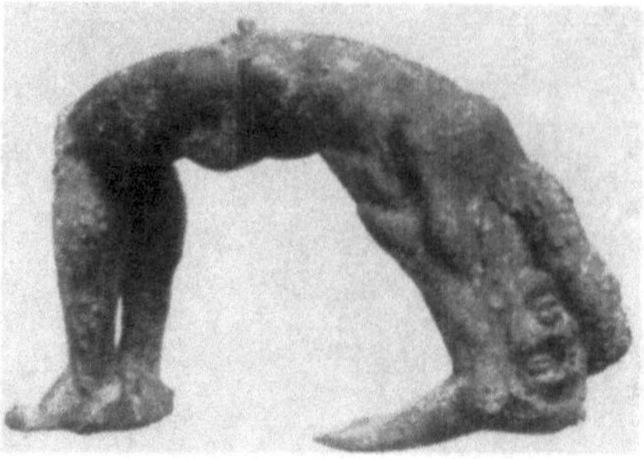

Die Brücke

Ringkämpfer

Tafel 70

Wagenanschirrung

Tafel 71

Wagenrennen und Kampf mit Waffen

Tafel 72

Wagenrennen mit Abspringen

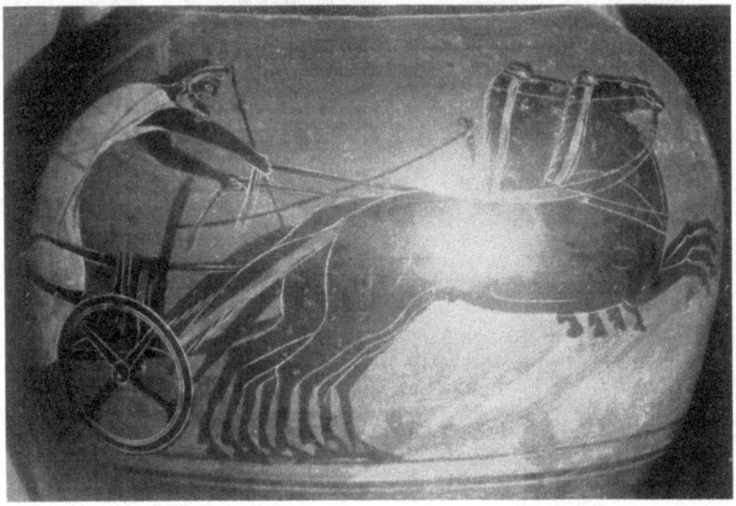

Wagenrennen

Tafel 73

Der delphische Wagenlenker

Tafel 74

Ein römischer Circus

Tafel 75

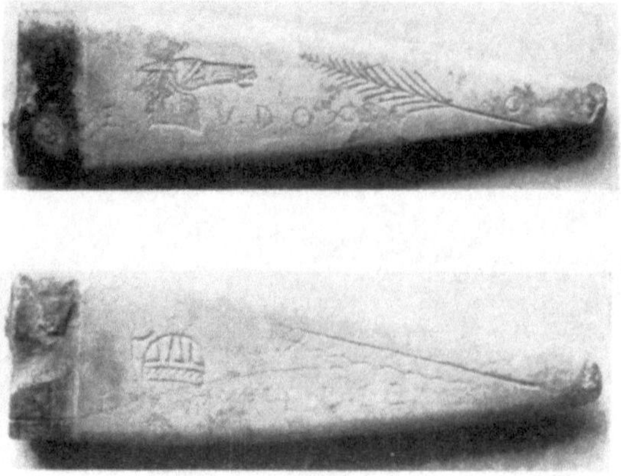

Griff von dem Messer eines römischen Wagenlenkers

Ein römischer Wagenlenker

Unfall beim Wagenrennen in einem römischen Circus

Tafel 77

Ein römischer Beamter mit dem Tuch zum Zeichen des Beginns der Spiele

Tafel 78

Das Colosseum in Rom

Tafel 79

Pferd mit Satteldecke

Dreifuß. Pferd im Schritt

Tafel 80

Reiter vom Parthenonfries. Kurzer Galopp

Tafel 81

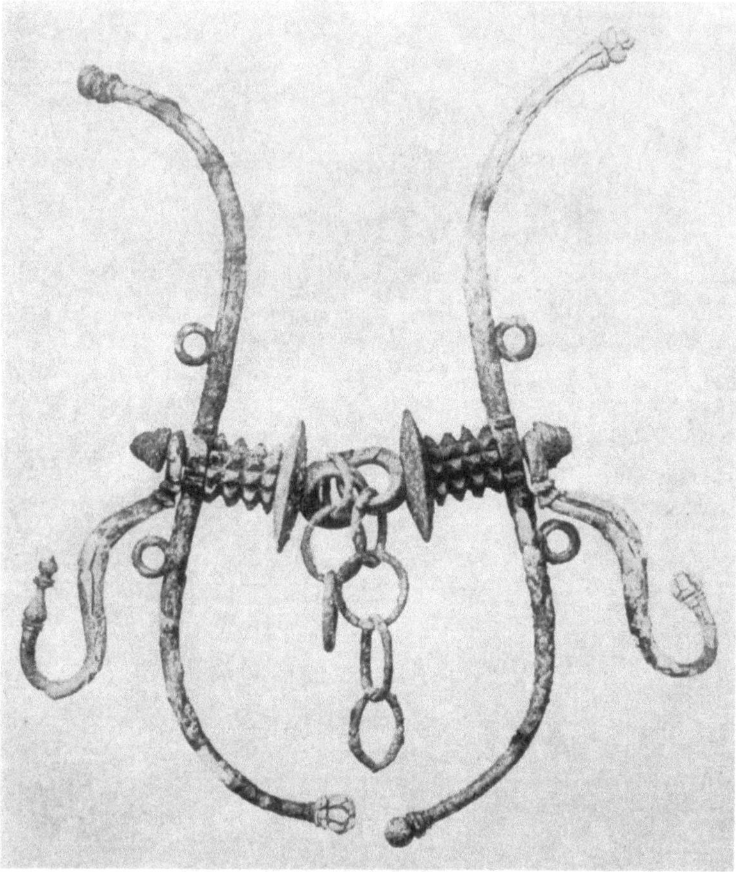

Pferdegebiß

Tafel 82

Aufsitzen mit der Stange

Aufsitzen vom Boden aus

Tafel 83

Pferderennen

Tafel 84

Jagd zu Pferd

Junger Heros zu Pferd

Tafel 85

Unfall beim Pferderennen

Ein Kunstreiter

Tafel 86

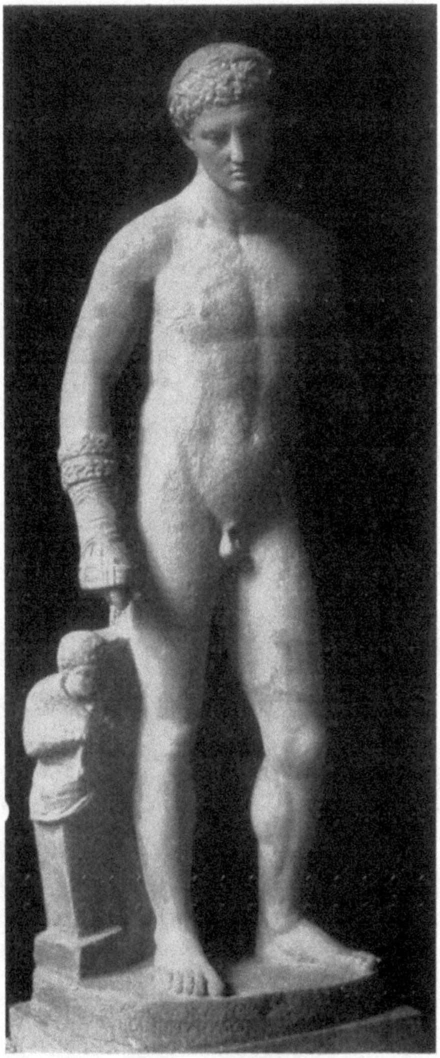

Ein Faustkämpfer

Tafel 87

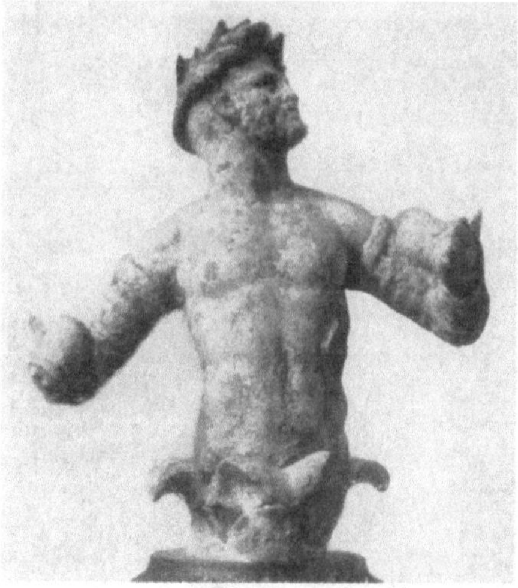

Ein Faustkämpfer

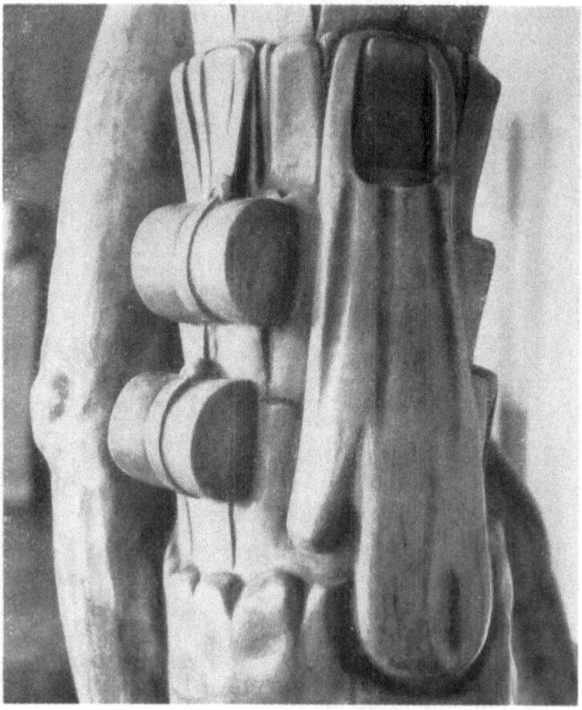

Handschuh und Myrmekes

Tafel 88

Faustkampf

Tafel 89

Pankration

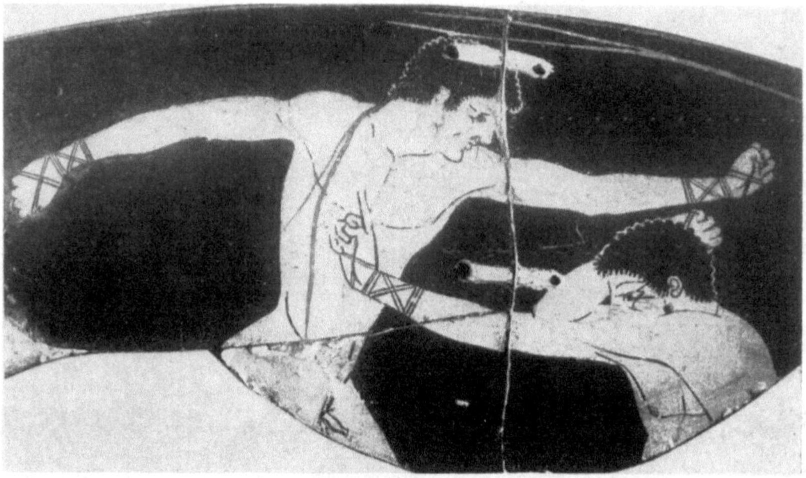

Faustkampf

Tafel 90

Kopf des Faustkämpfers im Thermenmuseum zu Rom

Tafel 91

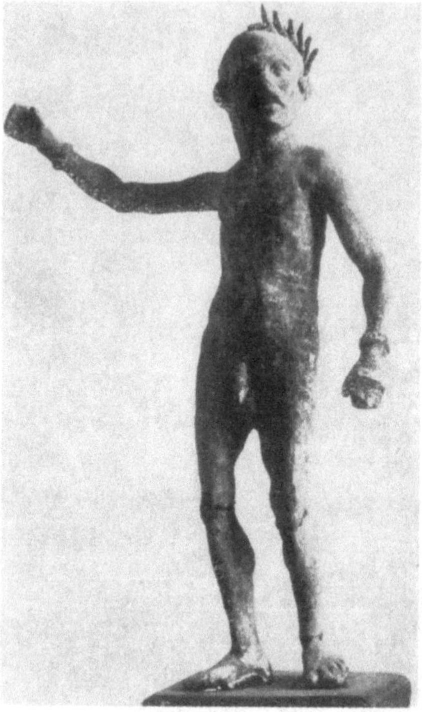

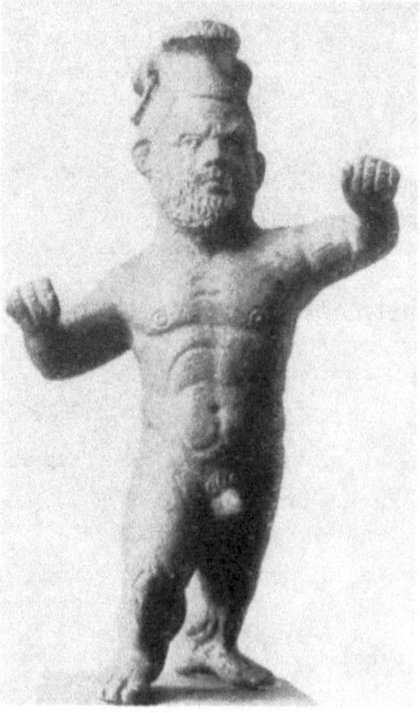

Karikaturen von Faustkämpfern

Tafel 92

Ein Pankratiast

Tafel 93

Pankration

Pankration

Ringkampf

Tafel 94

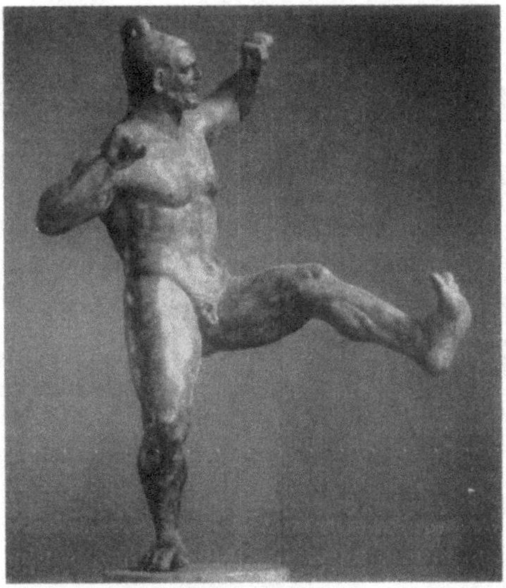

Ein römischer Pankratiast

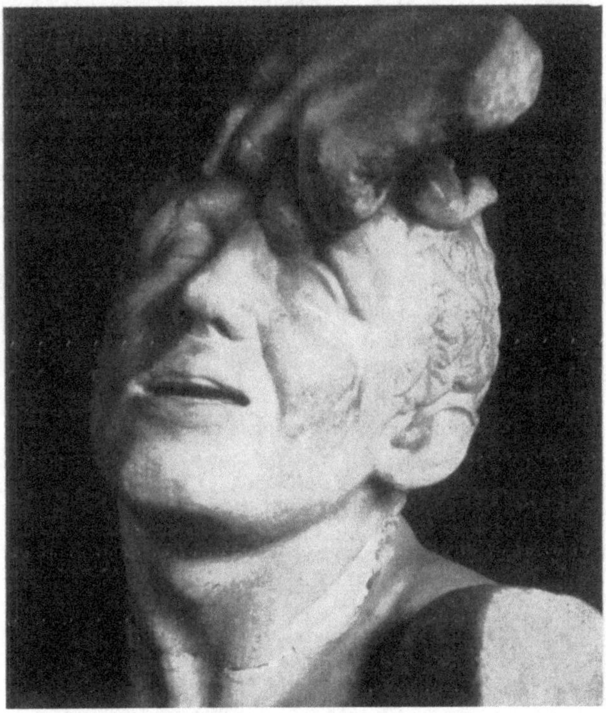

Pankration. Rest einer Gruppe

Tafel 95

Bekränzung eines Siegers Pankration

Ringkampf Faustkampf

Sarkophagrelief mit römischen Athleten

Tafel 96

Bogenschießen

Tafel 97

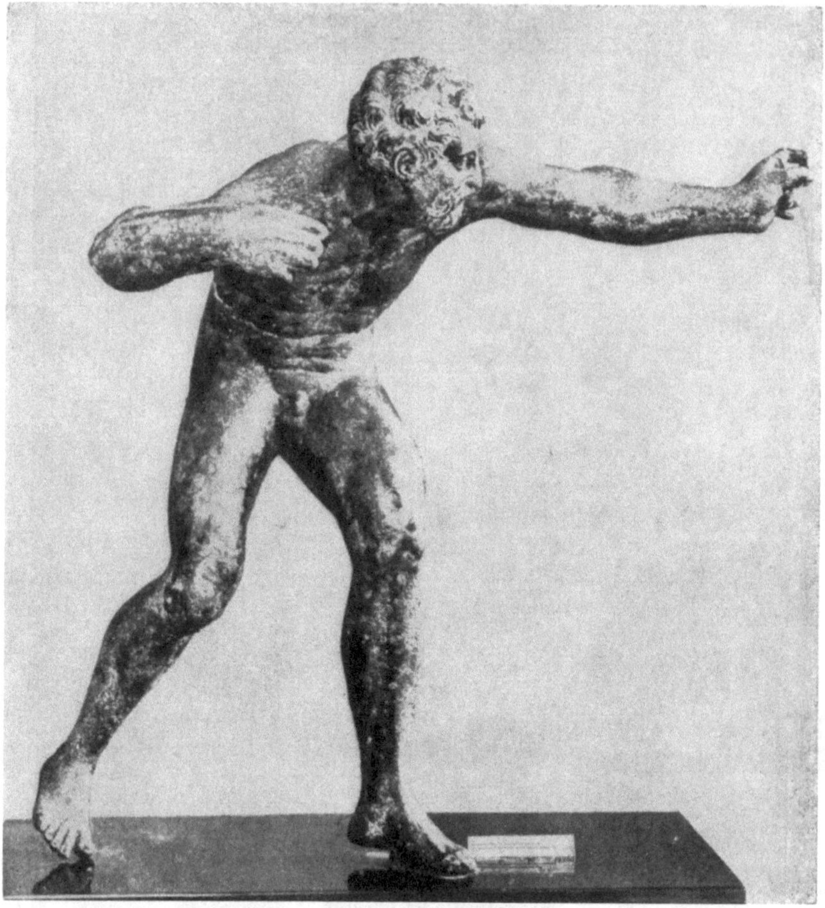

Bogenschütz

Tafel 98

Entkleiden

Dusche im Badehaus

Tafel 99

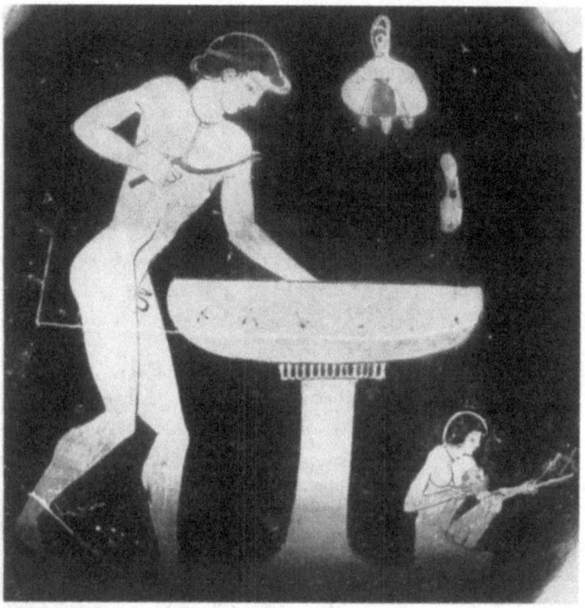

Bad am Waschbecken

Wasserschöpfen aus dem Brunnen

Tafel 100

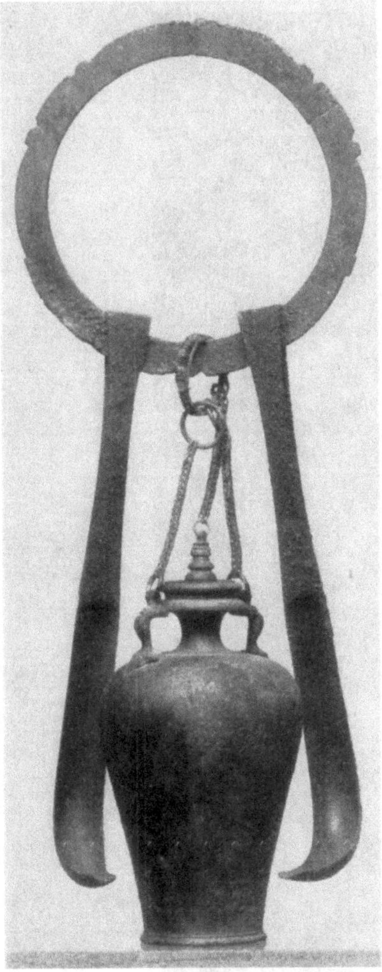

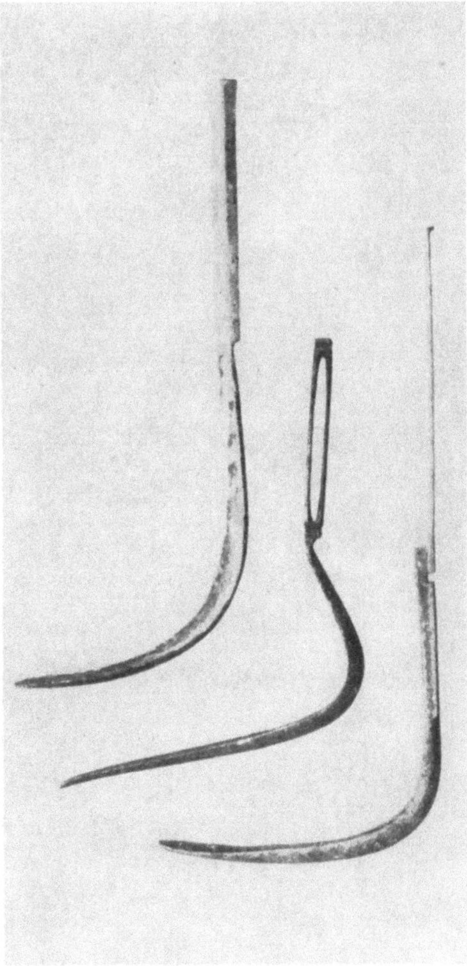

Ölfläschchen und Striegeln

Tafel 101

Baderaum im oberen Gymnasion zu Pergamon

Tafel 102

Die Thermen des Caracalla in Rom

Tafel 103

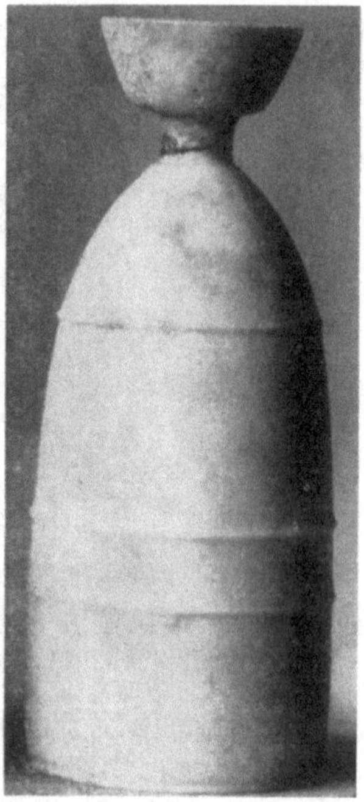

Ölfläschchen von verschiedenen Formen

Tafel 104

Beschädigte Athleten

Tafel 105

Leben und Treiben in der Palaistra

Tafel 106

Ein ausruhender Ephebe

Tafel 107

Ruhe und Unterhaltung

Tafel 108

Ein Palaistradiener

Ein Kessel, als Kampfpreis verwendet

Tafel 109

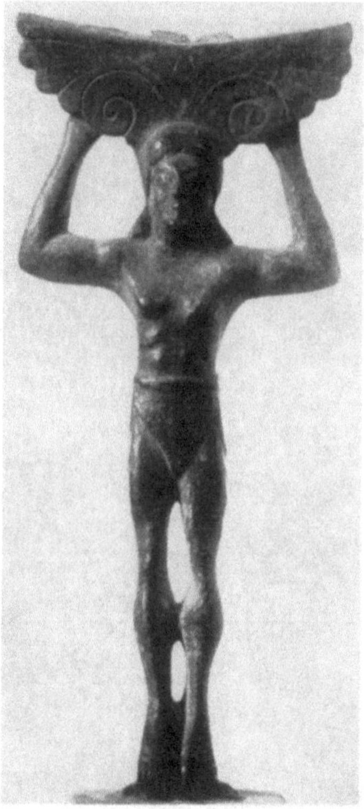

Mädchen mit Schurz

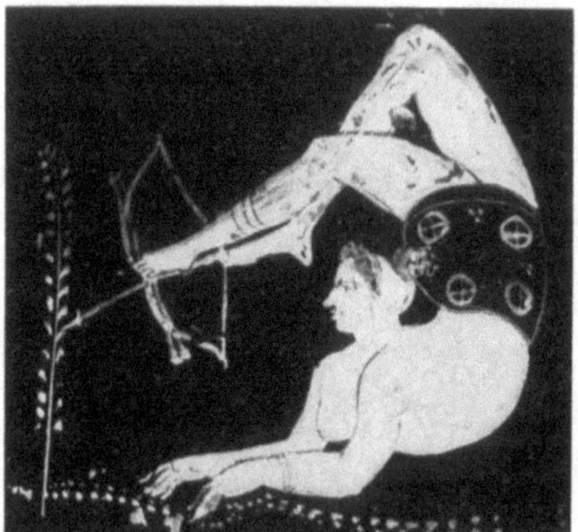

Gauklerin

Tafel 110

Kolibri 360 GmbH
Ferdinand-Jühlke-Straße 7
99095 Erfurt, Deutschland
produktsicherheit@kolibri360.de